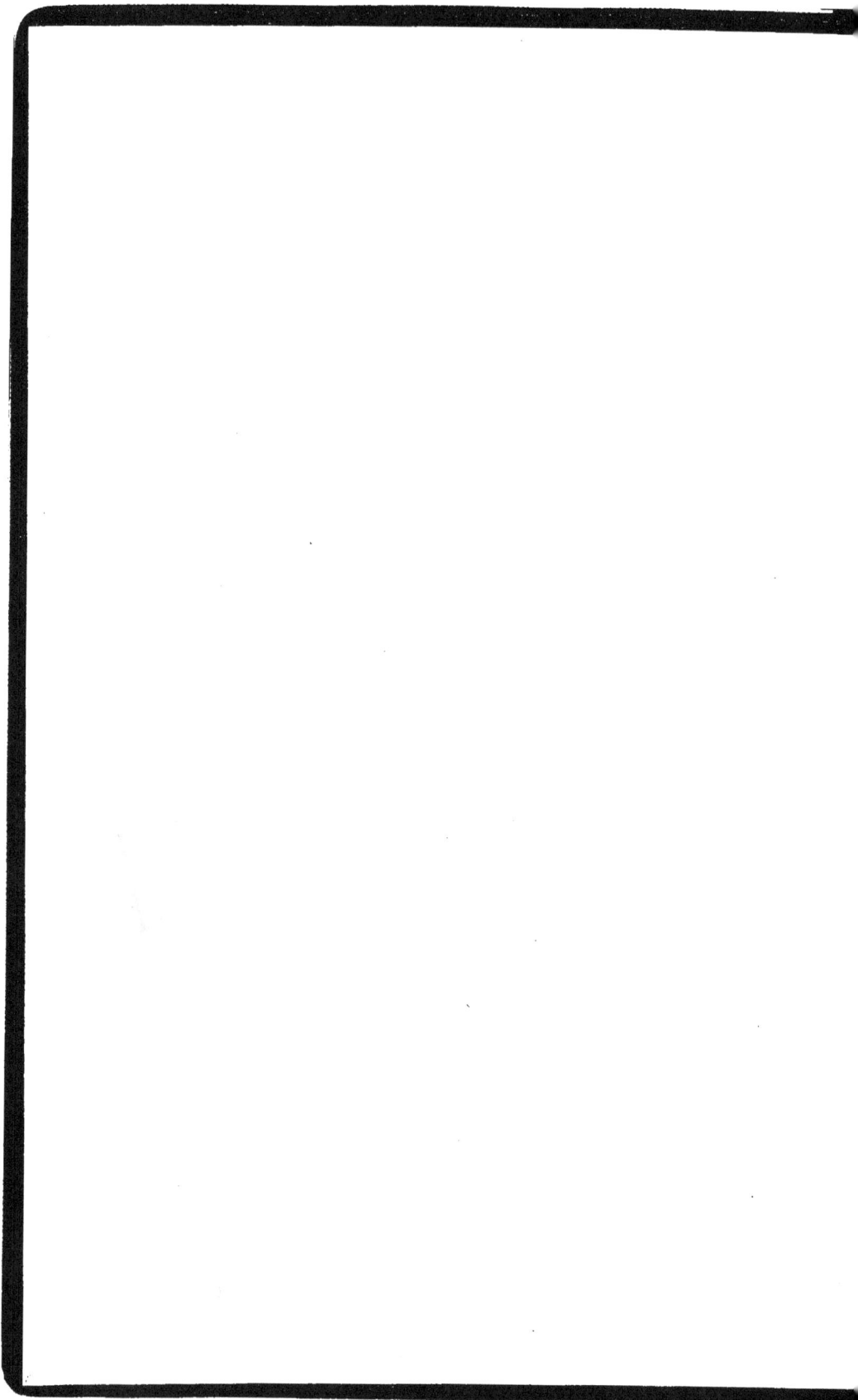

Driou (A.)

Les Cieux, la Terre,
Les Eaux

2ᵉ éd.

(1882)

LES CIEUX
LA TERRE
ET
LES EAUX.

2e SÉRIE IN-4°.

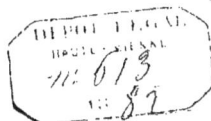

LES CIEUX

LA TERRE, LES EAUX

ET

LES SECRETS DE L'UNIVERS

EXCURSIONS SCIENTIFIQUES A TRAVERS LES MYSTÈRES DE LA NATURE

PAR ALFRED DRIOU

DEUXIÈME ÉDITION, AUGMENTÉE.

LIMOGES

EUGÈNE ARDANT ET Cⁱᵉ, ÉDITEURS.

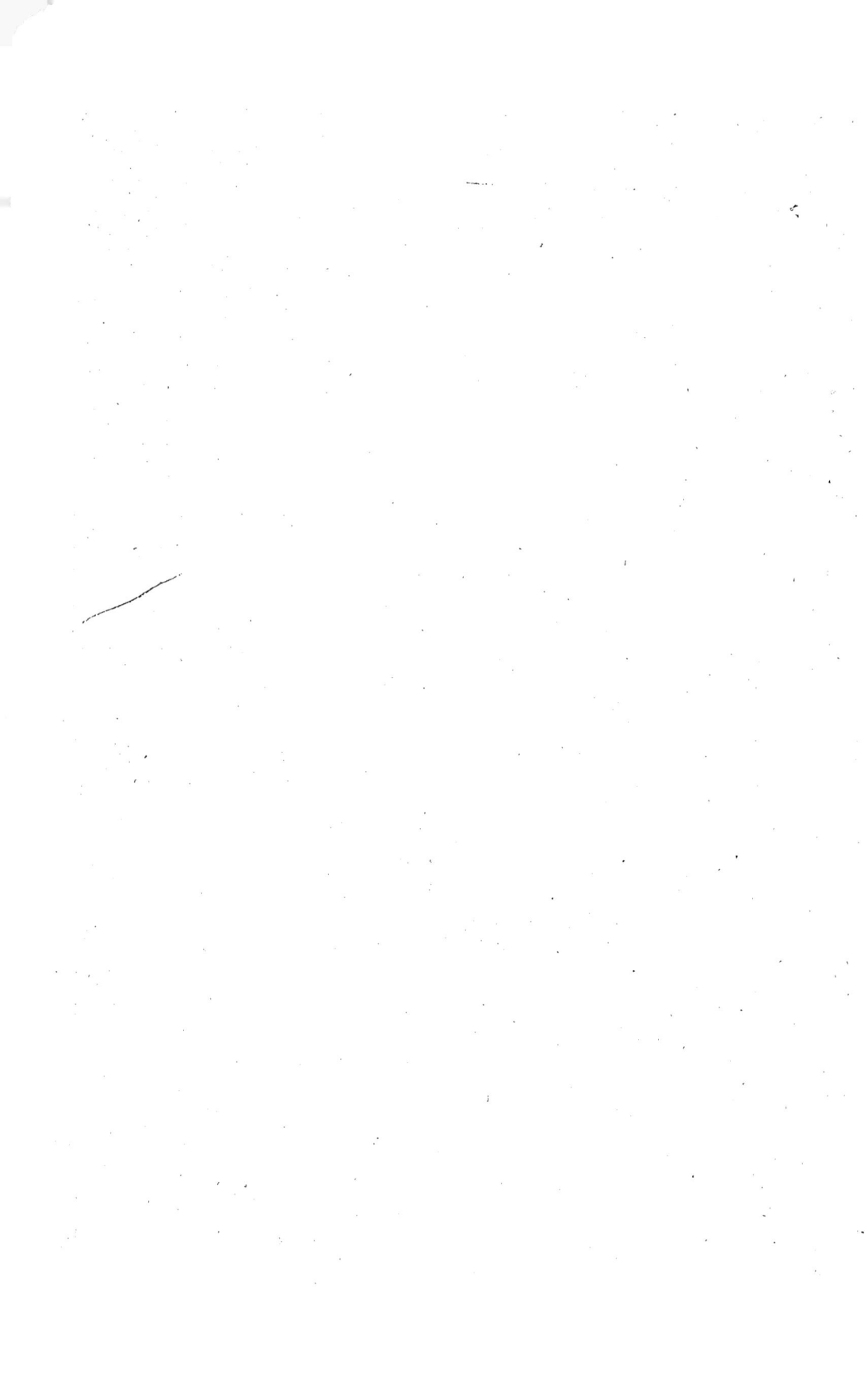

PRÉFACE.

Cet Ouvrage a pour but de vulgariser la science et de la rendre accessible à tous.

Aussi, je le dédie à ceux qui éprouvent le désir de s'instruire et de connaître.

Savoir, est un si précieux trésor!

Enfant, c'était pour moi le souverain bonheur de contempler le soleil resplendissant sur le monde et bénissant la nature du haut de son char sublime. Je l'admirais faisant ruisseler à travers les sombres coupoles des bois ses innombrables flèches d'or, pailletant de points de feu les mousses et les roches, furetant sous le pampre des treilles et se glissant par les fissures des volets pour illuminer l'obscurité des chaumières. Et quand la lune glaçait d'argent les tourelles des vieux manoirs, les ruines fantastiques des collines, les clochers des villages, les majestueuses silhouettes des villes, et, dans les vallées, les larges lacs bordés des rives ténébreuses, oh! que mes joies étaient douces et pures!

Homme, j'ai tenu à gravir les plus hautes montagnes et les pics les plus abruptes par les déchirures de leurs escarpements. Escalader les glaciers et en sonder les profondeurs; descendre dans les cratères des volcans et en étudier les abîmes bouillonnants; pénétrer dans les entrailles de la terre et en connaître les assises et les surfaces superposées, ont été mes jouets les plus fréquents et les plus aimés. Enfin les océans, eux aussi, m'ont convié à naviguer sur leurs lames immenses, et j'ai désiré parcourir les mystérieux royaumes engloutis au plus profond des mers.

Combien alors mon imagination a été vivement et délicieusement émue de toutes ces visions splendides! Combien mon esprit s'y est enrichi de ces connaissances merveilleuses qui rendent palpables la grandeur et la puissance du Créateur de l'univers! Aussi ai-je conçu le plus ardent désir d'ouvrir les mêmes horizons de magnificences à ceux qui voudront bien me lire.

Afin de mieux réussir à initier mes lecteurs aux phénomènes de la nature, je me permets de leur présenter un mien parent, ancien capitaine de frégate, vieux loup de mer, qui a fait jusqu'à cinq voyages de circumnavigation. C'est vous dire qu'il a jeté l'ancre près de tous les rivages, dormi sous tous les wigwams, mangé à l'ombre de tous les carbets, fumé le calumet dans toutes les aldées, depuis les latitudes habitées par les Peaux-Rouges jusqu'aux longitudes des Terres de Feu. Or, maintenant que le capitaine Varnier achève près de moi sa laborieuse carrière, chaque jour il m'inspire de ses souvenirs; chaque soir il me raconte et me peint à grands traits ce qu'il a vu, ce que je vois par ses yeux, et ce que vous verrez vous-mêmes par les miens, chers lecteurs, pour peu que ma plume ait le don de reproduire les tableaux et les impressions de mon brave marin.

La science que vous puiserez dans ces pages ne m'appartient pas, du reste. Je l'emprunte à tous les savants de notre temps, à MM. A. Guillemin, H. de Parville, Coulvier-Gravier, Nadié, Félix Hément, L. Figuier, A. Boscowitz, Frédel, E. Reclus, Dr Sam, Flammarion, le plongeur Green, et *tutti quanti*. Je l'ai colligée ici et là, dans les dictionnaires, les encyclopédies, les revues, les semaines scientifiques, dans les journaux les plus connus comme dans les feuilles les plus obscures, partout où j'ai trouvé un fait, une curiosité, un phénomène, une rectification, une découverte, un éclaircissement, la solution d'un problème.

Puisse ce Livre, chers lecteurs, vous plaire et vous instruire! Ce sera la plus douce récompense de mon travail.

Nemours, 26 novembre 1869.

ALFRED DRIOU.

LES CIEUX,

LA TERRE ET LES EAUX.

PREMIÈRE PARTIE.

LES CIEUX.

— Lorsqu'il me fut permis de me faire marin, me dit un jour le capitaine Varnier, ce fut sur le vaisseau l'*Aventure*, élégant trois-mâts du port de Brest, que je portai mon pied novice, en qualité d'aspirant. Là, je me trouvai sous les ordres de l'homme de mer le plus inflexible que jamais j'aie connu. En aucun cas il ne transigeait avec la discipline si sévère à bord. Mais j'étais recommandé à ses soins par mon excellente mère, qui, tout échevelée, en larmes, et admirablement belle dans son désespoir, sut attendrir le farouche personnage et reçut de lui le serment de me traiter en enfant gâté. Il promit en outre de me permettre tous les genres d'études que je trouverais à mon gré.

Pour peu que tu aies porté les yeux sur un navire dont le gréement est complet, tu as dû remarquer à mi-corps de chaque mât une étroite plate-forme entourée d'une légère balustrade. Hune est l'appellation de ce gîte aérien, que l'on nomme aussi berceau, parce qu'on y est très bercé, pour ne pas dire cruellement ballotté, quand la mer est mauvaise. Mais le temps est-il calme, c'est le *retiro* le plus agréable du bâtiment pour celui qui se plaît dans la solitude et qui aime la contemplation. Placé là entre le ciel et les eaux, on peut y jouir de l'harmonie des brises venant des lointains parages, du babil des flots, des causeries des voiles et des cordages lutinés par le vent. On peut s'y croire alors dans le royaume des rêves.

Il entrait dans mon plan d'études de connaître avant tout la *mécanique céleste*, ce que sur les bancs de l'école on nomme la *cosmographie*, c'est-à-dire la marche et l'harmonie des globes de l'univers sidéral ; le soleil, d'abord, puis les sphères qui gravitent à l'entour : planètes, satellites des planètes, ou lunes, comètes, etc., et enfin les étoiles fixes ou autres soleils d'autres systèmes planétaires, semblables au nôtre sans doute.

Or, pour ces études, dans mon observatoire, j'étais aux premières loges. En effet, de ce point culminant le spectacle magique que m'offrait le firmament, pendant les nuits étoilées des deux hémisphères, sous lesquels j'errais de latitudes en longitudes, favorisait à souhait mon désir, mon besoin d'apprendre.

Aussi je compris bien vite que les rutilantes cohortes sidérales des globes du firmament, soit ignés, soit opaques, soit nébuleux, peuplant l'espace infini qui se déploie sous nos yeux et le jour et la nuit, se meuvent dans le vide, suspendues par la puissance d'une attraction mutuelle, œuvre de l'admirable sagesse du créateur des mondes, et dont je dois vous faire juger l'étonnante découverte.

Un jour, en 1665, notre savant français Pascal, d'autres disent l'anglais Newton, étant assis sous un pommier, fut témoin de la chute d'une pomme. Tout est un sujet d'étude pour un savant. A cette vue, Pascal ou Newton se demanda quelle pouvait être la cause mystérieuse qui appelait la pomme vers la terre, plutôt que partout ailleurs, et si ce n'était pas la même cause qui tenait la lune liée à la terre, celle-ci au soleil, ainsi que les autres planètes, et le soleil aux autres soleils appelés étoiles fixes...

Le savant découvrait ainsi le grand principe de l'*attraction universelle*, en vertu duquel tous les corps célestes pèsent les uns sur les autres, tout en s'attirant mutuellement, et, par cette attraction réciproque se tiennent tous entre eux, par suite de la double force centripète et centrifuge, qui ne nuit en rien d'autre part à la liberté de leurs évolutions.

Ainsi donc chacun des globes de cette innombrable et majestueuse armée céleste, emporté dans l'immensité de l'espace, est soutenu dans le vide par la force centripète et la force centrifuge qui lui sont propres, de concert avec les autres astres qui composent le système de chaque soleil ; tourne sur lui-même comme une roue sur son axe, en même temps qu'il accomplit son vaste orbite autour de son soleil, âme et centre de ces sphères qui lui sont aggrégées. Et puis, tous les globes de l'univers sidéral, soleils et planètes, satellites de planètes, nébuleuses et comètes d'une même aggrégation, avec leurs soleils respectifs ou étoiles fixes, naviguent dans l'infini de l'espace ou des cieux, ainsi que des flottes gigantesques, merveilleuses, éblouissantes, innombrables, à des distances et avec des vitesses inimaginables, d'après les lois que la Providence divine leur a imposées.

Il me fut ensuite démontré que les légions de ces phalanges des cieux sont tellement multipliées qu'elles nous apparaissent, les plus voisines de nous, sous forme d'étoiles étincelantes, qu'il a fallu classer par groupes ou constellations ; les plus éloignées, celles qui se perdent en de telles profondeurs du firmament, qu'elles restent visibles à grand'peine, même avec des télescopes, et que nous appelons nébuleuses.

Qu'est-ce qu'une *nébuleuse ?*

Quiconque contemple le ciel par une nuit claire, en l'absence de la lune toutefois, remarque et admire une immense traînée lumineuse et blanchâtre qui s'étend dans l'espace et que l'on désigne sous le nom de *voie lactée.* C'est là une nébuleuse.

Les astronomes, avec leurs puissants instruments, en outre de la voie lactée, ont observé plusieurs autres nébuleuses, et alors ils les ont classées en deux espèces : les nébuleuses résolubles, et les nébuleuses non résolubles.

Les premières sont celles qui, étudiées au moyen de forts télescopes, se montrent composées d'une multitude d'étoiles ou soleils distincts.

La voie lactée est de ce nombre, et ce qui va vous surprendre assurément, c'est que notre soleil, notre terre, et par conséquent tout notre système planétaire, font partie de l'agglomération d'astres qui composent cette colossale nébuleuse.

Les secondes diffèrent des précédentes par leur forme, qui est généralement plus irrégulière. En outre, une particularité importante les distingue : c'est que, si on a pu y reconnaître certains noyaux compactes, ressemblant à de véritables étoiles, la plus grande partie de leur agglomération conserve, même avec les plus formidables lunettes, son aspect nébuleux, vaporeux et ses contours mal définis. Elles éprouvent d'ailleurs, dans des intervalles assez courts, des modifications très sensibles.

Or, les astronomes ont été amenés à considérer ces nébuleuses non résolubles comme des agglomérations de *matière cosmique*, c'est-à-dire de la matière dont tous les astres, grands et petits, ont été, sont et seront composés. En d'autres termes, ce serait des groupes de mondes en voie de formation, et les noyaux qu'on aperçoit dans quelques-unes seraient dus à la condensation partielle de cette substance éthérée.

Mais de tous les corps célestes, celui dont la composition, les modifications, les mouvements et les apparences sont les plus mystérieuses et surexcitent davantage la curiosité,

C'est assurément le *soleil*.

Les poètes de l'antiquité faisaient traîner par quatre chevaux cet astre radieux qui nous dispense la lumière et la chaleur. Certes, ils n'avaient guère l'idée de ses dimensions, et quand un philosophe, quelque peu téméraire, osa proclamer que le soleil était aussi grand que..... le Péloponèse, les Athéniens, le peuple le plus élégant, le plus fier, mais aussi le plus frivole de la terre, le firent jeter en prison.

Longtemps, trop longtemps, les hommes virent un dieu dans le soleil, et il fut adoré sous le nom de Baal par les Chaldéens, d'Adonis par les Phéniciens, de Mithron par les Perses, de Dionius par les Indiens, de Phtah et Osiris par les Egyptiens, et de Phœbus par les Grecs. Les peuples du Mexique et les Péruviens, eux aussi adoraient le soleil, ce que font encore les Sabéens de l'Arabie, et les Giaours, et les Guèbres, disciples de Zoroastre, dans la Perside.

Le sage Onaxagore, 500 avant notre ère, se préoccupe le premier de la constitution physique du soleil, dans lequel il voit un rocher enflammé.

Un siècle après, Zénon l'appelle une essence de feu.

Au XVIe siècle, un jésuite allemand, le père Kircher, présente le soleil comme une masse de cuivre fondu, et tout chacun se rallie à cette appréciation.

Cinquante ans après, Scheiner, un autre Allemand, déclare que cet astre est un océan de flammes soumis à de violentes tempêtes.

On admet cette nouvelle doctrine, et il en est de même lorsque Galilée écrit que le soleil est un corps enveloppé d'une atmosphère élastique; lorsque Huyghens le suppose un corps liquide; Wilson, un corps solide entouré d'une enveloppe de gaz; et Herschell, un noyau solide avec deux atmosphères.

Il y a bien des erreurs sans doute dans toutes ces opinions : néanmoins on y voit avec plaisir le progrès de la science, et la marche constante de l'esprit humain dans la recherche du problème.

Survient Arago, qui dote le soleil d'une troisième atmosphère; puis se présente Kirschoff, qui le définit un noyau solide ou liquide, arrivé au maximum de l'incandescence, avec une atmosphère d'une température inférieure.

Le soleil est-il donc en effet un globe liquide, solide, gazeux? De quoi est-il fait? Comment est-il fait? Comment brûle-t-il ainsi depuis si longtemps sans se consumer? Comment continue-t-il à donner toujours autant de chaleur et à émettre autant de lumière?

Les progrès des sciences ont jeté, dans ces dernières années, une clarté inattendue sur ce point capital de l'astronomie physique. Les simples hypothèses font place à des probabilités de plus en plus grandes, et, dans un avenir prochain, espérons-le, le secret de cette ardente fournaise aérienne nous sera livré.

D'autre part, sachez de suite que ce que je vais vous dire du soleil de notre système planétaire peut certainement s'appliquer aux *étoiles* improprement appelées *fixes*, qui ne sont elles-mêmes que d'autres soleils en mouvement dans l'espace, peut-être avec d'autres planètes attachées à leur centre.

Ecoutez d'abord ces quelques mots sur son apparence et ses dimensions.

Vous faites chaque jour l'expérience de sa puissance lumineuse et calorifique : jugez-les par comparaison.

L'intensité de la lumière solaire est huit cent mille fois celle de la pleine lune. Pour qu'elle diminue de manière à ne plus dépasser l'éclat de nos plus brillantes étoiles, il faudrait reculer cet astre et le placer à une distance deux cent mille fois plus grande.

Quant à l'intensité de sa chaleur, elle a été déterminée par le savant M. Pouillet, et vous vous en ferez une idée nette quand je vous aurai dit que cette chaleur serait suffisante pour fondre, en un jour, une couche de glace le recouvrant totalement sur une épaisseur de douze mètres, ou, en une année, une couche atteignant une épaisseur de 1,547 lieues.

La portion de chaleur qui nous arrive sur terre est naturellement beaucoup moindre : elle ferait fondre, en une année, une couche de glace de trente mètres seulement, recouvrant notre planète.

Le soleil est à environ 38,240,000 lieues de nous, et cependant c'est une belle nef de feu à voir naviguer dans l'océan de l'infini, car son volume est colossal.

Il compte 1,530,000,000,000,000,000 kilomètres cubes. A lui seul, il renferme plus d'un million et demi de fois la grosseur de la terre.

Son poids s'exprime en tonnes de mille kilogrammes, par le chiffre gigantesque de 2,096,000,000,000,000,000,000,000,000.

Son diamètre est de 4,357,290 lieues, de sorte que, pour tourner tout autour, il faudrait franchir 1,120,000 lieues, qui forment sa circonférence; tandis que le tour de la terre est à peu près de 10,000.

Sa surface, en kilomèt. carrés, n'est pas moindre de 6,415,000,000,000.
Que de terrains à vendre, mes amis, quand on en fera l'adjudication!

Le soleil n'est ni fixe dans l'espace, comme on l'a supposé trop long-temps, ni immobile. Il se meut dans l'immensité, entraînant à sa suite son cortége de planètes, terre et lune, Mars et Mercure, Jupiter et Saturne, Cérès et Vénus, en un mot tous les astres de notre système. Ainsi donc il n'est pas plus étoile fixe que les autres étoiles fixes, soleils comme lui, et, pas plus qu'elles, il n'occupe pas le centre de l'espace, comme on le disait encore. Il est uniquement le centre de notre système planétaire, dont il est le régulateur, et il est emporté avec nos planètes, avec le monde sidéral tout entier, dans l'infini des abîmes célestes. Le perfectionnement de nos instruments a fait justice de la fausseté de cette idée de l'immobilité des astres. Le monde sidéral a pour loi commune le *mouvement*. Nous voguons par consé-quent dans les océans sans limites du firmament, marchant, marchant toujours, et décrivant un orbite immense, notre système planétaire se trouvant en bloc membre d'un autre vaste système sidéral encore inconnu, sans que les distances et les positions relatives de tant d'as-tres divers soient jamais altérées en aucune façon.

Seulement, pendant que la planète terre gravite autour du soleil avec une vitesse de trente kilomètres à la seconde, lui, le superbe su-zerain des astres, progresse, dans sa marche triomphale et imposante de son cortége et de lui-même, de huit kilomètres seulement, dans le même espace de temps.

J'ajoute de suite que le soleil tourne sur lui-même, comme tous les astres. Mais chez lui, ce mouvement de rotation dure vingt-cinq jours et demi : là-dessus les données sont d'une précision irréfutable. En outre, en tournant sur son axe, le soleil ne procède pas, ainsi que la terre, d'occident en orient, mais en sens inverse, c'est-à-dire d'*orient* en *occident*. Ce n'est pas sans raison ni sans utilité, qu'une pareille dis-position a été adoptée par le divin Artisan. Et, cependant, à peine si les astronomes en font la remarque. Ils ne semblent pas voir que la rotation et la translation du soleil, s'effectuant en sens inverse de la rotation et de la translation planétaires, est le fait capital d'où il faut partir pour expliquer d'une manière rationnelle tous les grands phé-nomènes de la physique, de la chimie, de la géologie, et, par consé-quent, tous les changements, toutes les modifications qui doivent se produire, pendant la grande année solaire, et dans la masse totale du globe, dans chacun des trois règnes, et dans l'espèce humaine elle-même. Mais ces changements s'accomplissent avec une telle lenteur que leurs résultats accumulés, quoique très réels, ne peuvent se ma-nifester d'une manière sensible qu'après plusieurs siècles écoulés.

Les douze signes de l'ancien zodiaque, par exemple, correspondent aux douze parties de l'orbite solaire. Chacun de ces douze signes s'a-vance tous les ans d'un peu plus de cinquante secondes. On fut bien des années sans s'en apercevoir, parce que les changements avec lesquels il coïncidaient, dans le ciel et sur la terre, sont presque insensibles pendant un siècle. Mais en comparant les éclipses observées par les anciens avec celles qui paraissent de nos jours, on s'est aperçu que les contrées habitées par les Grecs, les Égyptiens et les Syriens de l'antiquité, ne se trouvent plus aujourd'hui dans les mêmes rapports avec les divers aspects du ciel. Aussi paraît-il que, dans ces contrées, le climat, le règne organique et les nouveaux habitants ne sont plus exactement semblables à ceux d'autrefois.

Le reste de la terre a subi des modifications analogues.

Dans le ciel, chacun des signes du zodiaque s'est avancé d'environ trente degrés en 2166 ou 2167 années, à peu près. Pendant cette période, le soleil a parcouru environ la douzième partie de son orbite, et la terre, accompagnée par la lune, a effectué, autour de lui, 2167 fois sa révolution annuelle.

Si la terre, entraînée par le soleil pendant qu'il décrit son immense trajectoire, se trouvait toujours dans les mêmes rapports de situation relativement à l'équateur solaire, il n'y aurait pas de raison pour que les révolutions géologiques pussent se produire. Mais il n'en est pas ainsi. La portion de l'axe terrestre varie continuellement, et cette variation, indiquée par l'inclinaison du plan de l'écliptique, ou plan de l'orbite de la terre, sur l'équateur, n'est que d'un peu plus de cinquante secondes par an. Par conséquent, les *pôles*, ou points terrestres qui correspondent aux extrémités de l'axe, se déplacent sans cesse, mais très lentement.

Les deux points qui sont aujourd'hui le *nord* et le *sud*, devaient être, il y a 12 ou 13,000 ans, l'*est* et l'*ouest*.

Hérodote, l'historien grec qui vivait cinq siècles avant notre ère, rapporte que, dans les entretiens qu'il eut avec les prêtres ou savants de l'Egypte, ceux-ci lui apprirent que les deux points terrestres appelés *nord* et *sud* avaient été, dans des temps déjà très reculés, l'*est* et l'*ouest*.

Ainsi les anciens avaient une idée des grandes révolutions du globe terrestre, et si, creusant le sol jusqu'à une certaine profondeur, dans les contrées du nord, ils y eussent trouvé des amas de débris de plantes et d'ossements d'animaux des régions tropicales, ils auraient pu, sans trop de difficulté, expliquer ce phénomène d'une manière satisfaisante.

Dans les traités de cosmographie où les corps célestes sont représentés par des figures, on voit que le plan de l'orbite terrestre coupe obliquement, par rapport à l'équateur, le globe solaire, en passant par son centre. Il résulte de cette disposition que la terre, s'avançant, dans son orbite, sans que son axe cesse d'être parallèle à lui-même, tourne vers le soleil son hémisphère nord pendant six mois de l'année, et son hémisphère sud pendant les six autres mois.

Et de là l'*ordre des saisons*.

Mais de même que la terre tourne ainsi autour du soleil, de même le soleil, lui aussi, tourne autour d'un *grand corps céleste* quelconque.

Ce grand corps céleste autour duquel le soleil effectue sa translation, est, présument les savants, *Sirius*, cette magnifique étoile qui nous paraît la plus grosse et la plus brillante de toutes nos constellations, probablement parce qu'elle est la plus rapprochée de nous.

Or, le soleil, parcourant son orbite, accomplit sa révolution totale autour de *Sirius* dans une période d'environ 26,000 ans. Pour obtenir ce calcul, on le fonde, soit sur la précession des équinoxes, soit sur la rétrogradation des signes du zodiaque, soit sur la variation de l'angle que le plan de l'écliptique forme avec celui de l'équateur, trois phénomènes dont nous parlerons et qui ont lieu dans la même période, parce que ce sont trois effets à peu près identiques d'une même cause.

Le soleil tourne constamment vers *Sirius*, durant 13,000 ans, l'un de ses hémisphères, et durant les 13,000 ans suivants, l'autre hémisphère. Il en résulte, sans doute, qu'il n'exerce point, pendant chacune de ces deux longues périodes, la même influence sur les planètes qui se meuvent dans sa sphère d'activité.

Ainsi, la situation de l'orbite du soleil par rapport au *grand corps céleste* autour duquel s'effectue sa translation, est tout-à-fait analogue à celle de l'orbite de la terre par rapport au soleil.

Mais qui pourra jamais donner le mot de la grande énigme du soleil, et nettement expliquer sa nature et sa constitution? Certes, c'est avec raison et beaucoup d'esprit que M. Biot a dit que *rien n'est aussi obscur que le soleil*.

Essayons cependant d'entrevoir les mystères de ce suzerain de notre système planétaire.

Lorsque, à l'aide d'une bonne lunette astronomique, on étudie le soleil, on aperçoit sur sa surface des macules noires, des taches semées irrégulièrement tout autour de son équateur. Ces *taches*, plus ou moins étendues, varient constamment de forme et de nombre. Il y en a de rondes, d'allongées, de dentelées, de disposées en forme de tourbillon. On en a compté jusqu'à quatre-vingts à la fois.

En revanche, des années entières se seraient écoulées, paraît-il, sans qu'on en eût observé une seule.

La science moderne démontre que le nombre de ces taches est soumis à une certaine périodicité, et qu'il semble y avoir, entre leur apparition et certains phénomènes météorologiques terrestres, une véritable connexion. Elles se déplacent toutes dans le même sens, et leurs positions successives ne permettent pas de douter qu'elles n'appartien-

nent à la surface solaire, qui les entraîne dans son mouvement de rotation. C'est par ces taches que l'on a calculé la durée de cette rotation
du soleil et que l'on a vu qu'elle s'opérait dans le même sens que les
planètes.

Une même cause détermine tous ces mouvements du monde solaire
et du monde sidéral.

Une tache, vue avec un assez fort grossissement, présente en général un noyau sombre, presque noir. Il est enveloppé tout autour
d'une teinte grise, appelée *pénombre*. Cette pénombre est entourée,
elle aussi, de bandes plus brillantes que le reste de la surface, elles se
nomment *facules*. Enfin, le reste du disque est sillonné de rides lumineuses désignées sous l'appellation de *lucules*.

Les dimensions de ces taches sont fort variables. Il en est dont l'é-
tendue surpasse la puissance de notre globe. On en a compté qui n'a-
vaient pas moins de 15, 16, et 17,000 lieues de diamètre ; or le diamètre de la terre est de trois mille lieues seulement. Parfois elles disparaissent pendant le temps où l'œil de l'astronome est fixé sur elles
Parfois aussi, des points lumineux semblent jetés en travers de leurs
cavités obscures. On dirait qu'il règne une effervescence sans relâche
sur les bords des taches dont quelques-unes, nous l'avons dit, affectent la forme de gouffres en furie. Enfin, quand la tache disparaît, il y
a souvent une accumulation de lumière qui brille plus que le reste
de l'astre.

Les taches situées à l'équateur font le tour du soleil sensiblement
plus vite que celles qui se trouvent dans les régions rapprochées des
pôles. Ainsi l'atmosphère lumineuse de l'astre ne tourne pas tout d'une
pièce. La portion moyenne entre les deux pôles va plus vite que les
régions qui s'éloignent de l'équateur. C'est ainsi que, sur la terre, notre atmosphère, entraînée vers l'ouest, — ce qui produit les vents alisés dans les régions équatoriales, — marche vers l'est plus lentement
que l'air des régions extra-tropicales, où règne le contre-courant des
vents alisés allant vers l'est. Ces taches équatoriales du soleil font en un
jour 861 minutes de degré, tandis qu'une tache polaire tourne plus
lentement de 165 minutes de degré, dans le même temps. C'est une
rotation plus tardive que la rotation équatoriale, d'un peu moins d'un
cinquième. Tel est le résultat important et nouveau de plusieurs milliers d'observations sur les taches du soleil.

Il y a longtemps que ces taches solaires exercent toute la sagacité
des astronomes. Elles sont restées une énigme indéchiffrable jusqu'en 1774.

Le soleil est-il donc une mer de feu d'où émergent des cimes de
montagnes formant des taches noires au milieu de cet océan enflammé?

En étudiant le soleil à l'aide d'un puissant télescope, il nous apparaît bouillonnant à sa surface, comme des nuages de feu qui semblent se fondre ensemble, puis s'écarter, se rapprocher, se dissoudre et renaître encore, sans que leur mouvement continu et leur ténuité empêchent de distinguer parfois un noyau obscur et solide, qu'ils cachent le plus souvent, et d'y reconnaître les taches noires dont nous parlons.

Pour bien comprendre ce bouillonnement de feu du soleil, partons de la terre et approchons-nous de ce globe de flammes.

C'est un beau voyage à faire, car il nous conduit comme par la main à travers les progrès de la science astronomique, pour aboutir bientôt sans doute à la vérité.

Avant de débarquer sur le sol de l'astre, une première atmosphère, d'abord très ténue, mais qui va sans cesse en augmentant de densité, et qui n'est pas aperçue des habitants de la terre, sera franchie par nous.

Nous entrons ensuite en pleine fournaise de gaz, seconde atmosphère formée d'un gaz incandescent et par-là même très lumineux. *Photosphère*, tel est le nom de cette atmosphère de gaz qui détermine le contour visible du soleil.

Après cette photosphère éblouissante, incandescente, nous pénétrons dans une troisième et dernière atmosphère, nuageuse, opaque, réfléchissante comme une sorte d'écran métallique, un miroir dispersant dans l'espace les flammes de la photosphère qu'il reflète.

Enfin, nous mettons le pied sur un globe obscur, énorme, colossal. C'est la surface du noyau du soleil.

Les auteurs de cette théorie sont MM. Wilson, Bode, Micheli, Sehavatera, Herschell et Arago.

Arago et Herschell proclament même que ce noyau est habitable. Etant admis en effet que le soleil est un corps obscur, rien ne s'oppose à ce qu'il soit habité. Mais l'intensité de la pesanteur à la surface de l'astre est vingt-huit fois plus considérable qu'à la surface de la terre. Un corps pesant un kilogramme sur notre planète, en pèserait vingt-huit sur le soleil. Dès lors un habitant du soleil, constitué comme nous le sommes, serait écrasé par son propre poids. Cet astre ne pourrait donc être habité que par des individus possédant une constitution essentiellement différente de la nôtre.

On sent que la théorie de ces derniers savants n'est pas encore celle qu'il faut admettre. Leur hypothèse explique bien l'apparence que présentent les nombreuses taches du soleil. Il suffit d'imaginer qu'une déchirure se fasse dans le flamboiement des atmosphères concentriques que vous connaissez maintenant, pour que tout aussitôt on se rende compte des creux, des profondeurs vagues que l'observateur aperçoit à la surface du globe, du contour sombre et du fond tout-à-fait noir de chaque tache.

Le contour nettement sombre, c'est l'atmosphère nuageuse ; et le fond noir, c'est le noyau.

On en était venu cependant à se contenter de ce système, en attendant mieux, lorsqu'une découverte inattendue changea complètement l'opinion des savants sur la constitution du soleil. On imagina l'*analyse spectrale*, c'est-à-dire l'examen de la représentation oblongue et colorée du soleil, qui se produit par le passage de ses rayons à travers un prisme, dans l'instrument de physique appelé *chambre noire*. Alors l'analyse spectrale permet de savoir immédiatement, à la seule inspection d'un rayon de lumière, si l'objet dont il émane est solide, liquide, ou gazeux. Or, comme de la masse gigantesque du soleil l'atmosphère fut reconnue tenant en suspension divers métaux vaporisés par la chaleur du noyau, et ces vapeurs métalliques se condensant en nuages, comme se condense la vapeur d'eau de notre atmosphère, à l'inspection des nuances dont sont imprégnées ces vapeurs solaires, on acquit la certitude que ces vapeurs émergeaient des éléments qui composent l'astre, à savoir du fer, du sodium, du nikel, du cuivre, du zinc et du baryum. On en conclut que du moment où les six métaux de la première série exhalent des vapeurs qui constituent l'atmosphère solaire, il faut bien qu'ils existent dans le corps même du soleil ; donc le soleil est un corps solide.

Ce problème à peine résolu, une expérience de M. Arago vint en contredire l'exactitude.

Lorsque, à l'aide d'un instrument très ingénieux, le *polariscope*, on observe la lumière émanant obliquement d'un corps, on peut savoir si cette lumière provient d'un corps solide ou gazeux. Or, le polariscope du savant Arago répondit tout-à-coup, péremptoirement, que la lumière émergeant du soleil provenait d'une masse gazeuse.

Heureusement un autre savant, M. Faye, expliqua bien vite ce désaccord.

Il suffit, en effet, pour que cesse toute ambiguïté, que le soleil soit gazeux et que les gaz contiennent en suspension des particules solides. La lumière, dans ce cas, émane et d'un corps solide et d'un corps gazeux. Or, telle serait la nature du soleil.

La science en était à ce point de progrès dans l'étude du soleil, lorsque le bruit se répand que le 18 août de cette année même 1868, doit avoir lieu une éclipse de soleil qui permettra certainement de nouvelles observations sur cet astre. L'Europe savante s'émeut ; l'Angleterre, l'Autriche, la France enverront des sociétés d'astronomes contempler ce phénomène sur divers points du globe. Cet événement a eu lieu. J'ai fait partie de l'expédition française envoyée dans l'Inde, à la suite de l'habile physicien Janssen, et je puis en parler *de visu*.

La ligne centrale de cette éclipse devait s'étendre depuis Aden jusqu'à la Nouvelle-Guinée; et, sur son long parcours, Masulipatam, située sur la côte de l'Hindoustan, avait été désignée tout d'abord comme le point le plus favorable à l'étude du soleil. Puis, M. Janssen finit par fixer sa station à Guntoor, ville indienne située à égale distance des montagnes et de la mer, évitant ainsi les brumes marines très fréquentes à Masulipatam, où les nuages couvrent souvent les pics élevés.

Les éclipses totales de soleil ont lieu quand la lune s'interpose exactement entre la terre et l'astre lumineux. Pourtant, il faut encore que le diamètre apparent de la lune surpasse celui du soleil. Or, les conditions les plus favorables au phénomène se produisaient le 18 août dernier, la durée de l'obscurité totale devant s'élever jusqu'à six minutes quarante-six secondes, au lieu de quatre minutes environ, comme cela était arrivé dans les observations antérieures.

L'observatoire de M. Janssen fut établi sur la terrasse d'une maison de Guntoor; nous avions à notre disposition un télescope Foucault, une lunette Brunner avec chercheurs, de nombreux spectroscopes, et des micromètres pour mesurer les hauteurs et l'angle de position des protubérances solaires.

Le 18 août, chacun fut à son poste de bonne heure, comme vous pensez bien.

Pendant les premières phases de l'éclipse, quelques légères vapeurs vinrent passer sur le soleil. Heureusement, au moment décisif, le ciel reprit une pureté suffisante. Peu à peu la lumière se mit à baisser; bientôt les objets ne semblèrent plus éclairés que par la lune. Enfin, le disque solaire se trouva réduit à une mince faucille lumineuse. Oh ! comme battaient nos cœurs, et combien on redoubla d'attention !

Quel spectacle magnifique : obscurité complète, puis aspect du spectre du soleil dans le spectroscope, et tout-à-coup deux autres spectres formés de cinq ou six lignes brillantes, rouge, jaune, verte, bleue, violette. Ces spectres, hauts d'une minute, se correspondent raie pour raie et sont séparés par un espace obscur. Quittant alors le spectroscope et mettant l'œil au chercheur, nous reconnaissons que les spectres sont dus à deux splendides protubérances qui brillent en-dehors du limbe noir de la lune, à droite et à gauche du point où vient de se produire l'extinction du disque solaire. L'une de ces protubérances atteint une hauteur de trois minutes. Elle rappelle la flamme d'un feu de forge sortant avec force des ouvertures du combustible, poussée par la violence du vent. Une autre protubérance, celle du bord occidental, offre l'apparence d'un massif de montagnes neigeuses dont la base reposerait sur le limbe de la lune, et qui seraient éclairées par le soleil couchant. Aussi télégraphions-nous immédiatement à Paris :

— *Éclipse observée..... Protubérances de nature gazeuse....*

En effet, nature gazeuse du soleil, puisque les raies sont brillantes.

Similitude générale de leur composition chimique, puisque les spectres se correspondent raie pour raie...

Enfin, composition des protubérances : hydrogène, puisque les raies rouges et bleues du spectre ne sont autres que la signature du gaz hydrogène.

Donc M. Faye, qui a toujours soutenu que le soleil est gazeux, gigantesque ballon de vapeurs enflammées, M. Faye a raison et triomphe.

Et a tort M. Kirschoff, qui prétendait jusqu'à présent que le soleil est formé d'un noyau solide ou liquide entouré d'une profonde atmosphère brillante.

La question est désormais tranchée. Nouveau progrès : le soleil est de nature gazeuse et forme un corps solide.

Ainsi, on ne peut continuer à admettre que le soleil se compose de couches nuageuses et enveloppées dans une photosphère. Il faut renverser cette théorie et placer simplement une atmosphère autour d'un globe lumineux. Cette existence d'une couche de matière rose, en partie transparente, recouvrant toute la surface du soleil, reste un fait constaté. L'observation montre encore que certaines parties de cette couche de matière s'élèvent fréquemment au-dessus du niveau habituel et forment des appendices nuageux, émanant de l'atmosphère du soleil et de la même couleur qu'elle.

Que le noyau du soleil soit liquide ou solide, sa surface et sa partie intérieure doivent subir au moins autant de tourmentes que la surface et l'intérieur de la terre. Il ne saurait donc y manquer ni trombes ni phénomènes électriques, non plus que des volcans capables de produire les mouvements observés.

D'un autre côté, il résulte de l'observation des nuages solaires que la matière s'accumule quelquefois en quantités plus considérables sur certains points. Or, comme la lumière de la partie correspondante du soleil peut se trouver plus ou moins éteinte, on explique naturellement l'existence des taches à la surface de l'astre. Ces taches, de leur part, offriront les contours et les aspects les plus variés, et leurs formes changeront rapidement, comme l'observation le constate et comme cela doit être dès qu'elles sont produites par des nuages.

J'ajoute que ces taches faisant l'effet de véritables écrans, dont les moindres sont des centaines de fois plus gros que la terre, et puisque le nombre et les dimensions de ces écrans varient sans cesse, la chaleur que nous recevons du foyer doit varier aussi, mais alors évidemment en sens inverse. Il advient de là que, à ce moment même, le soleil se trouvant à une époque de taches moins nombreuses, nous avons eu à subir une excessive chaleur en cette année 1868. En 1865, comme en 1869, car c'est tous les trois ans que, d'après les observations, le soleil se voile de taches bien plus multipliées, les pluies ont été et seront très fréquentes et la chaleur amoindrie.

Désormais la question est tranchée : *Le soleil est un corps solide, et ce corps solide est de nature gazeuse.* Ainsi la science, après avoir pesé et mesuré le soleil à une distance de 38,240,000 lieues, est parvenue à en faire l'analyse. Découverte merveilleuse qui laisse bien loin derrière elles les plus brillantes fictions des poètes !

Maintenant, comment se fait-il que le soleil en combustion depuis des milliers d'années ne se consume pas et n'arrive pas à l'extinction par l'épuisement des métaux et des matières qui le composent ? Car, on a calculé que si le soleil était un corps combustible comme le charbon, il serait brûlé en cinq mille ans. Il est avéré qu'il est nourri par les métaux. A merveille ! Mais les métaux brûlent plus lentement que le charbon ; oui, ils brûlent toutefois, et peut venir un jour où l'alimentation sera refusée au roi de notre système planétaire. Le soleil s'éteindra-t-il alors, comme la lune, et, comme elle, promènera-t-il dans l'espace une face morne et désolée. Dans cette hypothèse alors, la terre elle-même serait un soleil éteint, et déjà à moitié refroidi. Dans quelques milliers d'années, elle sera complètement gelée, comme la lune, et, comme elle encore, silencieuse et déserte. A ce sujet voici l'opinion de certains astronomes :

Au début du printemps, comme en automne, c'est-à-dire à l'époque des équinoxes, on aperçoit le soir, au-dessus de l'horizon, dans le cré-puscule du couchant, une pâle lueur, en forme de cône, qui se teinte légèrement de jaune et de rouge. Cette lueur a reçu le nom de *lumière zodiacale.* Dans les contrées brûlantes, elle se transforme en une éblouissante illumination. Or, ce cône de lumière étrange fait partie d'une immense couronne de millions de sidérites, étoiles filantes, bolides ou aérolithes, semblables en tout aux prétendues étoiles filan-tes qui traversent notre atmosphère à certaines époques, et qui par-fois, sous le nom de bolides ou aérolithes, tombent sur notre planète. Sidérites, bolides ou aérolithes, étoiles filantes en un mot, composent la matière cosmique, ou *semence des mondes,* répandue dans l'espace et destinée sans doute à s'agglomérer et à former de nouveaux corps célestes, car il y a toujours de nouveaux globes en formation. Cons-tamment attirés par le soleil, comme des moucherons par la lumière, ces astéroïdes décrivent autour de lui des cercles de plus en plus rap-prochés et finissent par se précipiter à sa surface avec une vitesse de cinq cents kilomètres par seconde. Ils deviennent ainsi les régénéra-teurs de l'embrasement solaire et alimentent sans fin le foyer de notre système planétaire, non par leur combustion, mais par la chaleur en-gendrée par leur choc. Par exemple lancez un boulet contre une sur-face résistante, le mouvement du projectile est anéanti ; mais ce mou-

vement n'est pas perdu. Il se transforme en une quantité équivalente
de chaleur, et le boulet rougit. En effet, rien ne se perd dans la nature; les forces sont, comme la matière, indestructibles et durables.
Elles ne peuvent que se transformer. On peut donc dire du soleil ce
que nous disons de nous : N'a-t-on pas souvent besoin de plus petit
que soi?

Du soleil j'ai à signaler un phénomène qui a nom, parhélie.

Le *parhélie* est un météore qui consiste dans l'apparition simultanée
de plusieurs soleils. Ces images sont toujours unies entre elles par un
grand cercle blanc et horizontal, et situées à la même hauteur que le
soleil lui-même au-dessus de l'horizon.

On suppose que le parhélie est l'effet de la réflexion du soleil sur
une nuée ou sur une masse vaporeuse répandue dans l'atmosphère.
C'est du reste un phénomène fort rare.

Quelques mots encore sur le soleil, afin de vous faire connaître toutes les fantaisies que les mystères de ce géant de feu ont provoqués et
fait émerger de l'esprit humain.

Depuis 1610, époque où Galilée tourna le télescope qu'il venait d'inventer vers les corps célestes, les taches de soleil occupèrent beaucoup les raisonneurs. Ils se disaient : Si, comme on l'a craint, les taches envahissaient complètement le soleil, que deviendrait la vie à la
surface de notre planète terre? Car enfin l'histoire a enregistré plusieurs époques d'affaiblissement marqué dans la lumière de l'astre du
jour. Virgile, le poète romain, en parle à l'occasion de la mort de César.

A ce sujet, voici ce que pensent quelques savants :

D'après une étude suivie des hautes questions de sciences, il paraît
constant que tout astre passe par trois phases distinctes.

Dans la première phase, la matière est en complète dissociation.
Ainsi désagrégé, l'astre est à l'état de nébuleuse. Sa température, très
élevée, va décroissant du centre à la surface.

Dans la seconde, le refroidissement superficiel permet à la matière
de s'agglomérer. Il se forme une sorte de laboratoire à la surface et le
jeu des affinités chimiques détermine les contours apparents de l'astre.
C'est alors un foyer d'un grand pouvoir émissif pour la chaleur et la
lumière. Le flux calorifique est d'ailleurs entretenu aux dépens de la
masse entière par les échanges entre la matière centrale et la matière
superficielle.

Notre soleil, au moment où je vous parle, mes chers auditeurs,
n'est encore qu'à cette seconde phase.

Enfin, dans la troisième, les courants verticaux ont mélangé la masse.
La densité moyenne devient suffisante. Les couches superficielles, très
refroidies, prennent une consistance liquide, pâteuse, puis solide.

C'est ainsi que vous verrez se transformer notre planète terre.

Alors commence la phase géologique dont la terre, que je viens de nommer, et plus encore notre satellite, la lune, ainsi que tous les astres solidifiés à leur surface, nous offrent des spécimens.

Nous avons en outre la preuve de cette métamorphose par les tableaux du firmament et de ses constellations que nous a laissés Hipparque, fameux astronome de l'antiquité, par les notes d'autres savants du vieux monde, et par les dires de certains observateurs modernes, tableaux, notes et dires qui attestent que les relations mutuelles de certains groupes d'étoiles ont été troublées d'une manière sensible par l'extinction et la disparition de plusieurs d'entre elles.

Tycho-Brahé, en 1572, observait une étoile splendide dans Cassiopée. Parfaitement arrondie, et d'un éclat égal à celui de Vénus, cette étoile demeurait visible même pendant le jour. Mais voici que, peu à peu, la lumière s'éteignit, après avoir excité l'admiration pendant plusieurs mois.

En 1604, dans le Serpentaire, une autre étoile qui parut subitement, disparut de même après plusieurs mois.

L'extinction des globes dont nous parlons n'est pas aussi rapide, tant s'en faut. Le refroidissement s'opère à travers de nombreux siècles.

C'est ainsi que la lune, si éminemment volcanique, comme vous l'apprendrez, est en avance sur ce point, parce que, beaucoup plus petite, elle s'est refroidie plus vite.

Notre terre est encore brûlante à l'intérieur. Mais les volcans vieillissent et tendent tout doucement à s'éteindre.

Le soleil, au contraire, est en retard parce que, beaucoup plus gros, il se refroidit plus lentement. Mais il se refroidit. Ses taches de plus en plus nombreuses le démontrent.

Même loi, même phénomène. La nature n'agit pas autrement pour le soleil que pour les autres planètes. A son tour le soleil s'éteindra comme la terre s'éteint, comme s'est éteinte la lune. La lumière solaire disparaîtra de notre système planétaire où devront régner les ténèbres, et les habitants des mondes éloignés, en cherchant inutilement notre soleil disparu, diront à leur tour qu'une étoile vient de s'éteindre, et ils la rayeront de leur catalogue sidéral.

Heureusement pour nous, enfants du XIXe siècle, nous n'en sommes pas encore au point de redouter cette obscurité future. Le soleil n'a pas encore épuisé ses immenses réservoirs de chaleur et de feu emmagasinés dans ses entrailles. Dieu est là! Il nous a faits les fils de la lumière, et il ne permettra pas que la mort vienne de sitôt remplacer la vie dont il a doté notre univers.

II. — Aspect des cieux au-delà des limites de l'atmosphère terrestre. — Ce qu'on appelle étoiles fixes.   Constellations et leur disposition dans le vide ou l'infini de l'espace. — Immense volume des étoiles-soleils. — Leurs six mouvements. — Ecliptique. — Points équinoxiaux. — Solstices et tropiques. — Zodiaque. — Précession des équinoxes. — Translation des étoiles. — Etoiles nébuleuses. — Etoiles changeantes. — Etoiles binaires. — Etoiles doubles. — Couleur du feu des étoiles.

Un soir, le capitaine Varnier continua de la sorte son premier entretien :

— J'ai fait deux ascensions aérostatiques dans ma vie. Je vais te parler de la première, qui eut lieu en Afrique, sous l'équateur. Elle avait pour but de me renseigner sur la position des astres dans cette partie du monde.

Je ne saurais te redire les impressions qui m'envahirent quand mon aérostat, quittant la terre, s'élança dans les airs avec la rapidité d'un météore, ni les étranges phénomènes des différentes couches de l'atmosphère que je dus traverser. Mais ce que je dois t'apprendre, c'est que, au moment où j'atteignis les dernières limites de l'air, à la hauteur vertigineuse de douze lieues peut-être, j'entrai dans une horrible région de ténèbres.

En effet, j'avais au-dessus de moi, tout à l'entour, partout, le vide, l'abîme, l'abîme infini, noir, noir à faire reculer d'épouvante. Pourquoi ce noir de l'espace? Le voici : L'air est le conducteur de la lumière, et là où il cesse, il n'y a plus autre chose qu'une sinistre et effrayante obscurité.

Toutefois mes yeux se firent petit à petit à ces ténèbres, et je plongeai bientôt un regard assuré dans les profondeurs de ce vide.

Tout d'abord j'aperçus un point rouge, rouge comme une masse de fer sortant de la forge. C'était le soleil, mais plus ce soleil dont le volume inimaginable de formidable grosseur se montre à nous développé par la réflexion de l'atmosphère, plus ce lustre incomparable qui disperse ses rayons sur le monde et y répand la chaleur et la vie. Non : ce soleil alors était un petit astre sans rayonnement, un minuscule orbe de feu roulant sur un fond d'impénétrable obscurité.

Peu à peu cependant je remarquai d'autres points lumineux, mais d'une couleur rouge, verte, blanche ou laiteuse, dont, à l'aide de leur position, et grâce à leur nombre fort restreint, je déterminai la nature et devinai les noms.

C'était notre *système planétaire* gravitant autour de notre soleil.....

Chacune de ces planètes que je me pris à observer avec ma lunette, avait la teinte propre qui la caractérise et lui a fait choisir un nom spécial.

Presque en même temps, à des distances incommensurables, j'avisai d'autres astres, perçant difficilement les ténèbres, mais en nombre infini et composant entre eux des groupes, des figures, des signes, et je reconnus les *constellations des pôles*, et les autres *constellations dites du zodiaque.*

C'étaient les *étoiles fixes*, ces autres soleils qui, semés dans l'espace par millions, éclairent sans doute d'autres mondes, comme notre soleil illumine notre planète terre et ses sœurs.

A l'œil nu, il m'aurait été impossible de compter plus de mille à douze cents de ces étoiles. Mais, à l'aide de mon télescope, il me devint facile d'en découvrir des nombres infinis, comme le fit Herschell, qui en trouva plus de cinquante mille dans un espace de quelques degrés.

Je passai en revue, l'une après l'autre, toutes nos constellations connues et aimées : la *Grande-Ourse*, la *Lyre*, *Cassiopée*, le *Dragon*, la *Chevelure de Bérénice*, la *Couronne*, le *Dauphin, Antinoüs, Andromède*, le magnifique *Orion ;* et puis les signes du zodiaque alors sur l'hémisphère.

Je m'abandonnai ensuite au charme d'étudier les *constellations australes*, que notre Europe peut regretter de ne pas connaître, car elles sont d'une telle magnificence que les *constellations boréales* pâlissent devant elles.

De la hune de mon navire, où l'on me surprenait souvent en extase, en regard de cette mystérieuse distribution des étoiles, il me vint à l'esprit que l'agencement de ces feux dans l'empyrée n'avait pas été abandonné au hasard ; il me parut au contraire combiné de telle sorte qu'il devait composer des systèmes d'autres mondes, dont Dieu seul a le secret.

Ces soleils éblouissants ne sont pas sur le même plan dans le ciel. Ils sont étagés, épars sur des milliers de plans divers, dans les profondeurs éthérées. On présume que les plus colossales et les plus lumineuses sont les plus rapprochées de nous. *Sirius*, par exemple, Sirius, le plus voisin de notre sphère, et qui n'est qu'à une distance de 6,600 millions de lieues, Sirius auquel on donne cent millions de lieues de circonférence, nous offre une lumière 324 fois plus intense que celle d'une étoile de sixième grandeur.

Celles de la première grandeur jusqu'à la septième sont visibles à l'œil nu.

Toutes les autres sont télescopiques. Dans cette catégorie, Herschell en a classé jusqu'à la 1342ᵉ grandeur.

On doit comprendre qu'à une si grande distance de notre planète, la chaleur de ces corps en combustion est nulle pour nous. Il n'est pas possible d'obtenir de parallaxe, c'est-à-dire de mesure angulaire, pour apprécier leur éloignement. Si la parallaxe d'une étoile était seulement d'une seconde, sa distance serait de sept trillions de lieues. En outre, le plus petit diamètre que pourrait avoir son orbe serait, lui, de trente-trois millions de lieues.

D'ailleurs, chaque année, par l'effet de l'accomplissement de l'orbite de la terre autour du soleil, nous nous rapprochons et nous nous éloignons de soixante-dix millions de lieues de l'une des concavités du ciel, ce qui ajoute encore dans un temps à notre éloignement.

Enfin, un fait qui démontre la prodigieuse distance qui nous sépare des soleils de l'éther, c'est que le télescope, malgré sa plus formidable puissance, ne peut arriver à augmenter ni l'éclat, ni le diamètre, ni la beauté de ces feux merveilleux : il est impuissant à les grossir le moindrement.

La lumière seule est l'échelle, la mesure idéale de l'infini, du vide, de cet espace inimaginable.

Ainsi, Herschell, qui dit avoir observé les étoiles qu'il juge appartenir à la 1342ᵉ grandeur, prétend que leur lumière, pour nous parvenir, a dû mettre plus de 2,000,000 d'années, elle qui ne met que huit minutes à franchir les 38,000,000 de lieues qui nous séparent du soleil. On ne la voit donc que 2,000,000 d'années après sa création, et, s'il plaisait au divin Auteur des mondes de l'éteindre soudainement, nous la verrions encore 2,000,000 d'années après.

O prodigieuse élévation, ô profondeur des œuvres de Dieu !

Cependant ces étoiles-soleils, qui semblent fixes, qui paraissent conserver toujours entre elles la même distance, bien que toutes soient dans une perpétuelle activité, ou de révolution périodique, ou de rotation autour de leurs axes ou essieux, ou de translation dans l'espace, comptent jusqu'à six mouvements en effet. Leur immobilité respective est assez expliquée par les alignements observés autrefois et qui se trouvent constamment les mêmes, ce qui leur a valu le nom de *fixes*, parce que les anciens étaient persuadés qu'elles étaient fixées dans un firmament de cristal, comme des clous d'or, d'une part et de l'autre, par opposition aux planètes de notre système solaire, corps essentiellement errants, opaques et obscurs. Mais, en réalité, elles ne sont point fixes, et sont douées de six mouvements, tous les six apparents.

Afin de me faire mieux comprendre, je dois t'expliquer d'abord ce que l'on appelle écliptique et zodiaque.

L'*écliptique* est la courbe elliptique que le soleil paraît décrire en une année dans l'espace, tandis que c'est la terre qui le décrit autour de cet astre. Cette orbite terrestre est inclinée obliquement par rapport à l'*équateur*, ligne centrale de la circonférence de notre planète, qu'elle coupe en deux points diamétralement opposés, nommés *points équinoxiaux*, parce que, à l'époque des passages de l'équateur en face du soleil, la nuit est sensiblement égale au jour. Cette obliquité de l'écliptique est connue depuis Thalès de Milet, le plus ancien astronome, car il vivait six cents ans avant Jésus-Christ.

Par opposition aux points équinoxiaux, on nomme *points solsticiaux* les deux points de l'écliptique les plus éloignés de l'équateur. Et l'équateur étant la ligne centrale de la circonférence de notre planète, le *solstice* est la position qui atteint la terre lorsque son équateur est le plus éloigné du soleil, en juin et décembre de chaque année. Ce nom de solstice vient de ce que la terre, arrivée à ce point de son orbite, semble demeurer stationnaire en face de l'astre, et tenir son équateur sous son influence, sans s'en éloigner ni s'en rapprocher sensiblement.

Les limites de l'écliptique au nord et au sud, portent le nom de *tropiques*, tropique du Cancer le premier, tropique du Capricorne le second. L'entre-deux, qui est l'équateur, forme ce qu'on appelle la *zone torride*, c'est-à-dire la plus brûlante de notre globe.

Dans son mouvement annuel autour du soleil, la terre, en décrivant l'écliptique, marche parallèlement à une zone de la voûte céleste sur laquelle se trouvent douze principales constellations dont les noms, ayant été empruntés à des animaux, ont fait donner à cette zone le nom de *zodiaque*. Ces constellations composent les douze signes du zodiaque, la connaissance astronomique la plus reculée dans l'antiquité, car elle nous vient des Chaldéens, des Perses, des Egyptiens, des Indiens, des Arabes et des Chinois. Ce sont le *Bélier*, le *Taureau*, les *Gémeaux*, le *Cancer*, le *Lion*, la *Vierge*, la *Balance*, le *Scorpion*, le *Sagittaire*, le *Capricorne*, le *Verseau* et les *Poissons*. Notez que ce nom de Cancer signifie simplement Ecrevisse. On a réuni ces douze noms en deux vers latins pour en faciliter le souvenir à la mémoire :

> Sunt Aries, Taurus, Gemini, Cancer, Leo, Virgo,
> Libraque, Scorpius, Arcitenens, Caper, Amphora, Pisces.

Maintenant je reviens aux six mouvements des étoiles-soleils, mouvements qui ne sont tous six qu'apparents :

1° Le mouvement diurne, par lequel en vingt-trois heures cinquante-six minutes et quatre secondes, toutes les étoiles paraissent accomplir une révolution, simultanément avec la voûte céleste, d'orient en occident.

Cette illusion est due à la rotation journalière de notre sphère autour de son axe.

2° Le mouvement annuel, par lequel toutes les étoiles semblent effectuer une révolution complète d'orient en occident, autour des

Parmi ces nébuleuses, il y a des globes planétaires. Ils sont rares sans doute, mais alors leur volume dépasse toute conception humaine. Sphériques ou ovales, elles doivent leur nom à leurs bords nets et tranchés, comme notre lune. Si ce sont des planètes, elles n'ont pas moins, comme on le trouve dans l'une des étoiles de même nature d'*Andromède*, de un milliard deux cent millions de diamètre... De diamètre?... Vous entendez... Jugez de leur circonférence!

Plusieurs de ces astres ont des phases, comme les planètes de notre système solaire. *Omicron*, de la constellation de la *Baleine*, paraît et disparaît douze fois dans une année. *Algol*, de l'astérisme de *Persée*, a aussi ses périodes d'ombre et de lumière. On suppose qu'un grand corps opaque, une planète, fait sa révolution autour de chacune d'elles, en les occultant dans des temps réguliers, ou que, tournant sur elles-mêmes ainsi que notre soleil-étoile, ainsi que lui elles ont d'immenses taches ténébreuses. Enfin, dans plusieurs, la lumière change de volume, d'intensité, et même de couleur. D'autres paraissent tout-à-coup, comme l'une d'elles qui se montra soudainement dans le *Serpentaire*, en 1604, et qui, après avoir redoublé de splendeur, puis pâli, s'éclipsa pour toujours.

On suppose d'inimaginables conflagrations dans ces corps célestes, conséquence tirée de leur lumière, faible d'abord, puis intense, puis cramoisie, puis couleur de sang, puis terne, toutes gradations que nous observons dans les vastes incendies, sur notre terre.

En 1562, une nouvelle étoile de première grandeur fut aperçue par Tycho-Brahé, dans la constellation boréale de *Cassiopée*. Seize mois après son apparition, l'œil la chercha vainement.

On sait qu'une étoile de la *Grande-Ourse* a disparu de même.

Deux étoiles de la deuxième grandeur, dans le *Navire*, ont cessé également d'être visibles.

Plus de cent étoiles enfin ont subi les variations des *étoiles changeantes*.

Mais une des curiosités du firmament, ce sont les *étoiles binaires* et *doubles*.

Les premières, dans leur système particulier, tournent les unes autour des autres, dans des orbites réguliers. On les nomme *binaires* pour les distinguer des étoiles doubles juxtaposées et superposées dans le ciel, et qui n'offrent entre elles qu'une distance à peine appréciable à l'aide des plus forts télescopes. On n'a observé jusqu'à présent qu'un nombre très restreint de ces binaires. Dans leur manière d'être, c'est un soleil qui tourne autour d'un soleil, accompagné chacun sans doute d'un cortége de planètes, avec leurs lunes ou satellites. Le soleil central, toujours d'un diamètre plus grand, soumet l'autre, qui lui obéit, aux lois de son attraction et d'une gravitation perpétuelle. On a observé que la plus grande étoile est jaune ou orange, ou quelquefois cramoisie, tandis que la plus petite est verte ou bleuâtre, de la teinte d'une vague de mer. Outre la part que l'on fait aux illusions de l'optique, on remarque que les étoiles, comme les fleurs d'une vaste prairie, ont par leur nature même une infinie variété de couleurs.

S'il y a des habitants dans les planètes des binaires, des jours magiques, tour à tour dorés, roses et bleus, doivent les éclairer, et leurs lunes doivent pendre dans les cieux comme d'admirables lampes de couleur.

Les secondes, c'est-à-dire les étoiles *doubles,* d'après William Herschell, sont au nombre de plus de cinq cents.

A l'œil nu, elles sont uniques. Au télescope, elles sont souvent *triples.* On distingue entre elles quelques secondes de distance, séparation effroyable à un si grand éloignement, puisqu'il faut qu'une étoile ait, entre sa voisine, plusieurs milliards de lieues pour ne pas se causer mutuellement de perturbations, qui compromettraient l'ordre ineffable de l'univers. Deux étoiles de la *Vierge* tournent autour l'une de l'autre dans la longue période de 708 ans.

Je ne passerai pas sous silence ces étoiles dites *informes* que les Grecs nommaient *sporades* ou semées, quoique douées de cette scintillation qui distingue les étoiles des planètes, et qui atteste qu'elles sont des soleils. Faibles et obscures, comme le mérite modeste, elles ont été abandonnées des hommes, et repoussées du catalogue des constellations, les reines du ciel, avec lesquelles elles n'ont pas été formulées, ce qui leur a valu leur triste nom. Cependant un astronome ancien, dans sa poétique adulation, a formé, avec plusieurs de ces étoiles délaissées, la *Chevelure de Bérénice,* qui luit d'une légère lueur au septentrion.

Enfin on appelle *étoile spolaires,* celles qui sont placées dans la direction de l'axe de la terre.

Cette dénomination est absolument affectée à celles qui brillent d'un éclat si vif au pôle boréal, quoiqu'il y en ait aussi nécessairement au pôle austral : mais nous ne les voyons pas, attendu qu'il faut voyager et faire le tour du monde alors pour aller en face du pôle sud, comme nous sommes en face du pôle nord.

Sept belles étoiles, que les Latins nommaient *Septentriones,* les *Sept-Bœufs,* ont donné au pôle nord le nom de *septentrion.*

Notre superbe étoile polaire boréale, la première boussole des Phéniciens, les plus anciens navigateurs, et qui les guida à travers les flots britanniques jusqu'aux Orcades, est éloignée de l'axe du pôle de vingt-sept minutes et demie.

J'en aurais fini avec les étoiles, si je ne tenais à parler encore de leurs merveilleux aspects, lorsque, de la nacelle de mon ballon, je les observais avec une persévérance et un charme infatigables. Notez que vous pouvez, vous aussi, à l'aide d'un télescope, admirer d'autant mieux les flambeaux célestes, que leur splendeur, nuancée des plus riches teintes, est augmentée de beaucoup par l'enveloppe atmosphérique à travers laquelle leurs ondes lumineuses parviennent à nos regards. Ces colorations, surtout celles des étoiles doubles, diverses et permanentes, ne peuvent être attribuées qu'à des différences réelles dans la nature de la lumière émise par chacun de ces soleils. En effet, si ce qu'avance maintenant M. Faye, et, avec lui, les astronomes, à l'endroit de notre soleil à nous, peut s'étendre et s'appliquer à la constitution physique des étoiles, ce qui est probable, il suffit de supposer une composition chimique différente dans chaque noyau de ces astres pour expliquer la variété de leurs couleurs.

Ainsi, pour vous donner une idée de la magnificence du spectacle qui s'offre à moi, chaque fois que je contemple le firmament, avec mes plus puissants télescopes, sachez que la lumière de *Sirius*, dont je vous ai parlé déjà, ainsi que la lumière de *Véga* de la constellation *Lyre*, de *Régulus*, de l'*Épi*, etc., est d'une blancheur d'opale la plus douce à l'œil, tandis que l'étoile la plus brillante d'*Orion*, cette admirable et gigantesque constellation que le vulgaire appelle les *Trois-Rois*, et *Aldébaran*, qui est l'*OEil du Taureau*, et un million de fois plus grosse que notre soleil, me présentent une teinte cramoisie des plus charmantes.

Puis *Procyon*, la *Chèvre*, l'*Étoile polaire* boréale se montrent du plus beau jaune d'or, alors que les feux de *Castor* sont verts, ceux de *Héta* de la *Lyre* d'une merveilleuse nuance bleue, et enfin rouge vif *Arcturus*, *Antarès* et une étoile de la *Baleine*, la fameuse *Mira*.

Toutes les teintes possibles variées à l'infini se produisent de même dans les étoiles doubles colorées. Le blanc s'y trouve associé avec le rouge sombre ou clair, pourpre, rubis ou vermeil. Là, c'est une étoile verte tournant autour d'une étoile couleur de sang foncé; ici un soleil orangé accompagné d'un soleil bleu indigo. Par exemple, l'étoile triple *Gamma d'Andromède* est formée d'un soleil d'un jaune citron, entouré dans sa marche triomphale de deux autres soleils verts de ce vert d'émeraude si riche et si beau. La soixante-unième du *Cygne* et *Alpha* du *Centaure* ont chacune pour composantes deux étoiles jaune orange.

Encore une fois, que de merveilles! Mais aussi combien de mystères et combien de problèmes dans ces merveilles!

Et pourtant, de tous ces phénomènes stellaires, peu, très peu sont hypothétiques, car le plus grand nombre a été soumis aux calculs les plus rigoureux, aux observations les plus patientes, à l'étude des

Démocrite, des Hipparque, des Tycho-Brahé, des Newton, des Képler, des Cassini, des Lalande, des deux Herschell, des Biot, des Arago, des Faye, etc.

Des froids calculs de l'algèbre, ces astronomes savants et consciencieux ont fait éclore toute la poésie des cieux, mais la poésie vraie, mais la poésie pure comme la vertu.

III. — Planètes de notre système solaire. — Planètes inférieures à la terre. — Mercure et Vénus. — Montagnes de l'un, troncatures de l'autre. — Planètes supérieures à la terre. — Macules de Mars. — Stries de Jupiter. — Anneau de Saturne. — Planètes brisées par un choc. — Cérès, Pallas, Vesta et Junon. — Uranus, etc. — Des comètes. — Vision que présente une comète étudiée au télescope. — Débris de planètes tombés du firmament.

La Bible, le livre des livres, appelle *Armée céleste* les astres des cieux, et certes, la Bible ne peut mieux dire. Les globes innombrables qui remplissent l'immensité de l'empyrée sont bien en effet la plus belle flotte que l'on ait jamais vue naviguer sur l'océan sans limites de l'infini ; j'en appelle à vous, chers lecteurs. Car il vous est arrivé certainement, pendant les belles nuits de l'hiver, aussi bien que pendant les nuits douces et parfumées de l'été, de contempler ces myriades de feux qui scintillent dans l'éther bleu du ciel. Quelle magnificence! quelle splendeur ! quelle variété dans le semis des groupes d'étoiles composant ce que nous nommons constellations! Quel spectacle grandiose, et comme le nom de Dieu est bien écrit par cette incommensurable mise en scène du firmament !

Ce qui fait que nous n'en jouissons pas durant le jour, c'est que l'éclat de tous ces phares inextinguibles est absorbé par la lumière du soleil, bien plus intense alors que celle des étoiles, parce ques on flambeau est plus rapproché de nous.

Mais pour celui qui, en aérostat, atteint les dernières limites de l'air, de jour même, toute la ridicule armée des points scintillants de la voûte céleste est visible sans fin.

Aussi le capitaine Varnier, me prenant à partie, continue-t-il ainsi le récit de son exploration aérienne :

— Du ballon, dont j'occupe la nacelle, malgré tout l'intérêt que m'inspire la revue des sphères qui planent au-dessus de ma tête, je cesse de contempler les étoiles-soleils, et je porte toute mon attention sur la splendide couronne que, sur le fond noir de l'espace, composent à notre soleil les nombreuses planètes qui lui font cortége.

D'abord je dois dire que *planète*, du grec *planetês* (*errant*), signifie un corps céleste, opaque, sans lumière propre, qui tourne soit autour d'une autre planète, dont elle est alors le satellite, et qui ne luit qu'en réfléchissant la lumière du soleil.

Il y a donc des *planètes principales* ou planètes proprement dites, qui décrivent leurs orbites autour du soleil même, et des *planètes secondaires* ou *satellites*, qui tournent autour d'une planète principale comme centre, telles que la lune autour de la terre, et de la même manière que les planètes principales tournent autour du soleil.

Les planètes principales se divisent elles-mêmes en *grandes planètes* et en *petites planètes* ou *astéroïdes*, dites aussi *planètes télescopiques*. Leur nombre n'est pas encore déterminé.

Toutes les planètes ont un double mouvement qui s'exécute d'occident en orient. Elles tournent sur elles-mêmes et se transportent autour du soleil, en décrivant un orbe elliptique.

Ces planètes ne se meuvent pas toutes dans un même plan. Leurs orbites sont inclinées les unes par rapport aux autres. Les trois lois suivantes règlent le mouvement de ces sphères.

1° Toutes les planètes décrivent autour du soleil des orbites qui sont des ellipses peu excentriques, et qui ont toutes un foyer commun où se trouve le soleil.

2° Les carrés des temps périodiques des révolutions des planètes sont entre eux dans le même rapport que les cubes de leurs moyennes distances au soleil.

3° Les aires décrites par le rayon recteur d'une planète en temps égaux sont toujours égales.

Ces lois, découvertes par Képler, dont elles portent le nom, sont la base de toute l'astronomie théorique, et ont servi à Newton pour fonder son système de la *gravitation universelle*.

Les mouvements des planètes sont assujétis à un grand nombre de petites inégalités qu'on nomme *perturbations*. C'est l'action mutuelle de ces astres qui en est la cause. Si chaque planète n'obéissait qu'à l'action du soleil, son mouvement s'exécuterait dans une ellipse dont la forme serait constante, et chacune des périodes de ce mouvement serait exactement la même que celle qui la précède ou celle qui la suit. Mais l'attraction étant universelle et réciproque entre toutes les parties de sa matière, chaque planète éprouve incessamment l'action de toutes les autres; il en résulte des variations dans les courbes ou les orbites parcourus.

La théorie de ces perturbations forme de nos jours le point le plus élevé de la mécanique céleste. C'est en se fondant sur les perturbations d'Uranus que M. Leverr'er est parvenu à *prédire* l'existence de la planète Neptune.

On appelle *accélération des planètes* un effet qui résulte du mouvement propre des planètes d'occident en orient, suivant l'ordre des si-

ouvement qui respectivement à la terre paraît plus grand qu'il
lement. C'est l'effet du mouvement de la terre combiné avec
planète.

i le tableau qui m'est offert :

s du point de feu qui me signale le soleil, centre de notre
re, un premier globe, blanc d'opale, de médiocre vo-
les reflets sont plus doux et charmants à voir, se pré-
s.

à l'écart du soleil, une autre sphère d'un éclat si
parfaitement argentés, que je le prends pour un
ît à son tour et commande mon admiration.

nt les deux *planètes inférieures* de notre système
, c'est-à-dire Mars et Vénus, placés entre le soleil et la terre,
ce qui leur fait donner ce nom de planètes inférieures, inférieures à
la terre.

Mercure, beaucoup plus petit que Vénus, est à 13,000,000 de lieues
du soleil, cependant, et il nage dans une vapeur excessivement épaisse.
Les savants ont calculé que sa chaleur doit être en effet plus intense
que celle de l'eau bouillante.

A l'aide de mon télescope, il m'est facile de m'assurer que cette
première planète a l'un de ses côtés très visiblement tronqué. Or,
comme cette troncature revient à l'horizon céleste après vingt-quatre
heures et cinq minutes, sa rotation est donc de cette durée.

Rien de plus curieux à observer que les montagnes dont Mercure est
hérissé. Il en est dont l'altitude doit être portée à 30,000 pieds. C'est
formidable, n'est-ce pas ? Et cependant le diamètre de cette planète
n'est que les deux cinquièmes de celui de la terre. Le volume de
Mercure, d'autre part, est le seizième de celui de notre planète.

Mercure accomplit son orbite autour du soleil en quatre-vingt-sept
jours, et il est le plus souvent invisible à l'œil nu, à cause du rayonnement du soleil qui absorbent son éclat. Mais pour accomplir cette
orbite, la petite planète se livre à une course tellement échevelée
qu'elle parcourt 40,000 lieues par heure. Certes! on ne dira pas qu'elle
fait l'école buissonnière!...

Vénus, beaucoup plus belle, plus pâle, comme il convient à une
déesse de bon ton, mais en même temps plus éclatante, est aussi d'un
plus fort volume.

Chez les anciens, on prenait cette seconde planète pour deux étoiles différentes, et on lui donnait le nom de *Lucifer* ou *étoile du jour*,
lorsqu'on la voyait avant l'apparition du soleil, et on l'appelait *Vesper*
ou *étoile du soir*, quand on l'apercevait seulement après le coucher du
même astre.

Le peuple la désigne sous la poétique dénomination d'*étoile du ber-*

ger, car, lorsqu'elle se montre, il est l'heure en effet de faire rentrer les troupeaux dans leurs étables, le soir, ou, le matin, celle de les en faire sortir.

Il y a des temps où Vénus projette un éclat si vif qu'on la voit en plein jour, à la vue simple. Lalande avait été témoin de ce phénomène en 1750, et Halley démontra qu'il devait se renouveler toutes les fois que la planète se trouvait à trente-neuf degrés environ du soleil, soixante-neuf jours avant et après sa conjonction inférieure.

La trop grande lumière de cette planète empêchait autrefois qu'on ne pût apercevoir les phases. Mais la découverte de la lunette d'approche, qui, écartant les rayons étrangers, permit à l'illustre Galilée de les remarquer, en 1610.

C'est la seule des planètes dont il soit parlé dans l'Ecriture sainte. Hésiode, l'auteur de la généalogie des dieux, et Homère, le plus célèbre des poètes grecs, font aussi mention de cette brillante étoile dans leurs œuvres.

On prétend que Pythagore fut le premier à signaler Vesper et Lucifer comme étant le même astre. Mais Favonius fait honneur de cette découverte à Parménide, qui vivait cinquante ans plus tard.

Vénus n'est pas visible pendant tout son cours. La durée de son apparition n'est que de trois ou quatre heures par jour, soit le matin, vers l'orient, soit le soir, à l'occident.

Comme Mercure, elle est tronquée dans une partie de son orbe, et elle annonce une rotation de vingt-trois heures.

Sa distance moyenne du soleil est de 27,000,000 de lieues.

Elle accomplit son orbite solaire en deux cent vingt-quatre jours.

Vénus est presque aussi volumineuse que la terre. Elle est entourée d'une atmosphère égale, ou au moins analogue à celle qui enveloppe notre planète.

Elle présente des phases tout comme notre lune ; j'ai dit que Galilée fut le premier des astronomes qui en fit la découverte, à l'aide de sa lunette.

Je pus voir et apprécier les énormes montagnes dont Vénus est pourvue, car elle passa sur le soleil juste à l'instant où cet astre quittait notre hémisphère, et alors elle forma sur son disque une tache noire et ronde, mais avec des aspérités, lesquelles aspérités étaient de hautes montagnes rocheuses, si brillantes sous l'action des feux du soleil, que je demeurai convaincu qu'elles sont couvertes de neige et zébrées de glaciers.

Dans son orbite autour du soleil, Vénus ne fait pas moins de quatre cent quatre-vingt-cinq lieues par minute, tandis que la terre n'en fait guères que quatre cent quatre-vingts.

Après la planète terre, sur l'atmosphère de laquelle je me trouvais

en vedette, je trouvai, en comptant notre sphère, la quatrième planète à partir du soleil.

Cette quatrième planète, Mars, est la première des *planètes supérieures*, c'est-à-dire de celles qui sont placées au-dessus de la terre et
le plus éloignées du centre commun, le soleil.

A la distance du soleil de 60,000,000 de lieues, et de la terre de
52,966,122 lieues, *Mars*, qui n'a en volume que 1,921 lieues, ce qui
fait les deux tiers de notre globe, et qui accomplit sa période sidérale
en six cent quatre-vingt-six jours, tandis que sa rotation sur lui-même
est de vingt-quatre heures, a une marche exclusivement excentrique.
A raison de cette grande excentricité, un spectateur placé sur Mars
verrait le diamètre du soleil moins grand d'environ un tiers que nous
ne le voyons. Aussi la chaleur et la lumière, très variables, ne sont-
elles, dans Mars, que les quatre neuvièmes de la chaleur et de la lumière de la terre. Ce même observateur apercevrait notre planète sous
la forme d'un croissant, lors de sa conjonction avec le soleil, parce
qu'il le verrait à la même distance que nous voyons Vénus.

Mars projette le plus vif éclat, surtout lorsque son hémisphère entier, tourné vers la terre, est éclairé par les rayons du soleil. Il est entouré d'une épaisse atmosphère. On a lieu de le penser par le simple aspect des étoiles qui, en sortant immédiatement de son limbe,
perdent l'éclat de leurs scintillations, toujours si rapides et si animées
dans l'éther pur ; mais elles le reprennent bientôt après.

Avec mon télescope réflecteur de vingt pouces, je remarquai sur
cette planète des taches blanches d'un éclat extraordinaire, à l'endroit
des pôles. Ces taches s'effacèrent quand le soleil se rapprocha de l'une
des extrémités polaires. On suppose que ce sont des êtres et des continents. On croit aussi que ce sont des agglomérations de glaces et de
neiges qui gîteraient vers le pôle nord. A cette occasion, Herschell
a dit :

— J'ai distingué, avec une netteté parfaite, dans Mars, les contours
de ce que nous pouvons appeler des continents et des mers. Les continents se reconnaissent à la couleur rougeâtre qui caractérise la lumière de Mars, laquelle paraît enflammée et annonce une teinte
d'ocre dans le sol en général, comme les carrières de pierre à sablon
rouge, sur quelques points de la terre, peuvent en offrir l'image aux
habitants de Mars. Quant aux mers, elles paraissent verdâtres.

Je vis aussi la planète Mars sensiblement zébrée de bandes ou filets
parallèles à son équateur. Or, comme j'ai appris par les livres que
l'on découvre sur ce globe d'immenses macules qui disparaissent après
quelques années, et même après quelques mois, je conclus que puisque ces taches, et d'autres encore qui surviennent et s'effacent, sont
visibles à une distance de 52,966,122 lieues, d'épouvantables cataclys-

mes atmosphériques et géodésiques bouleversent certainement et très fréquemment la planète Mars.

On raconte que l'astronome Gassendi mourut en exprimant le regret de n'avoir pu apercevoir la planète Mars à l'œil nu.

Or, le lundi 17 février de l'année dernière 1868, par un ciel des plus purs, avec le commun des mortels de France, de Navarre et d'ailleurs, j'ai eu, moi, Varnier, la très rare occasion de voir cette belle planète qui se dérobe trop souvent à des yeux exercés. Du coucher du soleil, à six heures vingt-une minutes, jusqu'au coucher de Jupiter, elle brilla comme une belle étoile rougeâtre, ce qui lui a valu son nom du dieu de la guerre, à l'occident, à un degré et demi de Jupiter, c'est-à-dire trois fois la largeur d'une pleine lune. Mars était, ce soir-là, trois fois plus voisin que nous du soleil.

Il y avait plus de mille ans que Mars ne s'était trouvé dans d'aussi favorables conditions. Aussi combien d'yeux l'observaient ! je ne lui épargnai pas ma contemplation, de Nemours, où je me trouvais alors. Pas de lune, voisinage de Jupiter comme point de repère, et cela juste au moment où Mars est le plus éloigné possible, à l'est du soleil !

Du reste, en ce moment (juillet 1869), toutes nos planètes se montrent successivement les unes aux autres pendant la durée de la nuit. Vénus ouvre la marche au coucher du soleil. Puis vient Jupiter avec le signe du Bélier, et Mars lui-même, qui est sur le point d'entrer dans le signe de la Vierge. Enfin, après minuit, Saturne brille dans le Scorpion, et bientôt Mercure se montrera à l'orient, un peu avant le lever du soleil.

De Mars je passe à Jupiter.

Jupiter est 1,400 fois plus volumineux que notre terre.

Il est éloigné du soleil de 180,000,000 de lieues.

Et cependant, tout en tournant sur lui-même avec une extrême rapidité, en près de seize heures, il ne met pas moins de 4,332 jours, c'est-à-dire environ douze ans, à parfaire son orbite autour du soleil.

Ce qui me frappe tout d'abord dans cette sphère, c'est sa belle couleur bleu-argentin. Mais en outre je suis étonné de l'étrange bigarrure de ce globe colossal, car son disque est entouré de plusieurs zones parallèles à son équateur, dont elles sont très voisines. Ce que ces bandes présentent de tout particulier, c'est qu'elles semblent mises en mouvement par des vents. Serait-ce donc des nuages transportés avec des vitesses différentes dans une atmosphère très agitée?...

Herschell, cet astronome anglais que l'on prétendit avoir vu distinctement des habitants dans la lune à l'aide de son formidable télescope, le plus énorme qui ait été fait avant celui de l'amiral Roze, actuellement en Irlande, affirme que ce sont des mers d'où s'élèvent ces nuages.

Bailly, l'infortuné maire de Paris, que sa grande science et ses ouvrages ne purent sauver de la hache révolutionnaire de 1793, assure aussi que ce sont des mers, car, d'après la physique, les eaux absorbent une partie de la lumière qu'elles reçoivent, et alors de loin elles offrent le simulacre de nuages.

La plus remarquable de ces bandes simule un grand fleuve qui traverse Jupiter dans sa zone torride.

Je fus assez heureux pour distinguer les quatre lunes ou satellites de Jupiter, découvertes par Galilée, en 1610. Jupiter les occulte de son immense diamètre, quand il se trouve entre eux et le soleil. Ces quatre petits corps, postés à différentes distances de leur planète-mère, sont aussi, à différentes périodes, ensevelis dans les ténèbres du long cône d'ombre que ce globe d'une si grande opacité projette sur eux. Ils sortent à une longue distance du disque planétaire.

La première lune de Jupiter est éloignée de lui de 96,155 lieues.

On remarque dans Jupiter l'irrégularité de ses *aphélies*, c'est-à-dire de ses *élongations du soleil*. Elle est produite par l'action attractive sur lui de Saturne, planète dans l'orbite de laquelle il est enfermé.

Un attrait tout spécial m'entraîne vers *Saturne*, cette mystérieuse planète dont la masse énorme est à la masse minuscule de la terre comme 10,690 est à 1.

Mon télescope est à peine placé dans la direction, que je me trouve en présence de ce phénomène par excellence, dont le problème ne sera peut-être jamais dévoilé à l'ardente curiosité humaine. Jugez du prodige.

Le diamètre de Saturne est de 28,000 lieues; il est 734 fois plus grand que celui de la terre.

Cette planète est éloignée du soleil de 413,604,504 lieues.

Le parcours de son orbite exige vingt-neuf ans et des mois.

Elle n'a pas moins de huit lunes pour former son cortége.

Mais ce qui en fait une des merveilles des cieux, c'est qu'elle est entourée d'une ceinture lumineuse dite *Anneau de Saturne*.

Cette zone est un corps opaque circulaire, plat et mince, qu'on aperçoit sous l'apparence d'une ellipse dont le petit axe varie de grandeur selon les temps ou les lieux d'où on l'observe, et qui s'aplatit de plus en plus, jusqu'à disparaître tout entier à certaines époques. Cet anneau est détaché de la planète et laisse un intervalle vide entre lui et le globe, de manière à figurer des anses aux deux bords. Ce vide, à travers lequel on peut distinguer les étoiles qui sont au-delà, est égal à la partie pleine de l'anneau, qui est le tiers du diamètre de Saturne. C'est un bien étrange appendice, que vous en semble? Or, cette lune circulaire tourne autour du même axe que la planète et dans le même temps. Mais voici encore une des plus sin-

gulières conditions de cet anneau : c'est qu'il est composé lui-mê
trois anneaux concentriques, détachés l'un de l'autre, tournant
semble, quoique séparés par des vides qui se montrent sous forme de
lignes noires et circulaires. Toutefois il faut remarquer que ce troisième anneau, l'anneau intérieur, est obscur.

En présence de cette éblouissante magnificence, la science de
l'homme ne peut que bégayer.....

Un jour, il advint qu'une planète, dans ses évolutions autour du
soleil, froissa une autre planète, et la plus forte brisa la plus faible.
Celle-ci, du coup, se trouva partagée en quatre fragments. Mais, chose
prodigieuse ! ces quatre portions de planète brisée ne tombèrent point
pour cela dans le vide. Remises en équilibre, elles reprirent le mouvement elliptique de l'orbite autour du soleil qui leur est fixé par la
main de l'ordonnateur des mondes, et maintenant elles forment quatre
planètes.

Cérès, Pallas, Vesta et *Junon,* telle est la dénomination qui leur a
été donnée.

Lorsqu'on observe ces planètes, aux rapports qui existent entre
elles, et particulièrement à leurs troncatures qui semblent devoir
s'emboîter l'une dans l'autre, on peut inférer en effet qu'elles ont une
origine commune et que leur constitution est absolument la même.

Aussi certains astronomes prétendent-ils que les anneaux de Saturne
ne sont autre chose que des portions de cette planète détachées de
leur centre par un cataclysme quelconque.

Dès lors d'autres astronomes ne craignent pas d'affirmer que notre
système planétaire était à son origine une masse unique de matière.
Cette masse, d'après eux, se serait divisée en fragments et aurait formé
le soleil et ses planètes. Ils ajoutent qu'une partie de ces fragments se
sont réunis pour constituer un anneau qui tourne autour du soleil, et
dont la pâle lueur, qu'on aperçoit le soir au-dessus de l'horizon, aux
équinoxes, a reçu le nom de lumière zodiacale, parce qu'elle s'étend
jusqu'au zodiaque.

Je m'abstiens de te parler d'*Uranus* ou *Herschell,* cette autre planète
qui gravite à 656,000,000 de lieues du soleil, à laquelle il faut 84 ans
pour accomplir son orbite, et qui cependant marche d'un pas de
3,700 lieues par minute.

Je ne dirai rien non plus de *Le Verrier* et de quelques nouvelles
planètes découvertes depuis peu, car l'œil de l'homme n'a pas encore
sondé l'infini des cieux...

Sachez seulement que le catalogue astronomique compte déjà 82 de
ces planètes, sœurs de notre terre.

Actuellement, je vais aborder les *comètes,* ces astres radieux, fan-
tasques, rapides à effrayer l'imagination, qui ne sont visibles pour la

ns une partie de leur cours, et qui se meuvent en décri-
mmense parabole, en des orbites fort excentriques dont
s le soleil est l'un des foyers.

es comètes apparaissent tantôt comme des masses compactes,
tantôt comme de simples vapeurs lumineuses, n'offrant aucun caractère de solidité. On distingue ordinairement dans les comètes :

1° La *tête*, masse de lumière large et éclatante, mais terminée d'une
manière confuse;

2° Le *noyau*, partie beaucoup plus brillante et plus nettement dé-
coupée, située au centre de la tête ;

3° La *queue* ou *chevelure*, traînée lumineuse plus ou moins large et
diffuse, qui part de la tête dans une direction opposée au soleil, et qui
se subdivise parfois en plusieurs bandes. Cette chevelure a souvent
des dimensions gigantesques. On en a observé auxquelles on attribue
plus de 80,000,000 de kilomètres. Hélas ! malgré les travaux des savants, la science n'est pas encore parvenue à expliquer convenablement ce phénomène.

La détermination de l'orbite des comètes est fort difficile, à cause de
leur mouvement irrégulier. Elles vont en effet tantôt de l'occident
à l'orient, tantôt de l'orient à l'occident. Les unes se dirigent du midi
au nord, les autres du nord au midi. Quelquefois aussi on voit les comètes rester stationnaires un jour entier, et, le lendemain, s'avancer
de quarante à cinquante degrés, pour rétrograder ensuite subitement.

J'ai pu suivre la marche de l'une des plus belles comètes que l'on ait
vues, celle de 1811. Voici à son occasion certains détails qui ne seront
peut-être pas pour vous sans intérêt :

D'abord le corps céleste appelé comète n'est pas opaque. Son nom
signifie chevelure, et elle est limpide comme son nom. En effet, j'ai
parfaitement distingué derrière sa masse la plus compacte nombre
d'étoiles dont l'éclat était affaibli, bien entendu, mais dont j'ai suivi
la marche à travers la transparence de l'astre, jusqu'à leur réappari-
tion complète. Donc une comète n'est point un corps opaque, mais un
composé de matière non définie.

Ensuite, alors que j'avais la comète sous l'objectif de mon télescope,
voici ce qui frappait mon regard très attentif :

Le noyau de la comète émettait périodiquement, dans la direction
du soleil, un jet gazeux d'où s'échappaient des particules de matières
cométaires, comme s'échappe du piston d'une machine un jet de vapeur. Ce jet conservait pendant un certain temps des formes rectili-
gnes, comme si une force de projection considérable, résidant dans le
noyau, lançait les particules dans cette direction; puis il s'infléchissait
un peu, prenant la forme d'un cône légèrement cintré. A ce moment,
la matière cométaire s'accumulant à l'extrémité du jet la plus rappro-

tracé, signalé, nommé : océans, mers, mornes, pics et pitons, et ceci, et cela. Il ne nous reste qu'à partir. D'autant plus que décidément notre voisine n'a plus de secrets à garder, depuis qu'elle permet à la photographie de reproduire ses traits, et qu'elle pose volontiers pour tout venant.

Pourtant, elle s'obstine à dissimuler son envers, puisque toujours elle nous montre son même côté, se réservant de tourner l'autre vers la terre seulement alors qu'elle est en conjonction avec le soleil.

Ne nous rebutons pas pour si peu, et essayons d'analyser sa beauté, ses phases, sa constitution, etc.

Et tout d'abord disons que la *lune*, satellite de la terre, est, après le soleil, notre suzerain et le sien, le plus remarquable et le plus curieux des globes célestes.

Elle décrit dans l'espace une ellipse dont la terre occupe l'un des foyers.

L'extrémité du grand axe de cette ellipse, la plus voisine de la terre, s'appelle le *périgée*. L'extrémité opposée se nomme l'*apogée*. Périgée et apogée sont aussi désignés collectivement par la dénomination d'*apsides*.

La lune emploie vingt-sept jours sept heures quarante-trois minutes et onze secondes à remplir cette orbite elliptique à l'entour de la terre.

Elle consacre le même temps à accomplir une révolution sur elle-même. Or, comme la lune n'est visible que pendant un petit nombre de jours, par suite de cette rotation sur elle-même, c'est toujours la même face qu'elle montre à la terre, ainsi que je vous l'annonçais tout-à-l'heure.

Toutefois, on sait qu'elle laisse entrevoir un peu plus de sa moitié cachée, tantôt d'un côté, tantôt de l'autre, comme si elle subissait un léger balancement. C'est ce qu'on désigne sous le nom de *libration de la lune*.

La lune n'est lumineuse que par la réflexion des rayons du soleil, ce qui est cause aussi que nous ne pouvons en voir que la partie éclairée par cet astre, et que, dans sa révolution, nous l'apercevons sous divers aspects ou *phases*.

Ainsi, lorsqu'elle se trouve placée entre le soleil et la terre, elle nous présente la face que nous ne connaissons pas précisément parce qu'alors elle est obscure, et que nous ne pouvons la voir. La lune en ce moment est en *conjonction;* on l'appelle *nouvelle lune*.

Mais bientôt elle commence à se montrer, le soir, à l'occident, peu après le coucher du soleil, sous la forme d'un filet de lumière en forme d'arc et qu'on appelle *croissant*, parce qu'il croît en effet chaque soir. Les pointes de ce croissant sont élevées et à l'opposite du soleil.

Après cinq ou six jours, sa partie lumineuse se termine par une ligne droite. C'est le *premier quartier,* ou *première quadrature.*

A mesure qu'elle s'éloigne du soleil, la lumière de la lune devient de plus en plus circulaire, et, sept à huit jours étant écoulés, le disque entier de l'astre brille pendant toute la nuit. C'est alors la *pleine lune* ou *l'opposition,* car en ce moment la lune est parfaitement en face du soleil et de nous, qui sommes placés entre elle et lui. L'opposition se nomme aussi *première syzygie.*

Arrive ensuite le *décours,* qui donne les mêmes phases ou figures. Ainsi lorsque la lune, ayant perdu chaque jour quelque chose de son ampleur, reparaît sous la forme d'un demi-cercle, c'est le *dernier quartier,* ou *seconde quadrature.*

Et quand, en diminuant encore, elle reprend l'apparence d'un croissant de plus en plus effilé, qui se perd enfin dans les rayons du soleil, c'est de nouveau la conjonction, nouvelle lune, ou *seconde syzygie.*

Lorsque la lune ne se montre que sous forme de croissant, on observe que la partie la plus lumineuse de ce croissant est accompagnée d'une autre lumière, mais très faible, répandue sur le reste du disque. Elle nous fait entrevoir toute la rondeur de la lune, et c'est ce qu'on appelle la *lumière cendrée,* à cause de sa nuance. Cette lumière secondaire provient de la lumière du soleil réfléchie par la terre. Elle paraît beaucoup plus vive quand on se place de manière que quelque toit cache la partie très lumineuse du croissant. On peut alors distinguer les plus grandes taches de la lune, surtout vers le troisième jour après sa conjonction

La lumière cendrée présente un autre phénomène d'optique : c'est la dilatation fort sensible du croissant lumineux qui semble d'un diamètre plus grand que le disque obscur de la lune. Cela vient de la force d'une grande lumière placée à côté d'une petite; l'une amoindrit et efface l'autre. Le croissant paraît enflé par un débordement de lumière qui s'éparpille dans la rétine de l'œil et élargit le disque de la lune. *L'air ambiant,* c'est-à-dire qui circule autour de notre terre, éclairé par la lune, augmente encore cette illusion.

La lumière de la lune est accompagnée d'une certaine chaleur; mais on a calculé que cette chaleur est 300,000 fois moindre que celle du soleil, en comparant l'une et l'autre avec la lumière d'une bougie placée dans l'obscurité.

Les anciens appelaient la nouvelle lune néoménie, *nova luna.* Elle servait chez les peuples primitifs à régler les assemblées, les sacrifices, les grands actes de la nation. Alors on se réunissait sur les lieux élevés, les pics, les plateaux de montagnes, ou dans les déserts, pour observer l'approche de la lune. Paraissait-elle? sa présence était aussitôt annoncée par les joyeuses fanfares des buccins et des trompettes.

Mais comme la terre, pendant l'opération des phases de la lune, s'est avancée, elle aussi, dans son orbite, cette révolution d'une nouvelle lune à la nouvelle lune suivante, demande plus de temps que sa révolution sidérale. Il s'en suit qu'il lui faut vingt-neuf jours douze heures quarante-quatre minutes et deux secondes pour accomplir son orbite elliptique.

C'est ce qu'on appelle *révolution synodique*, ou *mois lunaire*, ou *lunaison*, tandis que le *mois périodique* exige seulement vingt-sept jours et un tiers.

Malheureusement la lune n'a pas toujours un mouvement égal et régulier. Elle est même celui des astres dont la marche présente les irrégularités les plus sensibles. Ainsi le plan de l'orbite lunaire est incliné sur l'écliptique de 5° 8' 46". Cet angle que l'on nomme l'*inclinaison de l'orbe lunaire*, est sujet à de petites variations en plus ou en moins.

On appelle *nœuds* les deux points par lesquels la lune, dans l'accomplissement de son orbite, coupe le plan de l'écliptique. Lorsque l'astre s'élève vers le pôle boréal, c'est le *nœud ascendant ;* lorsqu'il s'abaisse vers le pôle austral, c'est le *nœud descendant*. Les nœuds ont un mouvement propre vers l'occident de dix-neuf degrés par an, et ils font par conséquent le tour du ciel en dix-huit ans et demi. C'est la *révolution synodique du nœud*.

Les *éclipses* ne peuvent avoir lieu qu'au moment où la lune s'engage dans ces nœuds, ou du moins s'en approche de très près, aux époques où elle est pleine ou nouvelle.

Les principales inégalités qui résultent de cette combinaison portent le nom d'*équation de l'orbite*, de *variation*, d'*évection*, etc.

La lune est cinquante fois plus petite que la terre.

Son diamètre est le quart de celui de notre planète.

Elle affecte la forme d'un sphéroïde aplati vers ses pôles, et on pourrait la comparer à un œuf dont on aurait retranché les deux pointes.

Grâce aux éclipses de soleil, nous savons que la lune est un corps opaque, qui n'a point de lumière par lui-même. On voit, en effet, qu'après avoir intercepté l'éclat du soleil en plein jour, elle paraît absolument noire, et on comprend par là qu'elle ne brille qu'autant qu'elle est éclairée par cet astre.

La lune n'a pas d'atmosphère sensible.

Elle n'envoie pas de chaleur à la terre, par réflexion, quoique lord Rosse, fils d'un illustre astronome anglais, professe que la lune projette sur notre sphère une quantité de chaleur proportionnelle à la surface éclairée de notre satellite. Aujourd'hui, M. Marié-Davy professe, lui, que la force vive de la lumière de la lune n'est pas tout-à-fait nulle *peut-être*, mais que son action sur la terre ne dépasse pas un millionième de degré.

A qui croire? Peut-être aussi le plus sage serait de suivre l'exemple de l'académie, qui généralement adopte l'opinion du dernier qui lui parle, imitant en cela le glorieux et immortel Joseph Prud'homme de notre Henry Monnier. Mais mieux vaut dire avec Arago : Non, la lune n'envoie pas de chaleur!

Elle ne jouit pas de la variété des saisons, attendu que, son axe étant presque perpendiculaire à l'écliptique, le soleil ne sort pas de son équateur. Et, comme elle tourne sur son axe une seule fois seulement pendant son mouvement de révolution, chacun de ses jours et chacune de ses nuits sont de quinze fois vingt-quatre heures. Une de ses moitiés se trouve éclairée par la terre pendant l'absence du soleil, et n'a pas de nuit, tandis que l'autre moitié en a une de quinze jours.

Etant admis que la lune a des habitants, notre planète leur semble treize fois plus grande que la lune ne nous paraît à nous-mêmes.

La terre n'est constamment visible que pour une moitié de son satellite.

On s'est beaucoup occupé de la description du disque apparent de la lune, de ses taches, de ses points lumineux. On a cru souvent y apercevoir une espèce de figure humaine ; puis l'image de l'océan et de la terre, comme par la réflexion d'un miroir. Mais un examen attentif fait reconnaître qu'il n'y a, à l'œil nu, aucune forme décidée.

A l'aide d'un puissant télescope, c'est tout autre chose. Ce que l'on voit, ce que j'ai entrevu, moi, tout d'abord, et non sans une sorte de terreur, d'épouvante, le voici :

M'apparurent des plaines, des vallées, des montagnes, des cratères de volcans, des cirques immenses, des amoncellements de roches, comme des détritus et des moraines de glaciers, et enfin des vagues de mer, mais des vagues figées, congelées comme par un froid subit, et le tout blanchâtre, couvert d'une sorte de givre, glacé, neigeux, morts, sans vie. Pas la moindre trace de végétation! Partout la désolation, l'aridité d'une steppe, le sombre tableau d'un désert.

Un aspect brûlé, certaines teintes fuligineuses, donnent à penser que la lune a pu et dû être le théâtre et la victime d'anciens bouleversements volcaniques.

Je trouvai sur sa surface d'indescriptibles irrégularités se composant de points lumineux qui s'agrandissaient à mesure que le soleil les atteignait, et derrière lesquels se projetait une ombre excessivement épaisse. C'était, à n'en pas douter, de très hautes montagnes.

La lune a des montagnes, en effet; mais elle est pourvue également de plaines, et ces plaines, à raison de leur immensité, prennent, par convention, le nom de *mers*.

Aussi a-t-on dressé de notre satellite des cartes géographiques d'une admirable exactitude, et on y retrouve ces montagnes, ces mers lunaires, des cirques, des volcans, etc.

Par exemple : sur le bord oriental du disque que nous présente constamment la lune, la tache grisâtre, ovale et isolée dans la teinte lumineuse, est la *mer des crises*. Entre cette tache et le milieu du disque, apparaît un long espace sombre que signale un promontoire aigu : c'est la *mer de la tranquillité*. Deux de ses branches qui se dirigent vers l'est prennent le nom de *mer de la fécondité*, le plus grand, et le plus petit de *mer du nectar*. Au nord, on voit la *mer de la sérénité* que traverse une raie brillante, et la *mer des vapeurs*, qui est le prolongement de la précédente. Ronde et vaste, grise également, se montre la *mer des pluies*. A l'ouest, *océan des tempêtes*, la grande tache brune ; au sud, *mer des humeurs* et *mer des nuées*, les autres taches voisines d'un point lumineux rayonnant en sillons blanchâtres.

Les montagnes les plus élevées sont au pôle austral. Le *Dœrfeld* compte 7,600 mètres d'altitude ; rien de plus facile que de les mesurer. Le *Casatus* et le *Curtius* se dressent à une hauteur de 6,956 et 6,769 mètres. *Newton*, une montagne annulaire de la même région, met sous les yeux une excavation que n'éclairent jamais ni le soleil ni la terre, et qui est profonde de 7,264 mètres.

Vers les parties boréales, *Calippus*, dans la chaîne lunaire dite du *Caucase*, et *Huyghens*, dans celle des *Apennins*, montent à 6,216 et 5,550 mètres.

Le cratère de *Tycho-Brahé* a un piton qui s'élance à 5,000 mètres, et le fond du *cirque d'Erathosthène*, à l'extrémité des Apennins, dresse vers le ciel un pic élevé de 4,800 mètres.

Des cirques et des cratères, et quelquefois des plaines, partent de nombreux rayons lumineux qui s'étendent à des distances incommensurables, à travers montagnes et mers, blancs à la pleine lune, noirs aux autres phases. Ces rainures lumineuses furent regardées d'abord comme d'anciens lits de fleuves, des canaux creusés peut-être par les habitants de la lune, des constructions artificielles. Mais on ne s'arrêta pas longtemps à cette absurde opinion. On ne peut rien dire de ces longues stries, si ce n'est qu'elles sont postérieures à la formation la plus récente de la surface lunaire, et aux cirques, et aux cratères, ainsi que le démontre la *rainure d'Hyginus*, qui pénètre à l'intérieur de ce cratère, en brisant les parois de son enceinte.

Car la surface lunaire, de nos jours encore, subit de constantes métamorphoses, dont il est difficile de juger la cause, à moins qu'on ne dise que le satellite de la terre est en constante dissolution et accumule chaque jour ruine sur ruine.

Certes ! elle n'est pas morte, cette pauvre lune, elle n'est pas absolument morte, et voici que, au grand ébahissement des astronomes, il s'y passe des choses étranges.

En effet, depuis les temps historiques, on n'avait observé aucun mouvement à sa surface : tout y était dans un véritable repos. Astre mort, vestiges d'un autre monde!

Mais vous savez que la carte de notre satellite a été dressée ; on y a mesuré ses montagnes, figuré ses cratères, baptisé chaque incident de terrain, je vous l'ai dit. Plus d'un savant connaît mieux la lune que le boulevard des Italiens. Il y a moins d'un an, la lune, inspectée avec toute la minutie des gens du métier, ne présentait aucune modification. Sur le bord occidental d'une vaste plaine régulière et plate se trouvait un cratère parfaitement défini et connu. On l'appelait *Linné*. Il était très profond et ne mesurait pas moins de 10,000 mètres de largeur.

Or, voici que, un certain jour, il y a de cela quelques mois à peine, on regarde... O prodige, l'immense cirque de Linné n'existe plus, il a disparu! grand émoi parmi les savants. Un Haussmann quelconque rase-t-il aussi donc les cirques là-haut?... Les astronomes s'inquiètent. L'un d'eux, M. Flammarion, braque sa lunette sur la lune juste au moment où le soleil se lève au méridien de Linné. Au lever et au coucher du soleil, en effet, les plus petites inégalités de terrain se dessinent avec netteté, les moindres éminences portent ombre. L'astronome acquiert la preuve que le cratère n'a point reparu. Il ne trouve plus trace de relief extérieur, ni davantage de cavité appréciable. La topographie de ce coin de notre satellite est transformée. A la place du cirque, on voit seulement une sorte de lac brillant dont l'éclat tranche sur la plaine grisâtre qui l'environne.

Que s'est-il donc passé là? Personne n'ira le voir de sitôt; mais tout porte à croire qu'une contraction de l'écorce lunaire produite par le refroidissement aura amené une dislocation géologique. Le cratère se sera affaissé sur lui-même. Peut-être une éruption de matière pâteuse se sera fait jour aussi à travers la masse et aura empli la cavité en débordant tout autour.

Ce mouvement géologique ne rajeunit pas outre mesure notre satellite, comme on serait peut-être tenté de le croire. Les forces centrales de la lune peuvent avoir conservé quelque activité, et cependant l'écorce lunaire n'en est pas moins très épaisse, le refroidissement énorme à sa surface. Les phases géologiques de la lune ont dû être quatre-vingts fois plus rapides environ que les nôtres. Il paraît donc plus logique d'avancer que notre satellite est bien mort pour tout organisme un peu compliqué. Les mouvements qui ont pu se propager jusqu'à sa surface ne sont que les dernières convulsions de son agonie...

M. Hodgson explique d'une façon rationnelle un mirage fantastique qui se manifeste fréquemment sous les yeux de celui qui étudie la lune à l'aide d'un télescope.

Presque toujours, les volcans qui hérissent la surface de notre satellite apparaissent d'abord sous la forme de montagnes élevées, et ne tardent pas à se métamorphoser en creux profonds, à peu près comme il adviendrait d'un verre placé sur une table le fond en l'air, et dont on remettrait soudainement le fond en bas en le retournant.

On croyait jusqu'ici pouvoir attribuer cette métamorphose à la fatigue produite à la longue sur la vue de l'astronome, qui doit tenir les regards fixés pendant plusieurs heures sur la lentille de la lunette, couché sur le dos, et placé dans les conditions les plus pénibles de l'altitude.

D'après M. Hodgson, la fatigue n'entre pour rien dans ce changement à vue des montagnes de la lune. Il ne faut y voir d'autre cause que les différentes positions qu'occupent les ombres en changeant de place.

Pour démontrer sa théorie, il recourt à un oculaire diagonal à réflexion, grossissant deux cents fois, et le dirige sur les bords de la lune où se montrent surtout les montagnes de l'astre. Il commence d'abord par examiner celui du bord au télescope, où les montagnes se montrent creuses, puis il fait virer l'objectif d'environ 180°, observe de l'autre côté de l'instrument, place ainsi en-dessous de son regard les volcans qu'il vient d'étudier en-dessus, et il voit les creux prendre du relief, et les élévations s'abaisser et ne reprendre leur premier aspect que s'il ramène l'instrument dans la première position.

Dans un mémoire aussi bizarre que sérieux, M. Oroll, un autre astronome, proclame que, dans un temps donné, la lune et la terre, qui chaque jour s'approchent davantage l'une de l'autre, finiront par se réunir et par ne plus former qu'un seul corps roulant dans l'espace. Ainsi la terre gagnera un territoire considérable !

Par malheur, sans compter les perturbations que cette singulière annexion produira à sa surface, elle se trouvera privée à jamais de l'astre des nuits, *l'astre du sentiment*, comme l'appelaient les romances de l'Empire; et elle verra se réaliser la catastrophe annoncée par une complainte que j'ai naguère encore entendu chanter en Bretagne, par une bande de pèlerins se rendant à Sainte-Anne d'Auray :

> Le soleil s'obscurcit,
> La lune s'*obscurça*,
> Et avec un grand bruit
> Sur la terre tomba.

Pour ce qui me concerne, lorsque mes yeux se furent complètement habitués aux effets d'ombre et de lumière, à l'extrémité de mon télescope je reconnus *Pétavins*, une de ces montagnes annulaires, ou plutôt un de ces cirques gigantesques que l'on trouve à la surface de la lune. Son diamètre, mesuré par une montagne qui occupait le centre de la cavité, n'était pas moindre de cent un kilomètres. Il offrait de telles apparences de voisinage que je me crus véritablement transporté dans la lune. Les remparts étaient formés d'une chaîne circulaire d'éminences entourant de leurs triples replis la plaine centrale. A gauche, sur ces éminences et la même ligne que la montagne centrale se trouvant le point le plus élevé des remparts de l'ouest, c'est-à-dire à droite, et assez près de la petite chaîne que je voyais se diriger vers la montagne centrale, était un autre point qui n'a pas moins de 3,303 mètres d'élévation au-dessus de la plaine intérieure du cirque.

Je remarquai une chaîne de montagnes qui faisait communiquer le centre de Pétavins avec le rempart de l'est ; elle avait cinquante kilomètres de long et 250 mètres de haut. Mais ce qui me frappa davantage, fut que la montagne centrale n'était autre qu'un cratère de volcan, avec un autre cratère moindre, à ses côtés.

Outre ces montagnes centrales, je trouvai d'autres élévations plus basses qui se dirigeaient sur divers points au nord et au sud de Pétavins : j'y comptai un assez grand nombre de pics isolés, monticules et blocs de grandes dimensions.

En-dehors du cirque se montrent encore d'autres cratères de volcans, de très petites montagnes, des rochers placés dans l'ombre des remparts, de petits mamelons bien modelés, et le tout généralement de forme circulaire.

Sur la même ligne que Pétavins, j'avisai aussi deux autres grands cirques que les savants appellent *Langrenius* et *Turnerius*, et enfin un troisième, *Vandelinus*, en tout quatre cirques, me présentant toutes les curiosités de leurs plaines intérieures, de leurs remparts et des environs.

Mais ce qui enchaîna bientôt toute mon attention et me livra à l'extase de l'admiration, fut un autre cirque, complètement rond, plus magnifique que les autres à cause de son éclat et des nombreux rayons qui s'en échappaient pour diverger dans toutes les directions.

Ce cirque a nom *Copernicus*. Il a 89 kilomètres de diamètre. C'est presque un cercle parfait, dont les remparts sont très escarpés. Celui de gauche n'est pas moindre de 3,430 mètres et celui de droite de 3,213. De ces points élevés, la vue doit être splendide, d'autant plus qu'un aspect sauvage et désert caractérise les contrées environnantes. Pour bien concevoir ce que je voyais, figurez-vous la lumière très intense du soleil, laquelle n'était modifiée par aucune atmosphère, tombant sur ce paysage de cirques, de rochers, de plaines et de montagnes de toutes formes et d'un ton jaunâtre, comme les plaines désertes d'Egypte sous un ciel d'un bleu très foncé.

En-dehors de ce cirque magnifique se trouvait une plaine couverte de montagnes divergeant en tous sens.

Un peu au-dessous de Copernicus j'avisai encore une jolie petite montagne circulaire avec un cratère un peu au-desssus. Elle se nomme *Gay-Lussac* et a vingt-trois kilomètres de diamètre.

Quelquefois Copernicus et deux autres montagnes circulaires voisines, *Kepler* et *Aristarch*, sont visibles sur le côté obscur de la lune à travers ce qu'on appelle la lumière cendrée, qui, vers cette époque où Copernicus approche du bord éclairé, commence à disparaître.

Le manque d'atmosphère à la surface de la lune devient naturellement un argument contre toute existence d'eau sur notre satellite. Les soi-disant mers, avec leurs apparences de vagues figées, ne sont très probablement que des lacs de laves. S'il existait de l'eau dans la lune, elle s'élèverait en vapeur, et une atmosphère avec tous les phénomènes qui en dépendent, nuages, brouillards, seraient bien vite formés, et nous les verrions alors.

Quant à la question, si longtemps débattue, de savoir si la lune est habitée ou non, il ne reste plus à ce sujet aucune équivoque. D'abord le manque d'air et d'eau rendent impossible l'existence d'êtres semblables à ceux que nous connaissons. Puis, la lune ne présente que des landes stériles et inhospitalières. Le lichen qui fleurit parmi les glaces et les neiges de la Laponie se fanerait bientôt et mourrait là où aucun animal avec du sang dans les veines ne pourrait exister. Il est impossible de découvrir aucun signe de végétation, même avec un grossissement de mille fois, ce qui rapproche la lune à 384 kilomètres de nous, puisque sa distance est de 384,000 kilomètres. Un télescope, dont je me suis servi plus tard pour étudier de nouveau la lune, avait dix-sept mètres de longueur focale et deux mètres de diamètre, et encore pouvait-il supporter des grossissements de deux et trois mille fois. Que de merveilles ne voit-on pas avec un pareil instrument, et comme on peut reconnaître des régions où peu de mortels ont encore regardé! Eh bien! la lune vue à l'aide de cet appareil n'offre pas la moindre végétation sur son sein; tout y est inerte et sans vie.....

Je fus témoin d'un phénomène lunaire qui n'est pas sans intérêt et que l'on nomme *halo*. Il était dit que je jouirais de toutes les curiosités des cieux, car celle-ci m'avait manqué jusque-là.

Donc, je contemplais une dernière fois les astres de l'empyrée, lorsque mes yeux s'arrêtant sur notre satellite, je vis des rayons d'un blanc d'argent produire inopinément une croix grecque, dont la lune occupait le centre. Un cercle d'une teinte plus foncée réunissait les branches de cette croix, sur chacune desquelles se trouvait représentée l'image de l'astre, sous la forme d'un globe moitié blanc et moitié irrisé des couleurs de l'arc-en-ciel. Un second cercle, de proportions immenses, entourait le premier, et était orné dans toute sa circonférence d'autres globes lumineux. Enfin, deux croissants de grandeur inégale, et superposés l'un à l'autre, resplendissaient au-dessus de la croix.

Ce curieux phénomène, dont la forme se modifia plusieurs fois, dura plus d'une heure.

On a cherché, par diverses théories, à expliquer la cause des halos. D'après le physicien Marcotte, il faut les attribuer à la réfraction de la lumière de l'astre, passant à travers de petits cristaux de glace, transparents et prismatiques, qui flottent dans les hautes régions de l'atmosphère.

Maintenant, abordons les *éclipses,* éclipses de soleil et éclipses de lune.

Ce phénomène a été pendant bien longtemps l'objet de la frayeur des hommes. On le regardait dans l'antiquité comme un signe de la colère céleste et comme une alarmante déviation des lois éternelles de la nature. Les Egyptiens honoraient d'un charivari de chaudrons la disparition passagère de l'astre éclipsé. Les Romains allumaient un grand nombre de flambeaux pour en rappeler la lumière. Les Mexicains jeunaient pendant les éclipses, et leurs femmes se fustigeaient, convaincues que la lune avait été blessée par le soleil dans une querelle de ménage. Les Indiens croient encore qu'un dragon malfaisant a la prétention de dévorer la lune. Alors, pendant que les uns produisent le plus horrible vacarme avec toutes sortes d'instruments, pour effrayer le monstre, les autres, se plongeant dans l'eau, le supplient de ne pas engloutir entièrement la belle et mélancolique planète qui fait à notre terre l'honneur de lui servir de satellite.

Drusus, au rapport de Tacite, se servit d'une éclipse pour apaiser une sédition dans son armée. Christophe Colomb usa d'un pareil stratagème pour ramener à lui des mécontents.

De nos jours, il n'y a plus que les animaux qui sont dans l'effroi, lorsque se produit le phénomène d'une éclipse.

On nomme ainsi la disparition passagère et plus ou moins complète de la lumière du soleil, par l'interposition d'un corps opaque entre cet astre et l'œil de l'observateur. On appelle éclipse également la disparition passagère, et plus ou moins complète aussi, de la lumière réfléchie d'une planète, par l'immersion de celle-ci dans l'ombre projetée par une autre planète. Les éclipses solaires sont dans le premier cas, et les éclipses lunaires dans le second.

Il y a aussi les éclipses des satellites ou planètes secondaires, et celles des étoiles. Ces dernières se nomment *occultations.*

Les passages des planètes inférieures sur le disque du soleil produisent aussi des espèces d'éclipses de soleil.

Les *éclipses de soleil* se produisent par l'interposition de la lune entre le soleil et la terre, quand la lune est nouvelle, c'est-à-dire au moment où elle est en conjonction avec le soleil. Quoique la lune soit incomparablement plus petite que le soleil, cependant sa distance à la terre est assez courte pour que son diamètre apparent soit presque égal à celui du soleil et pour qu'il le surpasse même quelquefois. Lorsque la lune, dans ses conjonctions avec cet astre, est assez près des nœuds qu'elle forme avec l'écliptique, et dont je vous ai parlé, pour qu'elle se trouve presque dans le plan de cette écliptique, le cône d'ombre qu'elle projette atteint la terre, la touche d'abord en un point, la traverse ensuite, et la quitte enfin en un autre point après un certain temps.

Les lieux de la terre compris dans la zone traversée par l'ombre lunaire voient ainsi successivement le soleil s'éclipser.

Les éclipses solaires sont *partielles* lorsque la lune cache seulement une partie du disque solaire. Elles sont *totales* quand le disque entier se trouve voilé.

Une éclipse de soleil peut être partielle pour un lieu, et en même temps totale pour un autre.

On nomme *éclipses centrales* celles où l'observateur se trouve placé au centre de l'ombre sur la ligne droite qui joint les centres du soleil et de la lune.

Ces éclipses sont totales ou *annulaires*, selon que l'ombre lunaire atteint ou n'atteint pas toute la surface terrestre. Dans les éclipses annulaires, le disque du soleil déborde de toutes parts celui de la lune, et apparaît comme un anneau lumineux.

Il y a *appulse* quand les disques de la lune et du soleil ne font que se toucher dans leur passage.

Les éclipses solaires sont plus fréquentes que les éclipses lunaires; mais elles ne sont visibles que d'un petit nombre de lieux terrestres, tandis que les éclipses de lune sont visibles pour tout un hémisphère à la fois, ce qui rend le spectacle de celles-ci plus fréquent pour chaque contrée.

Parmi les éclipses de soleil les plus remarquables, il faut citer l'éclipse annulaire qui, en 1764, fut visible en France et dura cinq heures vingt-neuf minutes et trente secondes.

La plus importante de ces éclipses solaires, visible à Paris, qui se produira dans notre XIXᵉ siècle, aura lieu, je vous l'annonce à l'avance, le 22 décembre 1870. Avis à mes chers auditeurs!

Les *éclipses de lune* ont lieu lorsque, la terre se trouvant interposée entre le soleil et la lune, celle-ci traverse le cône d'ombre que la terre projette au loin derrière elle.

Pour que ce phénomène se produise, il faut que, au moment de l'opposition ou pleine lune, cet astre se trouve dans le plan de l'écliptique, ou très près de ce plan, c'est-à-dire dans les nœuds. Si l'orbite de la lune était absolument parallèle à l'écliptique, il y aurait éclipse totale toutes les fois que la lune est pleine. Mais l'orbite lunaire étant inclinée d'un peu plus de cinq degrés sur le plan de l'écliptique, la lune se trouve tantôt élevée au-dessus, tantôt abaissée au-dessous de ce plan. Il peut donc arriver, lorsque la lune est pleine, qu'elle passe tout-à-fait en-dehors de l'ombre de la terre, ou qu'elle l'effleure seulement par son bord, ce que je vous ai dit s'appeler appulse alors, ou enfin qu'il y ait éclipse partielle, c'est-à-dire qu'elle entre en partie dans cette ombre.

L'éclipse lunaire est dite *totale* quand la lune, au moment de l'opposition, se trouve dans le nœud même et qu'elle plonge ainsi tout entière dans l'ombre. On l'appelle *centrale* quand le centre de la lune coïncide avec l'axe du cône de l'ombre.

Le disque de la lune, en s'éclipsant, perd successivement la lumière des diverses parties du disque solaire. Sa clarté diminue ainsi par degrés, et elle ne s'éteint qu'au moment où le disque est complètement enfoncé dans l'ombre terrestre.

On donne le nom de *pénombre* à la demi-lumière qu'on observe pendant cette diminution graduelle.

Les éclipses de lune sont plus rares que celles de soleil : souvent une année se passe sans éclipse de lune; telles furent les années 1763, 1767, 1788, 1790.

Quand une éclipse de lune a lieu, elle est visible pour tout l'hémisphère terrestre tourné vers cet astre.

Toutes les éclipses solaires et lunaires reparaissent dans le même ordre qu'elles ont mis à se produire, après un intervalle de dix-huit ans et onze jours. C'est cet espace de temps que l'on nomme *cycle de Méton* ou *nombre d'or*. Il est facile par-là même de prédire le retour de chaque éclipse.

Les plus anciennes observations d'éclipses sont dues aux Chinois, l'un des peuples les plus reculés dans l'histoire des âges. On en trouve une mentionnée dans leurs annales, l'an 2155 avant Jésus-Christ.

Les Chaldéens, 721 ans avant Jésus-Christ, avaient également fait des remarques sur les éclipses.

Chez les Grecs, on attribue à Thalès de Milet, vers 640 avant Jésus-Christ, la prédiction d'une éclipse. Toutefois, cette assertion est ébranlée par les nombreuses absurdités astronomiques que l'on trouve dans Anaximandre, l'un des disciples de Thalès. Ce qui est plus positif, c'est l'explication que donnait des éclipses l'imagination des Héliènes. Ils les attribuaient aux visites que Diane, Phœbé ou la lune rendait, dans les montagnes de la Carie, à Endymion, dont elle était éprise. Mais comme il n'y a rien de moins éternel que les amours, il fallut chercher une autre cause des éclipses, et alors on imagina que les sorcières, surtout celles de la Thessalie, qui étaient en grand renom de magie, attiraient la lune sur la terre par la force de leurs enchantements.

Qui pourra jamais analyser les merveilles de la création ?

Voici que l'attraction combinée du soleil et de la lune sur notre planète terre constitue le phénomène du *flux* et du *reflux,* ce mouvement alternatif des eaux de la mer, lesquelles couvrent et abandonnent successivement les rivages. Deux fois par jour l'Océan se soulève et s'abaisse par un mouvement régulier d'oscillation...

Mais ce n'est pas le moment de vous expliquer cette influence des deux astres entre lesquels se trouve la terre, dont la partie élastique, c'est-à-dire l'eau, est ainsi dilatée, puis comprimée par l'attraction et la pression qu'elle subit tour à tour.

Nous en parlerons lorsqu'il sera question des mers.

Je vous ai dit que la *libration de la lune* est un balancement apparent de notre satellite, d'où résulte un petit changement dans la situation de son globe vu de la terre, ainsi que dans la position de ses taches. Ce phénomène, qui a été découvert par Galilée, n'est en réalité qu'une illusion d'optique.

Outre la libration appelée *diurne,* il y a la *libration en latitude,* découverte aussi par Galilée, qui a pour effet de nous rendre visibles alternativement les parties de la surface lunaire voisines de ses pôles et qui est occasionnée par l'inclinaison de son axe sur l'écliptique. Il y a aussi la *libration en longitude.* Celle-ci a été découverte par Hévélius et Riccioli. Elle est la plus importante, et il résulte de ce mouvement que la rotation de la lune sur son axe est uniforme, tandis que celui de sa révolution autour de la terre ne l'est pas, ainsi que l'a parfaitement démontré l'astronome Cassini.

Or, comme conséquence des mouvements irréguliers de la lune, dont la marche elliptique est fort compliquée, les astronomes ont dû en rechercher les causes, afin d'en expliquer les effets, et d'établir une *théorie de la lune.*

Képler conjectura que le soleil devait exercer une attraction puissante sur la lune et les planètes, et cette idée d'une action des corps célestes les uns sur les autres occupait les esprits, lorsque la théorie des forces centrifuges dans le cercle fut trouvée par Huyghens. Rapprochée de celle des forces développées du même auteur, cette théorie conduisit immédiatement à la théorie générale des forces centrales.

Ce fut au milieu de ces circonstances les plus favorables que Newton arriva pour démontrer, le premier, la cause générale de tous les mouvements des sphères. Ce fut la lune qui en fournit la vérification.

Pour résumer rapidement la question, permettez-moi de vous dire de suite que les tables aidant d'un certain savant Tobie Mayer, tables les plus exactes et les plus précieuses des inégalités et variations de la marche de la lune, il est devenu évident que la cause de ces irrégularités est due à l'action du soleil sur la lune, combinée avec la variation séculaire de l'excentricité de l'orbite terrestre.

Tel est le tableau de ce grand et divin système des sphères que l'on peut, avec raison, comme l'a fait Laplace, nommer la *mécanique céleste.*

Un dernier mot sur la lune, avant de lui dire adieu et de passer de ce satellite à la terre, sa reine et sa souveraine maîtresse.

Des savants, frappés de l'opinion d'un peuple ancien qui prétendait que ses ancêtres avaient habité la terre, avant qu'elle eût un satellite, se persuadèrent follement que la lune est une comète qui, en parcourant son orbe elliptique autour du soleil, est venue dans le voisinage de la terre, et s'est trouvée entraînée à circuler autour d'elle. L'absence de toute atmosphère autour de la lune, l'aspect brûlé de ses montagnes, de ses profondes vallées, du peu de plaines qu'on y observe, leur font supposer que la comète en question étant passée fort près du disque solaire, avait perdu toute trace d'humidité, et étaient cités comme des preuves à l'appui de l'origine cométaire de notre satellite.

Mais ces raisonnements ne peuvent se soutenir.

La lune a bien réellement l'aspect fuligineux qu'on lui prête, si par-là on entend que presque tous les points de sa surface présentent des traces manifestes d'anciens bouleversements volcaniques. Mais rien n'indique quelle température la lune a dû jadis subir par l'action des rayons solaires.

Ces deux phénomènes n'ont entre eux aucune connexité.

J'en ai fini avec le monde planétaire et l'univers sidéral. Mais nous ne quitterons pas ainsi les cieux sans leur jeter un dernier regard d'admiration et d'enthousiasme.

En contemplant ces sphères gigantesques, plus colossales de millions de fois que notre planète terre, qui promènent dans l'espace leurs orbes mystérieux, fournaises ardentes dont notre soleil lui-même n'est qu'une faible image, comparé à Aldébaran et à beaucoup d'autres; en plongeant par l'imagination et avec le télescope dans ce que nous appelons le vide, que peuplent cependant les innombrables légions de l'armée céleste des étoiles brûlant de flammes éternelles et les flottes qui naviguent dans les régions infinies; en errant à travers ces cônes d'ombres des planètes et de leurs satellites qui s'éclipsent mutuellement à toute heure, et parmi les comètes qui sillonnent les profondeurs de l'océan des cieux ; en regard de ces cent planètes que nous connaissons déjà et de ces millions d'autres que nous supposons former le cortége d'autres soleils, ne pouvons-nous pas nous dire :

Si le créateur du monde a rendu si beau notre séjour de l'exil, qu'aura-t-il donc fait pour notre séjour de l'éternité, comme récompense des douleurs de la vie terrestre, à l'heure du retour dans la divine patrie ?

DEUXIÈME PARTIE.

LA TERRE.

I. — Formation de la planète terre. — Etude souterraine de sa constitution et de ses superficies successives. — Origine ignée et aqueuse. — Epoque et terrains primitifs. — Ce qu'on appelle fossiles. — Epoque de transition et terrains sédimentaires. — Apparition sur cette surface du globe de corps organisés : plantes et poissons. — Pluie fossile. — Reptiles gigantesques. — Animaux monstrueux. — Fossiles d'arbres. — Fougères colossales. — Epoque et terrains secondaires. — Palmiers, aulnes, érables, etc. — Famille des sauriens. — Epoque et terrains tertiaires. — Présence de proboscidiens-pachydermes énormes : mammouths, mastodontes, palœothériums, éléphants, etc., sur cette surface tertiaire.

Déjà nous avons parcouru l'infini de l'espace ; déjà nous avons étudié les sphères qui le peuplent de leurs légions innombrables.

Nous savons ce que sont le soleil, la lune, les étoiles ; nous préjugeons ce qui les compose ; nous comprenons l'harmonie qui préside aux systèmes solaires ou planétaires.

Mais il nous reste à résoudre un grand problème, à élucider une question du plus haut intérêt.

En effet, nous habitons la terre, l'une des planètes, l'une de ces sphères lancées dans le vide par la main si puissante du Créateur divin.

Qu'est-ce donc que la terre ?

Que sont donc les planètes ?

En analysant celle-là, peut-être pourrons-nous, aidés par l'induction et la déduction, ces formes logiques de toute science, peut-être pourrons-nous connaître, ou au moins apprécier celle-ci.

Essayons toujours. La terre est un grand livre dont les pages sont ouvertes à qui veut apprendre.

Ce livre, comme un album merveilleux, nous mettra sous les yeux des magnificences d'un autre ordre que celles dont je vous ai entretenus jusqu'à présent, chers lecteurs.

Dans le but de me rendre compte de la formation de notre planète terre, je songeai jadis à pénétrer dans les entrailles du globe. Or, l'endroit le plus propice était le pays de Galles, en Angleterre, parce que c'est le point de la terre qui a subi les plus nombreux cataclysmes, et qu'il a été l'un des derniers à émerger des eaux, dont, paraît-il, autrefois notre sphère fut couverte.

D'ailleurs, dans ce pays de Galles, je connaissais un baronnet, grand amateur de géologie, qui, pour passer d'une page à l'autre de *l'histoire de la terre*, avait creusé, à une immense profondeur, et à ciel ouvert, des puits béants d'un diamètre énorme, de sorte que les parois de ces puits largement éclairés permettaient d'y étudier les différentes couches, les écorces superposées, les surfaces du sol composant l'enveloppe de notre planète.

Le savant baronnet m'accueillit comme une bonne fortune, et c'en était une pour lui en effet que l'occasion de faire de la science. Vieux bonhomme enfoui dans son attirail de géologue, longue cagoule de drap brun ne laissant voir qu'un visage vénérable, yeux verts brillant de lueurs fauves, blanche barbe largement étalée sur sa poitrine, tel était mon baronnet anglais, rappelant ainsi les alchimistes du moyen-âge se disposant à creuser les secrets de l'hermétique.

Donc, à l'aide d'un truc spécial, comme dans les mines, nous descendîmes ensemble dans le sein de la terre.

— Constatez d'abord, me dit mon cicerone, que la température de notre sphère s'élève de un degré par chaque trente-trois mètres de descente, ce qui annonce et démontre la présence d'un feu très actif au centre du globe.

Remarquez ensuite, sur les parois du puits, que le terrain est disposé par séries de couches, différentes de composition et de couleur, soit perpendiculaires, soit horizontales, obliques ou pourfendues, c'est-à-dire brusquement interrompues par d'autres veines. C'est ce que l'on nomme *stries* ou *stratifications*.

Or, de cette disposition des couches de terrain superposées, et de nature, de provenances et d'aspects toutes contraires, on est obligé de conclure qu'une commotion violente, ayant produit des dislocations, des soulèvements et des diffusions étranges, a modifié le premier état de notre planète et en a recouvert la surface primitive de couches nouvelles, hétérogènes, entassées à plus ou moins d'épaisseur.

— Je suis de votre avis; mais permettez-moi de m'habituer à ma nouvelle exploration... dis-je au géologue.

En effet, j'éprouvais une indicible émotion. Tant que la lumière du jour avait pénétré avec nous dans la profondeur de l'excavation, j'avais été d'un calme parfait. Mais bientôt le rayonnement de la lumière avait été s'affaiblissant. Puis s'était produit une sorte de crépuscule dans notre descente, et avaient succédé peu à peu d'épaisses ténèbres, difficilement vaincues par l'éclat de nos lampes à réflecteur tremblottant dans le vide. Alors, en levant les yeux vers l'extrémité déjà fort éloignée de l'immense orifice du puits et qui allait toujours se rétrécissant, ce fut chose très curieuse pour moi d'apercevoir le lambeau d'azur du firmament qui le couvrait pailleté de mille étoiles rutilant dans l'éther, comme en pleine nuit.

A ce moment, la machine qui nous portait s'arrêta court. Nous étions arrivés au plus profond du puits, et du point où nous mettions pied à terre s'ouvraient en tous sens de vastes galeries rayonnant de pâles lueurs, car le baronnet avait fait allumer des torches, et il devenait facile d'observer le sol sur lequel nous allions marcher, et les talus des tranchées, et les nombreuses stratifications qui les zébraient.

— Nous sommes ici sur la terre primitive, reprit le géologue, et voici que nous foulons aux pieds les porphyres, les granits, les trachytes, les basaltes, les laves, en un mot les produits ignés qui composent le centre de la terre.

C'est à partir de ce point souterrain que l'inspection et l'examen des couches qui vont s'élever autour de nous, jusqu'à la surface actuelle du globe, démontreront que la terre n'est arrivée à l'état où nous la voyons qu'après avoir subi, pendant un temps que l'on ne saurait préciser, de nombreuses révolutions dont on voit partout la trace.

Toutes choses tendent à prouver que notre terre, en sortant des mains de Dieu, était incandescente, tout comme le soleil. Masse effrayante de matières gazeuses agglomérées, dilatées par la chaleur de manière à offrir un volume aussi colossal que le soleil lui-même, notre planète voguant majestueusement dans l'espace, tournant autour de son suzerain, et, comme lui, rutilant dans l'épaisse nuit du firmament, entraînant après elle dans son orbite le panache enflammé de son atmosphère de feu. La terre était alors un soleil, et les étoiles étaient ses sœurs.

Combien de temps en fut-il ainsi? Nul ne saurait le dire. Mais vint un moment où sa combustion s'affaiblit, diminua, s'amoindrit encore, et enfin cessa tout-à-fait.

Alors commencèrent pour notre globe de longues périodes pendant lesquelles la terre se refroidit petit à petit à sa surface.

Alors la dilatation du gaz, causée par l'embrasement, n'existant plus, le volume de la terre se réduisit de beaucoup.

Alors, à l'état liquide encore, en tournant sur elle-même dans son double mouvement diurne et annuel, la terre prit peu à peu la forme de sphéroïde particulière aux globes célestes, par suite des lois de la mécanique pour les corps liquides qui accomplissent sur eux-mêmes un mouvement de rotation; et, en même temps, comme résultante des mêmes lois, le globe s'aplatit à ses pôles, tandis qu'il se gonfla considérablement à son équateur.

Alors les diverses et innombrables substances composant la terre cherchèrent à se ranger selon leur ordre de densité ; mais dans la lutte et l'inégalité de leurs forces, que de bouillonnements, quelle effervescence, que de tourmentes formidables dans notre sphère encore en fusion!

Alors aussi, dans cette ébullition de notre planète, rouge comme une fournaise, le travail inimaginable de ses substances produisit de gigantesques soulèvements à sa surface, et ces soulèvements commencèrent les chaînes de montagnes, puis d'immenses fissures qui devinrent des vallées, et d'énormes affaissements qui furent par la suite les mers et les bassins des océans.

Alors enfin, dans les abîmes de ses entrailles, les métaux fondus se dispersèrent en filons, les granits éruptifs émergèrent au-dehors en rochers entassés en chaos, et les matières entretenues à l'état d'incandescence par l'action du foyer intérieur qui devait se perpétuer et donner éruption aux volcans, tendirent à monter et à se produire à la surface.

Ainsi se forma la première enveloppe solide qui constitua l'écorce primitive de la terre, celle que voici là sous nos pieds, celle qui recouvre les porphyres, les granits, les trachytes, les basaltes et les laves, sous laquelle le centre de notre globe est en combustion, celle en un mot qui se refroidit lentement en se solidifiant peu à peu.

Ce fut le moment où tombèrent des pluies abondantes et où se firent de vastes inondations, car la température de notre planète perdant de son ardeur et ne suffisant plus à maintenir à l'état de vapeurs les masses d'eau qui se vaporisaient autour d'elle, ces vapeurs retombèrent en pluies torrentielles.

Mais ces eaux devenaient rapidement bouillantes par suite de leur contact avec un sol encore brûlant. De sorte que, se vaporisant de nouveau, elles retombaient encore presque aussitôt. De ces alternatives, il advint qu'elles amenèrent un prodigieux dégagement d'électricité, d'où provinrent pour la première fois et des jets d'éclairs, et le roulement de la foudre, et les éclats du tonnerre. Pourtant, à la longue, ces chutes d'eau déterminèrent un amoindrissement plus rapide de la chaleur terrestre. L'élément liquide s'établit en vainqueur sur le sol nouvellement éteint, et les TEMPS NEPTUNIENS commencèrent.

Cette fois la terre fut couverte d'océans multipliés, renfermant sous leurs eaux le noyau colossal de fournaises volcaniques souterraines, dont les incessantes révoltes devaient agiter sans paix ni trève leurs nappes immenses et les déplacer fréquemment.

Telle fut l'ÉPOQUE PRIMITIVE DE LA TERRE.

Pendant que parlait ainsi mon savant géologue, à l'aide de ma lampe je contemplais non sans émotion le sol noirâtre, semé de scories vitreuses, de cette première surface de notre planète, et j'y reconnaissais, comme on lit dans un livre ou comme on voit dans un album, l'action des feux dévorants, aussi bien que la pression du passage des eaux. En effet, la surface des porphyres était parsemée de nombreuses fissures, criblée de petites cavités et de boursouflures, comme on en trouve dans les vitrifications. Ils étaient en outre pénétrés par des filons d'eurite, mélange de grenat, de mica et d'amphibole, puis de diorite, roche noire ou verte, composée d'albite et d'amphibole. Enfin, à l'affleurement couraient d'autres filons métalliques de plusieurs espèces.

Le baronnet reprit alors la parole :

— Cette époque primitive a naturellement donné le nom de TERRAIN PRIMITIF ou de cristallisation stratiforme à cette première enveloppe qui se condensa autour de la masse terrestre encore fluide et chaude, et elle forme l'assiette sur laquelle reposent les terrains sédimentaires. On la trouve sur une grande partie de la surface terrestre, et elle se compose de roches à éléments cristallins agrégés. Elle ne contient ni sables, ni cailloux roulés, ni fossiles, attendu qu'elle est antérieure à toute création organique, plantes ou animaux.

Ce terrain primitif se divise en trois étages qui sont disposés suivant l'ordre de leur formation :

Le *gneiss* d'abord. C'est une roche remarquable par sa texture feuilletée. Elle compose dans l'enveloppe du globe de puissantes assises qui semblent avoir été consolidées les premières. Le gneiss monte en mille endroits à la surface actuelle du globe. C'est un élément stérile pour l'agriculteur, mais des plus riches pour le mineur, qui y rencontre manganèse, cuivre, étain, fer, argent, antimoine, etc. Cette roche présente de grands développements dans le centre des Alpes, dans les Vosges, les Cévennes, les Pyrénées, etc.

Le *micaschiste* ensuite. C'est une autre roche composée de quartz et de mica. Sa texture est également feuilletée, et ce qui la singularise, c'est qu'elle se partage en grandes plaques.

Enfin le *talcschiste*, d'aspects édimentaire, mais de forme cristalline, à base de talc, ayant la structure schisteuse, renfermant des minéraux cristallisés, et placé immédiatement au-dessous des terrains de l'époque qui succède.

Pendant que parlait ainsi le savant, je touchais et j'examinais les diverses cristallisations qu'il me signalait, ces roches qui de liquides, incan escentes, étaient devenues compactes et glacées, et dont les strates ou assises étaient parfaitement nettes à l'œil. Quelle métamorphose leur avait fait subir le refroidissement de notre planète, et combien de mystères s'accumulaient dans la pensée en face de ces matériaux des mondes!

Étonné d'abord que la Genèse, en parlant de la création, se servît du mot jour et dît : Dieu mit six jours à créer le monde..., je m'expliquai ensuite l'emploi de cette expression pour désigner les époques de la production des différents prodiges qui constituent l'univers. Les mondes, monde sidéral, monde planétaire, notre sphère, peuvent être très anciens sans altérer en rien le récit genésiaque. Les corps célestes ont pu exister longtemps avant les animaux, les animaux ensuite avant l'homme. Œuvre la plus parfaite sortie des mains du créateur, l'homme n'aura reçu le don de la vie et le domaine de la terre qu'après des siècles et des siècles. Car pendant que l'histoire de la terre que l'œil peut lire dans les diverses couches qui composent ses surfaces démontre qu'elle remonte à une antiquité qu'entourent de profondes ténèbres, l'histoire de l'humanité, elle, gravée sur le sol par les monuments, racontée par les traditions et livrée aux générations par l'écriture phonétique, a son commencement bien certain et montre ses preuves à l'appui.

J'en étais là de mes réflexions, lorsque mon savant géologue me dit d'un ton larmoyant :

— En ces jours de l'époque primitive, un deuil sinistre couvrait de ses voiles funèbres notre planète éteinte enfin, mais seulement à sa surface. Son orbe noir, aux eaux lugubres sourdement agitées, évoluait dans l'infini des cieux, sans qu'aucune vie se manifestât encore sur son enveloppe, soit dans les airs, soit dans les eaux, soit sur les portions de continents qui déjà tendaient à émerger des surfaces neptuniennes.

Jusque-là, nul animal, pas un arbre, aucune plante!

Mais alors voici l'ÉPOQUE DE TRANSITION.

C'est le moment où la terre, exposant petit à petit son orbe au soleil et au souffle des vents, expulse les eaux du vaste bassin qu'elle occupait, se dessèche et solidifie son écorce, composant ainsi une seconde superficie superposée à la première.

Toutefois cet agencement progressif se modifie indéfiniment par le fait de formidables secousses des feux qui brûlaient ses entrailles. Aussi advient-il que les eaux qui couvrent la circonférence de notre planète sont violemment déplacées par des soulèvements volcaniques effrayants, et se trouvent subitement déversées d'un point sur un autre.

Telle est la cause des premiers *déluges partiels*.

A ces convulsions de la terre se joignant en outre la décomposition de certaines roches superficielles, sous la morsure des eaux imprégnées de sels en dissolution, l'écorce primitive de notre planète se trouve définitivement recouverte par une autre couche comprenant des produits terreux d'origine aqueuse : grès, calcaires, argiles, cailloux roulés, etc., toutes choses désignées sous le nom de *terrains sédimentaires*, c'est-à-dire résultant de précipitations chimiques et mécaniques, produites par le transport des eaux.

On les désigne aussi sous l'appellation de terrains *neptuniens* ou *hydrogiens*.

Ces terrains sédimentaires s'étendent sur d'immenses espaces, et on peut juger de la nature et des dispositions de ces dépôts, en pénétrant dans cette galerie qui en possède de très curieuses stratifications.

— Mais alors, dis-je à mon guide, l'époque de transition a donc eu des plantes et des animaux?

En effet, parmi des grès en désordre, parmi l'argile, les cailloux arrondis par un long frottement sous les eaux, et parmi nombre de substances disloquées, dénaturées, transformées par un séjour permanent sous les nappes humides des mers, je reconnais, à mon grand étonnement, des corps organisés, c'est-à-dire des plantes et des poissons, et surtout des coquillages de toutes formes, de toutes grandeurs, à l'état fossile bien entendu, mais conservant encore et parfaitement leurs vives couleurs.

A cette occasion, je vous dois quelques mots d'explication sur le mot *fossile* qui va se présenter fréquemment sur mes lèvres. Je vous donnerai ensuite la réponse faite à ma question par le baronnet.

Fossile vient du mot latin *fodere*, fouiller, parce que les fossiles sont en effet le résultat de fouilles faites au sein de la terre. Précieuses reliques de corps organisés tombés ici ou là depuis des siècles et des sièelles encore, ces fossiles se présentent dans les terrains tout-à-fait anciens, uniquement comme empreintes d'un corps, ou comme place vide occupée jadis par ce corps détruit par une cause quelconque. Dans ce cas, les substances animales ne nous livrent que leurs sels calcaires, toutes les matières gélatineuses ayant disparu. Plus près de la surface supérieure de la terre, c'est-à-dire dans les terrains moins anciens, les fossiles se produisent tantôt conservés en nature et gardant encore leurs parties cornues ou osseuses, tantôt remplacés par d'autres substances, telles que pétrifications, bois convertis en agathes, ou en silices, etc.

Les innombrables fossiles que l'on trouve ainsi chaque jour sous les différentes enveloppes de notre planète, servent à distinguer ces couches, car elles correspondent à autant de révolutions que la terre a subies à de très longs intervalles, et qui ont reçu le nom d'*époques géologiques.*

Comme, à l'aide de la pioche, on fait constamment sortir des assises superposées de l'enveloppe du globe, des ossements d'animaux, mammifères, oiseaux, reptiles, poissons, crustacés, mollusques, polypiers, etc., et puis des coquillages, des plantes, des mousses, des herbes, des feuilles ou au moins leurs empreintes, des troncs d'arbres, souvent même des arbres entiers avec leurs branches et leurs racines, le tout transformé souterrainement en fossiles et devenu houille, pierres, agathes, silices, avec ces débris il est devenu facile aux savants (le savant Cuvier en a donné la preuve) de reconstituer les animaux et les végétaux des temps primitifs. Aussi démontre-t-on que les uns et les autres sont bien différents de ceux d'à-présent. Alors il en a été formé des familles que l'on peut étudier, et qui composent une histoire naturelle tout-à-fait à part.

Mais entre ces couches inférieures si anciennes et les couches supérieures relativement modernes, comme on trouve aussi des plantes et des animaux d'espèces différentes de ceux que nous possédons, mais cependant se rapprochant déjà de nos espèces actuelles, on les a nommés *fossiles analogues.*

Enfin les dépôts fossiles les plus superficiels, et par conséquent les plus récents, étant les seuls qui présentent des êtres identiques avec les espèces qui couvrent la terre de notre époque, on leur donne le nom de *fossiles identiques.*

Avais-je raison de vous dire que la terre ouvre son sein comme un livre ses pages, afin que l'homme, son seigneur et maître, puisse y lire les secrets de la nature, l'histoire de la création, le tableau de la vie et de la mort, et les progrès successifs de l'œuvre du Très-Haut?...

Je reviens à mon baronnet.

— L'époque de transition, dont nul ne saurait dire la durée, certes!

me répond le géologue anglais, comprend plusieurs périodes. Car après un examen sérieux et répété sans interruption par de nombreux savants, depuis que le Français Bernard de Palissy a fait de la géologie une science véritable assise sur des fondements réels, on est arrivé à reconnaître, à spécifier et à caractériser nettement les divers gisements des stratifications composant les étages d'enveloppes successives de la planète terre.

Ainsi donc, dans les terrains sédimentaires de cette époque, on signale :

La *période cambrienne*, ainsi nommée de la province anglaise du Cumberland, d'où l'on exhuma à une immense profondeur et sur une vaste étendue la couche terrestre qui se superpose à l'enveloppe primitive, vierge de tout vestige d'êtres doués d'organisme.

Mais alors, du moment où l'on fut en regard de la surface cambrienne, on trouva des débris de plantes, créées sans doute avant les animaux, et des restes d'animaux créés certainement avant l'homme, confondus soit avec des schistes argileux ardoisiers, soit avec des grauwackes, sortes de roches formées de granites, de gneiss et de micaschistes. L'étonnement des curieux observateurs fut bien grand lorsqu'ils avisèrent, sur des surfaces plates et solides, de magnifiques empreintes d'une admirable précision, laissées là par des feuilles de la végétation primitive, et, notez ceci, jusqu'à des *gouttes d'eau*, de *luie fossile*, parfaitement dessinées.

En Angleterre, dans les terrains houillers, on a trouvé même des araignées fossiles.

Mais les oiseaux fossiles sont très rares. On ne rencontre guère que des empreintes de leurs pattes sur des couches de grès, des empreintes de plumes dans du calcaire, et des œufs pétrifiés.

La *période silurienne*, qui doit son nom aux silures, tribu celtique dont à l'origine des temps le pays de Galles fut le domaine, offre ici même, autour de nous, de superbes spécimens de l'enveloppe de notre globe, supérieure à l'écorce cambrienne. Cette couche silurienne est semée de très nombreux fossiles de plantes et d'animaux.

Ces deux périodes cambrienne et silurienne, dont l'Angleterre possède de si magnifiques épaves, produisent spécialement des végétaux *cryptogames*, c'est-à-dire dissimulant leur sexe. Vasculaires dans leur forme, ils ressemblent aux fucus, aux prêles, aux fougères. Mais ne croyez pas ces plantes fossiles de taille minuscule comme nos fucus et nos fougères : elles ne comptent pas moins de dix et douze mètres, et cependant c'est absolument le même feuillage charmant et délié que nos fougères.

D'autre part, les deux mêmes périodes, parmi les animaux, ne laissent aucune trace de vertébrés, c'est-à-dire d'animaux dotés de l'ap-

5

pareil cérébro-spinal, autrement dit d'une épine dorsale. Elles nous transmettent seulement des *mollusques*, êtres bizarres dont le corps est mou, sans squelette intérieur ou extérieur, enveloppés d'une peau musculaire, à la surface de laquelle se développe le plus souvent une coquille d'une ou deux pièces, tels que la limace, l'escargot, les patelles, qui ont une carapace, adhèrent aux rochers et possèdent un sang blanc. Elles nous livrent aussi des *crustacés*, animaux articulés, respirant par les branchies, couverts d'une croute calcaire qui leur a fait donner leur nom, ayant aussi le sang blanc, mais porteurs de cinq ou six paires de pattes, tels que les cloportes, les crevettes, les crabes, les écrevisses, les homards, etc.

Mollusques, crustacés et cryptogames furent donc les premiers êtres organisés qui sortirent de la main du Créateur.

— A l'œuvre, maintenant!... dis-je au baronnet.

Et pendant qu'il s'extasie sur les découvertes, moi, je saisis un marteau de géologue, et me voici faisant tomber des stratifications des parois du sol toute une pluie de fossiles, coquillages, carapaces d'escargots monstrueux, de crabes, de langoustes, etc. Toutefois, ce qui m'étonne davantage, ce sont les cryptogames. Au temps de leur végétation, les arbustes devaient être d'une richesse et d'une élégance de formes de beaucoup supérieures à celles de nos acotylédones, qu'ils surpassaient assurément de toute leur taille svelte et élancée, qui semble avoir dû compter plus de trente à quarante pieds.

Lorsque, enfin, je m'arrête dans mon travail d'enthousiaste antiquaire, mon ardent géologue me fait gravir un talus ménagé tout exprès pour atteindre une autre galerie, et, une fois en face d'une large stratification, le baronnet me dit :

— La troisième *période*, appelée *dévonienne*, du Devonshire, où ses vestiges sont très apparents, appartient à la seconde époque géologique.

Parmi les mollusques, les terrains de cette période renferment des *gryphées*, coquillages caractérisés par leurs crochets saillants tournés en spirales, et par leurs valves, dont l'inférieure est grande et concave, tandis que la supérieure est petite et plane. On trouve aussi des *ammonites*, coquillages affectant la forme de disques en spirales, cannelés dans leur contour et percés dans leur longueur d'une sorte de tube. On les appelle aussi cornes d'Ammon.

Mais les terrains dévoniens nous apportent une curiosité sans égale, celle de reptiles gigantesques et autres colosses.

Certes! on peut dire que, dans cette période, l'auteur des mondes s'essayait à produire des animaux monstrueux.

Pour la nature, c'était le moment du tâtonnement.

On frissonne au défilé de ces personnages effrayants, horribles à voir,

La pièce qu'ils représentent est âgée de plus de 10,000 ans et peut s'intituler : La terre avant les hommes!

Dans ce drame antédiluvien on voit figurer des oiseaux impossibles, des crocodiles invraisemblables, des lézards de cinquante pieds de long, des dragons fantastiques, secouant dans les airs les écailles de leurs ailes ou traînant dans la fange des marais leur ventre livide et cuirassé. Ce sont des mastodontes formidables peuplant les mondes qui ne sont plus. En face de leurs squelettes, il s'opère comme un effroyable mirage des âges primitifs, de l'univers ébauché. Voyez plutôt :

C'est d'abord le *mastodonte*, qui s'avance faisant trembler le sol sous ses pieds semblables à des colonnes de granit, et dominant de plusieurs mètres les plus grands éléphants de l'Inde.

C'est le *plésiosaure*, à tête de lézard, à encolure de constrictor, long de soixante pieds. Son corps énorme est couvert d'une cuirasse d'écailles. De son cou musculeux, il peut enlacer ses ennemis comme avec un câble et les étouffer soudain.

C'est ensuite l'*ichtyosaure*, horrible poisson à pattes de dauphin, à tête et à queue de saurien. Sa taille est de dix mètres. Ses yeux flamboyants éclairent les ténèbres, et ses dents redoutables s'entrechoquent sans fin.

C'est encore le *ptérodactyle*, oiseau bizarre et d'un aspect terrifiant. Il a le corps d'un caïman, les griffes d'un lion, la queue du lézard, les ailes de la chauve-souris, une tête d'oiseau et un cou de serpent.

Voici venir ensuite le *dinothérium*, géant dont la tête seule a six pieds de longueur et quatre de largeur.

Paraît enfin l'immense *géosaure*, lézard titanique, doué d'une force prodigieuse, et dont la taille monumentale atteint quelquefois quatre, cinq, six et sept mètres.

Au premier rang des oiseaux de cette époque dévonienne, se dresse l'*épiornis*, sept et huit fois plus haut que l'autruche, et qui n'est autre qu'un effrayant lézard muni d'ailes de douze à quinze pieds d'envergure.

S'il y a eu des lézards-poissons, vous ne serez pas étonné qu'il y ait eu des lézards-oiseaux.

On trouve le plésiosaure dans les carrières de la France et de l'Angleterre ; mais c'est en Allemagne qu'on a exhumé le ptérodactyle.

En effet, à Solenhoffen, dans la Bavière, au fond d'une ardoisière, tout récemment en arrachant une immense plaque d'ardoise, on trouva le squelette fossile d'un animal appartenant à une espèce jusqu'alors inconnue des paléontologues. Seuls, le bassin, les ailes, les vertèbres du monstre, au nombre de dix-neuf, étaient intacts. La queue se terminait par une vingtième vertèbre plus petite, à laquelle étaient encore fixées de longues plumes. En outre, d'immenses rémiges ou rames couvraient les cartilages des ailes.

J'en passe, et des plus affreux. Je vous prie seulement de vous figurer l'homme vivant au milieu de pareils gaillards, ou se trouvant instantanément face à face avec eux. Quelles émotions pantelantes ! Il est vrai qu'un jovial académicien a prétendu que les contemporains de Noé avaient une taille de quelque chose comme cent cinquante pieds !...

Ajoutons que les œufs d'épiornis avaient une capacité de neuf litres.

L'époque de ces prodiges est bien loin, sans doute. Mais combien de siècles la séparaient déjà du temps où, pour la première fois, la matière frémit et s'agita à ces paroles de la sagesse de Dieu qui retentirent six fois dans l'éternité :

— Que l'univers soit fait !

Les mêmes terrains de cette époque de transition, — quelle transition ! — offrent aux recherches des savants, parmi les végétaux, des *conifères*, c'est-à-dire pins, sapins, cèdres, cyprès, et des *cycadées* ou palmiers du plus beau feuillage, et enfin des phanérogames ou plantes montrant leur sexe, par opposition avec les cryptogames.

Vient la quatrième période, *période carbonifère.*

La végétation s'est étendue de plus en plus. Aux plantes innombrables qui verdoient sur la terre, se sont adjointes d'immenses forêts. Des arbres-géants les peuplent de leurs troncs prodigieux, et leurs têtes chenues présentent les formes les plus hardies, les plus élégantes, les plus majestueuses. Mais alors se fait tout-à-coup une nouvelle révolution géologique, et de nouveau la surface du globe est bouleversée et recouverte de sédiments en effervescence.

En ces temps-là, de nombreux déluges, dont nous trouvons ainsi les preuves palpables, exercent leurs ravages. Aussi peut-on dire que notre planète, aujourd'hui, ne se compose plus que d'océans desséchés, tels que le vaste Sahara, au centre de l'Afrique, par exemple, et de continents engloutis, tels que le nord de l'Europe, dont on ne voit émerger des eaux que l'Angleterre, l'Irlande et une quantité de petites îles.

Comme presque toutes les contrées de la terre, la France a été plusieurs fois recouverte par la mer, et ce qui est Paris de nos jours, a vu défiler jadis les monstres que nous avons nommés, les plus affreux et les plus divers. Le terrain dévonien de sa banlieue nous a exhibé de tels fossiles, conservés actuellement dans nos musées, qu'il n'y a pas lieu d'en douter. Et Montmartre, qui fut un îlot de l'ancien océan dont les vagues déferlaient à sa base, permet de trouver dans ses entrailles de si étranges témoignages de cette période reculée dans les ténèbres du passé, que le doute n'est pas possible.

Dès lors les forêts vierges de cette surface dévonienne furent enfouies sous des couches de déjections produites par tous les éléments terrestres mis en révolte, dévoyés, confondus, et la surface carbonifère se trouve formée.

En effet, les arbres gigantesques et les végétations formidables, que d'un souffle Dieu avait créées et que d'un souffle il renversait dans les abîmes, ne furent point perdus au sein de la terre. Elles s'y transformèrent en des masses de houilles que maintenant nous retirons chaque jour des mines qui les tenaient encloses depuis si longtemps. Oui, cette houille qui rend de si grands services à l'industrie, qui alimente les locomotives de nos chemins de fer, qui entretient les foyers des forges et des usines, qui nous éclaire avec le gaz qui s'échappe de son bitume, n'est autre chose que le résidu fossile des forêts primitives et des plantes des premières surfaces de notre sphère.

Ces forêts ont trouvé au sein de la terre une chaleur extrême, beaucoup d'humidité en même temps, par suite de l'infiltration des eaux, et enfin une énorme pression résultant de la nouvelle enveloppe qui s'accumulait sans fin. Alors les forêts du vieux temps se sont peu à peu carbonisées au profit de notre âge, et elles ont amené de la sorte la période carbonifère.

Aussi, lorsqu'on pénètre dans les profondeurs de mines d'où l'on extrait le charbon de terre, on demeure frappé d'étonnement en se trouvant en face de cette antique végétation devenue noire, mais qui met sous les yeux les plus admirables spécimens de fleurs, de plantes, d'herbes, de mousses, d'arbres et d'arbustes que nous ne trouvons plus sur notre globe. Je vous ai déjà dit que nos fougères d'à-présent, autrefois étaient à l'état d'arbres : les mines en présentent les preuves les plus positives. Dans les bancs de houille, on rencontre fréquemment d'immenses troncs d'arbres, debout encore, et beaucoup d'autres, ou noueux, ou couverts de macules en spirales, ou assez semblables à des colonnes torses. A leurs pieds gisent des plantes arborescentes, des herbes marécageuses.

Mais, chose bien digne de remarque! pendant que l'on trouve des feuilles sur les arbres, on n'y rencontre jamais de fruits. Ceci démontre bien que, l'homme n'existant pas encore, Dieu n'avait point jusqu'à présent mis sur la terre d'arbres frugifères. Niez donc la Providence!...

Dans l'Amérique septentrionale, et même en Angleterre, on a mis à jour des arbres entiers traversant les couches de houille, ou qui leur étaient superposés.

Ainsi, M. Lyell raconte que, en 1854, dans une mine du Staffordshire, on mit à découvert, sur plusieurs centaines de mètres de surface, plus de soixante-quinze troncs d'arbres garnis encore de leurs racines. Ces troncs ne mesuraient pas moins de trois mètres de circonférence, et leurs racines composaient une épaisseur de houille de vingt-cinq centimètres.

Mais ce qu'il y avait de plus curieux encore, c'est que, au-dessous d'un lit d'argile de quelques millimètres sur lequel reposait cette première forêt, on exhuma une seconde forêt, et au-dessous encore, une troisième, renfermant d'énormes troncs de *calamites*, de *lépidodendrons*, etc.

Franchement, ne reste-t-on pas en extase, quand on songe aux singulières transitions de décomposition par lesquelles ont dû passer les végétaux de ces époques de dépôts sédimentaires, pour arriver à cet état de masse charbonneuse, bitumée par la pourriture et la fermentation?...

Mais la nature a besoin de repos. La preuve c'est que, à la période carbonifère, succède la période pénéenne.

Or, *période pénéenne* veut dire pauvre, car elle n'apporte à la couche du globe qu'elle compose qu'une très petite quantité de produits nouveaux.

Mais encore les strates forment-elles une nouvelle enveloppe superposée aux précédentes.

Maintenant, voici venir l'ÉPOQUE SECONDAIRE, succédant à l'époque de transition, dont j'ai fait passer sous vos yeux les terrains sédimentaires et les nombreuses périodes.

Or, l'époque secondaire se compose aussi de périodes.

Période triasique d'abord, pendant laquelle les crustacés disparaissent, les mollusques se font rares, les sauriens se développent et les tortues apparaissent.

On nomme triasique cette surface nouvelle parce qu'elle se compose de trois étages de dépôts : *grès bigarrés* ou de couleur variable, *muschelkalk*, calcaire coquillier gris de fumée et quelquefois jaunâtre, et *marnes irrisées*, argile, calcaire ou craie, irrégulièrement colorées de jaune, de rouge et de vert.

Sur le grès bigarré de cette enveloppe triasique, on voit de nombreuses empreintes de pas de *labynthodons*, sorte de grenouille colossale, et de *notho-saurus*, espèce de crocodile marin, véritable géant.

On y trouve aussi de nombreux végétaux, mais peu d'animaux.

Période jurassique ensuite, car les montagnes du Jura font partie de cette époque et mettent a découvert sa surface.

L'enveloppe jurassique offre des calcaires argentifères, des marnes aurifères, de l'argile et de la lumachelle, sorte de marbre renfermant des coquillages appelés *nautiles*, et de l'oxyde de fer. Le tout s'appelle *lias*. Or, le lias est fort riche en fossiles : végétaux, zoophytes, mollusques, quadrupèdes ovipares, soit ichthyosaures, soit géosaures, dont j'ai déjà parlé.

Puis *période crétacée*, qui termine l'époque secondaire.

Son nom lui vient de la *craie* ou *carbonate de chaux* que les mers charriaient à cette époque, et dont, comme à Paris, sur les buttes Montmartre, elles ont déposé de larges couches.

Cette période crétacée nous révèle l'existence de nombreux et gigantesques animaux.

Mais avant de vous en donner le catalogue, rappelez-vous d'abord que le centre de notre planète terre est le réservoir commun, le laboratoire en quelque sorte de toutes les substances qui sont ensuite poussées vers ses extrémités pour former son enveloppe.

Par exemple, la *chaux*, qui compose la pierre et qui entre dans l'élémentisme d'autres substances, arrive à la surface de notre sphère par le canal éruptif des eaux thermales, qui, dans leur bouillonnement souterrain, tendent à monter. Jadis, elles ont conflué vers les océans primitifs, et alors elles en ont rendu les eaux calcaires. Leur présence y a formé des couches épaisses et un lit continu. Puis les mers étant déplacées un jour ou l'autre, les terrains qu'elles couvraient sont restés crétacés. Ainsi, à Montmartre encore, trouve-t-on des fossiles marins, des coquillages, des zoophytes, des mollusques, des polypiers, et nombre d'animalcules microscopiques, qui démontrent que ce terrain fut autrefois envahi par les eaux.

C'est à cette époque secondaire que firent leur apparition sur la terre les *palmiers parasols*, les *aulnes*, les *charmes*, les *érables*, les *noyers*, car on en trouve des fossiles sous la craie, et parfaitement reconnaissables nonobstant leur grand âge.

Mais c'est alors aussi que se firent voir plus nombreux et plus gigantesques que jamais les reptiles de la famille des sauriens ou lézards :

Le *mosasaure*, lézard aquatique, pirate des mers, dont il empêchait le trop-plein par une dîme levée au profit de son appétit exubérant ; on en juge par ses mâchoires.

L'*hyléosaure*, autre saurien porteur d'une cuirasse, car dans les craies de Tilgate on a pu recomposer sa charpente à l'aide de toutes ses pièces retrouvées. Ce lézard comptait de huit à dix mètres de long ; il habitait les bois.

Puis le *mégalosaure*, de cinquante pieds de développement, dont les mandibules effrayantes démontrent que ce monstre était carnivore et se nourrissait de reptiles dont on rencontra de nombreux fossiles à l'entour de son squelette, ainsi que de tortues.

Mais le géant de ces géants, aux dents tout à la fois couteau, scie et sabre, est l'*iguanodon*, horrible reptile de quatre-vingt-dix à cent pieds de long, porteur d'une corne osseuse sur l'extrémité de son museau.

On voit aussi par leurs fossiles que les requins, les squales, les saumons, les brochets, etc., occupaient déjà les eaux douces et salées.

On ne catalogue pas moins de cinq mille espèces d'êtres vivants à cette époque, et sur ce nombre deux cent soixante-huit sont complètement inconnues.

L'épaisseur de terrains crétacées formés pendant cette période ne monte pas à moins de quatre mille mètres.

Je parlerais des coquillages trouvés dans ces couches de craie, vous seriez en admiration.

Mais j'ai hâte de passer à l'ÉPOQUE TERTIAIRE, qui vit commencer et se produire les *mammifères*, ou animaux pourvus de mamelles.

A cette époque tertiaire on donne aussi le nom de *période paléothérienne*, à cause des innombrables débris d'animaux nommés palœothérium, que renferment les couches d'argile, de calcaire, de gypse ou plâtre, de molasse, de falun, et de crag ou couches marines de sable quartzeux à demi ferrugineux.

— Qu'est-ce donc que le palœothérium? allez-vous me demander.

Le *palœothérium* appartient aux pachydermes, c'est-à-dire aux quadrupèdes à peau épaisse, tels que le taureau, la vache, etc., et aux proboscidiens ou animaux porteurs de trompes, comme l'éléphant, etc.

Déjà vous avez vu dans un jardin zoologique quelconque l'animal à courte trompe charnue qui a nom tapir. Représentez-vous donc un tapir de la taille d'un rhinocéros, au poil ras, à l'œil microscopique, et vous aurez à peu près l'idée d'un palœothérium de la France, de l'Allemagne et d'ailleurs.

Figurez-vous ensuite une sorte d'éléphant de cinq à six mètres de stature, seulement allongez davantage la tête de l'animal et excavez son front. Faites sortir ses dents incisives, qui sont fort longues, d'alvéoles prolongées en une sorte de tube, et enfin couvrez ce colosse d'une épaisse fourrure à longs poils, et son cou d'une crinière, et vous aurez le *mammouth*, nom donné par les Russes à l'éléphant fossile trouvé dans leurs contrées.

C'est très probablement le béhémoth de l'Ecriture ;

A cet ordre des proboscidiens-pachydermes se rattache également le gigantesque *mastodonte*, dont on trouve les fossiles sur les bords de l'Ohio, en Amérique, et dans les couches palœothériennes de la France, qui en est très riche, notamment dans le département du Gers.

Les carrières à plâtre des environs de Paris, enveloppes du sol de la même époque, livrent aussi aux curieux l'*anoplothérium*, âne de l'ordre des pachydermes toujours, qui avait le pied fourchu, comme le chameau. C'est par cet animal que le savant Cuvier a commencé à démontrer que parmi les ossements fossiles il y avait des débris de races d'animaux inconnues de nos jours.

Je pourrais vous citer encore le *mégalonyx*, le *mégathérium*, animaux de la taille des plus grands rhinocéros, trouvés en 1789 sur les rives du Koxan, non loin de Buénos-Ayres ; l'*antracothérium*, l'*élasmothérium*, le *chœropotame*, sortes de cochons dont les fossiles ont été exhumés en Afrique ; l'*adapis*, le *dichobum*, de petite taille, le *lophiodon*, espèce d'hippopotame très nombreux dans l'Aude, l'Indre, l'Aisne et le Gers, en France, à l'état fossile bien entendu, mais pachydermes et proboscidiens tout à la fois, comme les précédents.

De cette période palœothérienne, la pioche fait sortir du sol les squelettes du loir, de l'écureuil, du castor, parmi les rongeurs; du coati, de la genette, de la sarigue, parmi les carnassiers ; du taureau, parmi les ruminants; et, parmi les mammifères amphibies, du phoque, du lamentin, de la baleine, etc.

Les oiseaux se rapprochent des cailles, des bécasses, des ibis, du cormoran, du busard, de la chouette, etc.

Les tortues et les crocodiles composent les reptiles.

Les poissons et les mollusques sont innombrables.

On trouve aussi quantité de plantes *phanérogames*, c'est-à-dire laissant voir nettement leur sexe, par opposition aux cryptogames.

La création de notre globe est en progrès, vous le voyez, chers lecteurs. Mais s'il n'est pas encore irréprochable, il prend le temps pour se perfectionner, et il se perfectionne en effet.

Au moins, si les progrès sont lents, convenez qu'ils sont merveilleux. Et encore ne pouvons-nous comprendre dans toute son étendue le but que se propose la Providence en faisant se succéder ainsi les transformations du globe, dont les trésors souterrains, à un moment donné, doivent faire la richesse de l'homme, roi de cette œuvre, la création !

Où sont de nos jours les monstres horribles que nous avons signalés? Où sont même les diminutifs de ces races géantes ?

Voici que Jules Gérard vient de tuer naguères le dernier des lions du désert, et feu Méry de chanter le dernier des éléphants. Le dernier orang-outang est en train de mourir de la poitrine au Jardin d'Acclimentation.

Donnerez-vous le nom de monstres à ces tigres du Bengale, à ces panthères du Brésil, à ces jaguars du Cap qu'un bateleur fait passer à travers les cerceaux de nos cirques et qu'il frappe de sa cravache comme un laquais bat de vieux tapis? Appellerez-vous monstres ces proboscidiens qui débouchent du champagne sur nos hippodromes, et ces ours qui y dansent la Lourrée d'Auvergne? Assurément non.

Nos monstres, à nous fils du XIXe siècle, semblent avoir passé du globe terrestre dans le monde moral, et nous les entendions tout récemment hurler dans les clubs pour nier et blasphémer Dieu, briser tout frein religieux et social, et acclamer la liberté.... de faire le mal, évidemment, puisque la liberté de bien faire est largement octroyée à tous....

Mais nous savons ce qu'ils entendent par ce programme. Aussi laissons ces estimables gavroches à leurs doux loisirs, et pour nous, continuons à suivre la formation des mondes, afin de mieux en admirer le sublime auteur.....

— Où les océans se creusent et surgissent les îles dites volcaniques. — Comment se dressent les montagnes. — De quelle façon les continents émergent des mers. — Pourquoi le feu accomplit son œuvre. — Terrains vulcaniens. — Granits et porphyres. — Roc arabique. — Alpes et Pyrénées. — Trachyte. — Mont-Dore, etc. — Basalte. — Chaussée des Géants. — Grotte de Fingal. — Terrains neptuniens. — Liquéfaction des roches. — Pierres et rochers. — Calcaires. — Marbres. — Brèches. — Molasses. — Marbres antiques. — Marbres modernes. — Pierres précieuses. — Diamants. — Rubis. — Saphirs. — Topazes. — Émeraudes. — Corindon. — Métaux. — Formation des métaux. — Or, argent, cuivre, etc.

Pendant qu'une suite plus ou moins longue de siècles compose les périodes de terrains formant les enveloppes de notre planète terre, et alors que chacune de ces périodes, de constitution et d'éléments différents, raconte l'œuvre de la création, au fur et à mesure que la main de Dieu les tire du néant, les eaux versées à profusion sur ces couches de l'écorce terrestre se sont peu à peu retirées.

Les océans ont occupé les profondeurs d'immenses bassins.

Puis les continents ont émergé insensiblement des mers.

Les efforts volcaniques de la fournaise centrale de la terre ont soulevé les chaînes de montagnes.

Au contraire, les affaissements, produits par les éboulements intérieurs du globe, ont creusé les vallées.

Par exemple, au commencement de l'époque tertiaire la Grèce, réunie à l'Afrique, paraît avoir fait partie d'un vaste continent marécageux qui s'étendait sur l'emplacement où roulent aujourd'hui les flots de la Méditerranée. Il était habité par de grands mammifères dont les ossements sont trouvés en si grande quantité dans certains gîsements de l'Afrique.

Alors le Sahara, ce grand désert de l'Afrique dont le sol actuel en donne une preuve évidente, était lui-même une mer. Aussi, M. de Lesseps, le perceur infatigable de l'isthme de Suez, a-t-il le projet de rendre des eaux à ce vaste bassin, qui mettrait tous les riverains plus facilement en communication.

Vers la fin de la même époque tertiaire, un autre mouvement considérable d'affaissement du sol a déterminé la séparation de l'Europe et de l'Afrique, et donné aux contours de la Méditerranée à peu près la configuration qu'ils présentent de nos jours.

Un second mouvement, en sens inverse du premier, mais moins important, est venu plus tard relever une portion du terrain qui avait été recouvert ainsi par l'envahissement des eaux de l'Atlantique ou détroit de Gibraltar. Alors il a fait émerger des dépôts formés au sein de l'eau, occasionnant ainsi certains changements dans les îles qui s'élevaient au-dessus de la mer.

En même temps, sur la surface de notre sphère, les sources s'épanchaient en lacs, en fleuves, en rivières.

De nouvelles forêts surgissaient du sol.

Enfin tout un monde d'animaux, de poissons, d'oiseaux, prenaient possession de ces domaines.

Bref, la planète terre recevait les aspects pittoresques et les perspectives que nous lui connaissons.

Mais les terrains dont je vous ai donné la nomenclature n'étaient pas le résultat exclusif du travail des eaux.

Le feu, lui aussi, accomplissait son œuvre.

Les oscillations de la croûte terrestre dont je viens de parler, ne pouvaient avoir lieu sans y amener des ruptures et des bouleversements profonds. Il se produisait des fentes, et par les ouvertures engendrées de la sorte, la matière ignée du foyer central, trouvant ouvertes les barrières qui l'emprisonnaient, de sous-jacente qu'elle était, s'épanchait au-dehors.

Des torrents de lave, soulevant des eaux des mers, montaient à leur surface et donnaient ainsi naissance aux roches volcaniques qui constituent un nombre d'*îles,* non-seulement de la Grèce, par exemple, et de l'Italie, mais aussi de l'Océanie, où on en trouve partout, mais aussi de bien d'autres points du globe. C'étaient des volcans sous-marins, dont les roches et les îles devenaient la résultante. Les gaz et les vapeurs qu'ils exhalaient se dissolvaient dans les flots, mais n'empêchaient pas les polypiers et les mollusques d'y vivre au milieu des déjections ponceuses et des scories qui venaient se déposer en couches au fond de l'eau. Le sol étant étoilé par des fissures innombrables, donnait issue à des épanchements énormes de laves et à d'abondantes projections de cendres. Alors la matière ignée, refroidie après sa sortie, d'abord par le contact de l'eau, et ensuite par le rayonnement dans l'atmosphère, se solidifiait assez rapidement, et constituait de la sorte un amas considérable de scories, qui allaient toujours s'élargissant.

C'est ainsi que se formèrent toutes les îles dites volcaniques.

L'œuvre du feu se produisait, sur terre, comme je vais l'expliquer, ou plutôt comme me le dit notre savant géologue du pays de Galles.

— Les enveloppes successives de notre terre ne sont pas exactement concentriques, continua-t-il, car elles ont été soulevées sur bien des points par l'action des feux souterrains, ou creusées et exhaussées plus ou moins par le refoulement des eaux. Il est donc advenu qu'elles se dépassent les unes les autres, soit en descendant, soit en montant.

Mais en outre, pour l'homme qui étudie les stratifications de la croûte terrestre, dont les couches sont généralement horizontales, il est facile de remarquer d'autres stratifications complètement et brusquement verticales. C'est là le produit de perforations violentes de matières surchauffées et jaillissant par une force éruptive indomptable de *bas en haut*, c'est-à-dire du centre du globe à son extrême surface.

Or, ces stratifications ou coulées perpendiculaires, ascensionnelles, sont d'origine ignée, et proviennent d'éruptions de matières tenues à l'état de fusion au centre du globe terrestre.

Jadis liquéfiées par l'inimaginable ardeur des fournaises intérieures, ces matières, épanchées, lancées à travers les différentes couches de la terre par ce foyer central de combustion, appartiennent aux granits, aux porphyres, aux basaltes, aux trachytes, etc.

C'est dire que ces éléments doivent être classés parmi les TERRAINS PLUTONIENS, VULCANIENS, PYROGÉENS; chacun de ces mots signifie *produits par le feu*.

Je répète que ces terrains se trouvent intercalés dans les masses stratifiées de toutes les époques, spécialement des époques anciennes. Ces épanchements des matières en combustion dans le sein de la terre, remplissent de plus ou moins larges fissures par lesquelles s'est fait son chemin le bouillonnement incandescent ; et c'est particulièrement dans la basse et moyenne Egypte, dans les Alpes, les Pyrénées, les Vosges, l'Auvergne, le Limousin et la Bretagne, qu'on en trouve les plus admirables effets.

Les chaînes de montagnes que constituent ces terrains plutoniens, comme les Cordilières des Andes, dans l'Amérique du sud, sont fort élevées et affectent généralement des formes arrondies.

Il ne faut donc pas se représenter les diverses enveloppes de notre planète comme régulières et uniformes dans le pourtour du globe. Les fréquentes éruptions des substances qui composent notre sphère, en émergeant du foyer central en continuelle fermentation, interrompirent çà et là la formation de ces diverses croûtes de terrains qui se trouvèrent ainsi perforées et traversées par ces éjaculations ignées des fournaises souterraines. De sorte que, pendant que les écorces hydrogéennes de la terre sont horizontales, les épanchements pyrogéens sont perpendiculaires ; et pendant que les premières se composent de détritus de plantes et de fossiles, les secondes sont formées par des jets éruptifs de granit, de trachyte, de basalte et de lave, et nous livrent à foison syénites, diorites, pegmatites, etc.

La plus simple inspection de la série des substances qui entrent dans la constitution des écorces de la terre suffit pour démontrer qu'il y a progression de dei s'té, en allant des surfaces au centre de notre planète. Depuis l'éther qui nous entoure jusqu'aux granits et aux porphyres, qui sont la dernière et extrême limite de nos explorations possibles dans l'intérieur du globe terrestre, cette progression est à peu près constante.

C'est par l'effet de cette densité que les éléments fluides, éther et gaz, sont maintenus à la surface.

Et cette densité est nécessaire, car s'il y avait un vide intérieur, les eaux y parviendraient en s'y précipitant par les fentes, les fissures, les ouvertures qui résultent des tremblements de terre et les perforations volcaniques ascendantes qui se produisent si fréquemment.

Maintenant, si les granits, porphyres, basaltes, trachytes, etc., en se détachant de la masse colossale en combustion dans le foyer central, ont fait leur apparition sur la surface du globe, comme nous le voyons dans toutes les montagnes Rocheuses dans la forêt de Fontainebleau, sur les collines qui entourent Nemours, et en mille endroits de la surface de notre sphère, c'est le résultat de violentes éruptions vulcaniennes ou pyrogéennes.

Le *granit*, cette roche ignée qui a été liquide et que nous trouvons à l'état solide, doit son nom à la texture grenue, massive et cristalline, composée de feldspath, de mica et de quartz, réunis en masses granuleuses, plus ou moins fortement aggrégées, fit des éruptions dès l'époque primitive, alors que l'enveloppe de la terre ne s'était pas encore solidifiée.

Le *roc arabique*, dans l'Egypte, les *Pyrénées*, les *Alpes*, le majestueux colosse de notre *Mont-Blanc*, ainsi que les innombrables, capricieuses et élégantes aiguilles qui l'entourent de leurs flèches hardies, ne sont autre chose que des émergences de granit, de cette même époque.

Appartiennent à l'époque tertiaire les éruptions de *trachyte*, autre roche aggrégée, composée de petits cristaux de feldspath et renfermant des particules de mica, d'amphibole et de quartz.

Le plus magnifique spécimen d'une roche trachytique éruptive que l'on puisse signaler, est le *Puy-de-Dôme* tout entier, cône superbe qui dresse sa masse altière au centre de l'Auvergne.

La gibbosité des *Monts-Dore*, également en Auvergne, et que surmonte le pic de Sancy, à une altitude de 1,887 mètres, est également le produit d'une éjaculation de trachyte.

Le fameux *Chimboraçaô*, qui domine la longue chaîne des Cordillières des Andes, est un autre admirable spécimen des déjections trachytiques éruptives.

Mais la merveille de ces éruptions volcaniques est l'émission plutonique. du *basalte*, qui se fit aux époques secoudaire et tertiaire.

Représentez-vous une roche noire et compacte, très dure et très tenace, qui, liquéfiée par l'action du feu central et mise en ébullition, s'est fait jour à travers les terrains et les eaux, a monté, monté jusqu'à percer la dernière surface de notre planète, et a fait son apparition au-dehors sous forme de figures fantaisistes des plus originales, .s'est solidifiée dans cet état capricieux, et maintenant excite l'admiration des curieux.

Dans telle contrée, les émissions du basalte se sont produites par filons, qui demeurent à l'état de veines ou stratifications perpendiculaires.

Dans telle autre contrée, le basalte a éructé de manière à composer des buttes fantastiques, des éminences arrondies en coupoles, des pics élancés, des aiguilles isolées et charmantes à voir comme les clochetons de nos cathédrales gothiques.

Ailleurs, des plateaux entiers, sur plan horizontal alors, ont été composés de cette roche éruptive.

En Irlande, la célèbre *chaussée des Géants*, sur la côte d'Autrim, présente aux regards émerveillés un long et superbe composé de colonnes de basalte qui ont jailli des profondeurs du globe terrestre, affectant toutes une forme prismatique des plus régulières, à cinq ou six pans, brisées en apparence au même niveau, mais en retraite les unes sur les autres. Cette fantaisie de la nature subjugue l'imagination.

En pleine mer, près de la côte de l'île de Staffa, dans les Hébrides, le foyer central a fait jaillir de même, à la surface des flots, la plus curieuse émergence de basalte, connue sous le nom de *grotte de Fingal.* C'est tout un vaste développement de nombreuses et immenses colonnes, mieux taillées que par la main de l'homme, dont l'agglomération offre l'aspect le plus pittoresque. Ces colonnes enserrent dans leur pourtour un assez large espace vide, et la vague qui déferle sans relâche contre cette magnifique architecture sortie du sein de la terre à travers les eaux de la mer du Nord, depuis des siècles, n'a pas usé une ligne des grandioses proportions de ce monument de la nature.

Je puis vous signaler encore, entre Trèves et Cologne, une autre grotte de ce genre, appelée *grotte aux fromages*, à raison des rondelles de basalte, régulièrement superposées, qui en composent la colonnade.

— Maintenant, mes amis, continue le savant capitaine au long cours, ce n'est plus mon géologue anglais qui va vous initier aux secrets des abîmes de la terre, et ce n'est plus dans le pays de Galles que nous devons continuer nos explorations. C'est moi-même qui, vous adressant la parole, vais essayer de signaler à votre examen, avant d'entamer la description de l'époque quaternaire, quelques substances qui se trouvent dans les différentes couches de la planète terre, et qui en sont comme les muscles et les ossements.

C'est vous dire qu'il s'agit des pierres, des roches, des marbres et des métaux. Marbres, pierres précieuses, or et argent, richesses inappréciables dont le divin architecte a enfoui les trésors dans les entrailles du globe.

Parmi les *pierres*, les unes sont dues à l'action du feu central, et par conséquent pyrogéennes ou plutoniennes. Après avoir été liquéfiées par ce feu, de liquides elles sont devenues solides par suite du refroidissement du globe. Ce sont les granits, les porphyres, les basaltes, les trachytes, les laves, le péperin d'Italie, le travertin, etc.

Les autres sont le résultat des dégradations des substances terrestres et des dépôts qui en furent formés peu à peu par les eaux, pour se solidifier ensuite. La classification de ces roches peut varier presque arbitrairement, en raison des nombreux mélanges qui les ont formées, et suivant leur contexture. Celles-là sont neptuniennes, parce qu'elles sont le produit des eaux.

La formation de ces pierres à l'aide de dépôts des eaux continue à se faire dans le sein de la terre, et entraîne dans l'agglomération des parties qui les composent une infinité de produits étrangers, même fossiles, qui alors en déterminent les espèces.

Une preuve que ces roches ont été liquides, et qu'ensuite elles se sont condensées, c'est que d'abord, avec certains réactifs, on peut encore les liquéfier; mais ensuite sachez que, tout récemment, en sciant une pierre de taille extraite d'une profondeur de vingt-cinq pieds et à la distance de toute source de sept à huit mètres, des ouvriers trouvèrent une cavité intérieure, et, dans cette cavité, un énorme crapaud, mais un crapaud vivant. Seulement il était fort aplati. Dès que ce batracien fut retiré de sa prison, il se prit à respirer fortement, comme quelqu'un qui n'a pas joui d'un air pur depuis longtemps, et il distendit ses membres comme pour en essayer l'emploi.

Comment le crapaud a-t-il été renfermé dans cette roche, et comment a-t-il pu y vivre?

Le curieux amphibie fut envoyé à M. Horner, président de la Société d'Histoire naturelle, à Londres, et les savants ont beaucoup disserté à son occasion. Le R. B. Taylor, de Hartlepool, est d'avis que ce crapaud est âgé d'au moins six mille ans, qu'il existe dans cette pierre depuis la formation de la roche, et conséquemment que c'est l'être le plus vieux de la création.

Si le fait est vrai, pourquoi ne pas regarder cette roche comme de formation récente, puisque l'œuvre de la création se perpétue?

Donc, avons-nous dit, les pierres changent de nom selon les substances dont elles sont composées. La silice, l'acide carbonique et l'acide sulfurique, combinés avec la chaux, l'élément principal, et aussi avec l'alumine et quelques autres oxydes, constituent la plupart des pierres. On trouve aussi des roches qui renferment de la magnésie, de la potasse, des oxydes de fer, du chrôme, de la lithine, etc.

Je ne vous parlerai pas des *pierres d'aigle* ou aétite, variété de fer limoneux qui se présente sous forme de géodes plus ou moins grosses, creuses au centre, et renfermant, dans cette cavité, un noyau libre de la même matière. On prétendait jadis que la femelle de l'aigle emportait de ces pierres dans son aire pour faciliter sa ponte ; d'où lui est venu son nom.

Je ne dirai rien non plus de la *pierre à aiguiser*, grès siliceux à graines très fines ;

Ni de la *pierre à champignons*, de nature spongieuse, provenant du Vésuve. Les anciens ont fait sur cette pierre les contes les plus absurdes ;

Ni des *pierres à détacher*, argile marneuse, absorbant les corps gras ;

Ni des *pierres à lithographier, pierres de liais, pierres de chat, pierres à plâtre, à fusil, à filtre*, etc.

Je vous dirai seulement quelques mots des *roches calcaires*, et parmi celles-ci, je vous entretiendrai du marbre, qui, sans doute, obtient davantage vos sympathies.

En minéralogie, qui est la science des corps inorganiques répandus à la surface du globe et dans le sein de la terre, on donne le nom de *calcaire* à toutes les roches qui sont essentiellement composées de chaux carbonatée. Les géologues appellent formation calcaire l'ensemble de tous les calcaires qui se sont déposés depuis les temps historiques, et qui se déposent encore aujourd'hui dans les cavités de notre planète et au fond de certaines eaux.

Les calcaires les plus importants sont les *marbres*.

Supposons des roches à structure fragmentaire brisées dans une convulsion de la nature, comme le globe en a tant subies et en subit encore. Si les grains qui les constituent sont des fragments anguleux à bords aigus et de diverses couleurs, qu'ils soient réunis et rendus adhérents par une pâte calcaire de nuance différente, et qu'alors le tout se solidifie, cet étrange amalgame devient brèche, marbre ou molasse.

La *brèche* est fort précieuse et plus rare que le marbre, dont elle surpasse la beauté par la largeur de ses veines et l'ampleur de ses fragments aux vives couleurs.

La *molasse* est un marbre mal confirmé encore, et dont la mixture n'est pas encore suffisamment solidifiée.

Quant au marbre, c'est la magnifique pierre calcaire, très dure, excessivement froide, susceptible de recevoir un très beau poli, dont vous voyez partout des spécimens.

Le *marbre blanc* est un composé de chaux carbonatée toute pure. Par ce mot carbonatée, je veux dire mélangée de carbone ou charbon, qui trahit sa présence par des veines grises courant sur le fond blanc.

Les marbres colorés ne doivent leurs différentes teintes, leurs taches et leurs veines qu'à des substances étrangères, généralement métalliques, qui se sont infiltrées primitivement dans leurs molécules et les ont teintes des nuances de leur décomposition.

On estime d'autant plus les marbres que ces derniers ont des couleurs plus vives et une pâte homogène.

On les polit à l'aide de poudres dures telles que le grès, le sable argileux, la pierre ponce, l'émeri, la limaille de plomb, etc.

Avec les marbres on fait des statues, des colonnes, des chambranles de cheminées, des dessus de meubles. On construit même des palais et des églises avec le marbre, comme des autels avec la brèche, témoin l'admirable cathédrale de Milan, en Italie.

On distingue les différentes sortes de marbres, soit d'après leurs couleurs ou leur contexture, soit d'après leur destination, soit d'après leur époque ou leur convenance.

Ainsi les *marbres* dits *antiques*, si remarquables par leur beauté, se nomment ainsi parce qu'on ne les trouve plus que dans les ruines, et que les carrières d'où on les tirait sont perdues pour nous.

On apprécie surtout les *marbres blancs de Paros* et du *Penthélique;* le *rouge d'Egypte;* le *noir antique* ou de *Lucullus;* le *vert antique* ou *cipollino; le jaune antique;* la *brèche violette* ou d'*Alep;* et la *brèche africaine.*

Parmi les *marbres modernes,* on cite dans l'Italie, la plus riche contrée de l'Europe sous ce rapport, le *jaune de Sienne* et de *Vérone;* le *vert de Florence,* de *Prato,* de *Bergame* et de *Suse;* le *marbre blanc de Carrare;* le *bleu turquin;* le *portor,* sorte de marbre noir veiné de jaune d'or; et la *lumachelle* grise.

En Espagne, on possède les *marbres blancs de Molina;* les *marbres gris de Tolède;* le *noir,* de la *Manche* et de *Biscaye;* le *vert, de Grenade* le *rouge, de Séville;* le *rose, de Santiago,* et la *brocatelle.*

Quant à notre France, près de quarante départements exploitent les marbres : dans le Languedoc, l'*incarnat, de Narbonne;* le *nankin, de Valmigère;* le *campan, des Pyrénées,* dont on estime beaucoup les variétés, *isabelle, verte* et *rouge;* le *griotte, de Narbonne;* le *grand deuil* et le *petit deuil,* marbres noirs avec des éclats blancs; la *brèche, de Marseille;* le *cipolin, de l'Isère,* les *Jaspés, de la Mayenne,* etc.

Il vous est arrivé souvent, dans les brillantes soirées du grand monde, d'être éblouis par l'éclat de magnifiques rivières de diamants qui scintillaient sur la poitrine de jeunes et jolies femmes, n'est-il pas vrai, mes amis? Ou bien vous avez admiré les merveilleux diadèmes de monarques, dont chaque mouvement mettait en feu les mille facettes de leurs précieuses couronnes? En tout cas, vous avez eu occasion de voir des rubis, des émeraudes, des saphirs, des topazes, des opales, des améthystes, en un mot ce que l'on nomme des *pierres précieuses.*

Eh bien ! ces étranges produits de la nature ne sont autre chose que des résidus de l'embrasement primitif de notre planète terre, alors qu'elle sortit enflammée des mains de son auteur et qu'elle fut lancée par lui dans l'espace.

Diamants, rubis, saphirs, etc., sont des vitrifications de la terre, qui se compose de silice et d'alumine.

Ce sont des pierres, précieuses à cause de leur magnifique éclat et de leurs splendides couleurs, il est vrai, mais ce sont des pierres.

Ces pierres précieuses, si transparentes, trop rares, mais cependant assez faciles à trouver dans certaines régions, sont formées de silice pur, tels que le cristal de roche, l'agathe, le jaspe, l'améthyste, l'opale. Or, le *silice* est une substance blanche, solide, sans odeur ni saveur, extrêmement répandue dans la nature, surtout en combinaison avec l'*alumine,* alun, matière blanche qui se trouve à l'état cristallisé, infusible à la plus extrême chaleur, insoluble dans l'eau, mais se dissolvant dans les acides, combinaison de l'oxygène, gaz simple, avec l'aluminium, minéral blanc et terreux. Silice et alumine forment ensemble la plus grande portion de la terre des champs, le sable, les cailloux, le silex, le quartz, etc.

Comme la topaze, l'émeraude, le saphir, le grenat, l'hyacinthe, etc., sont composés aussi de *silicates,* c'est-à-dire de sels formés de silice et d'une autre base.

De pierres précieuses il est dix espèces principales qui, d'après le prix qu'on y attache, se rangent dans l'ordre que voici :

Le *diamant,* d'abord.

C'est du carbone pur et cristallisé. Le carbone est un corps simple qui constitue presque en totalité le charbon noir, ce qui a fait que les alchimistes, au moyen-âge, mettaient bien inutilement tant d'obstination à vouloir transformer du charbon en diamant. Corps vitreux, transparent, doué d'un éclat très vif, le diamant est le plus dur des corps connus. Il n'est ni volatil, ni fusible ; aucun liquide ne le dissout. Il résiste au feu le plus violent quand on le chauffe à l'abri de l'air; mais il brûle très facilement dans le gaz oxygène et se change alors en aide carbonique.

On trouve plus particulièrement le diamant dans le Brésil, aux

Indes-Orientales, dans les montagnes de l'Oural, les mines de Golconde et de Visapour.

Dans cette contrée, la terre est sablonneuse, couverte de taillis et de roches séparées entre elles par des veines de terre d'un doigt, et quelquefois d'un demi-doigt de largeur. C'est là que gisent les diamants.

Un jour, un berger indien gardait son troupeau sur le point nommé Raolgonda, entre Visapour et Golconde. Une pierre roula sous ses pieds nus, et comme cette pierre semblait lancer des feux, il la ramassa et la plaça soigneusement dans sa cabane, où sa maîtresse la lui. déroba. Après avoir passé entre les mains de plusieurs personnes qui ignoraient sa valeur, le diamant, car c'en était un, tomba enfin dans celles d'un Anglais nommé Méthèlo, connaisseur en pierreries. Au premier coup d'œil, il détermina le prix du soi-disant caillou, qu'il se hâta d'acheter, et à force de recherches, il découvrit enfin le gisement de la mine d'où il provenait. C'était une terre rouge, parsemée de veines tantôt blanches et quelquefois jaunâtres, dont la matière présentait une certaine analogie avec la chaux et contenait un nombre de cailloux semblables à celui trouvé par le pauvre berger.

Les mines de diamants sont fort rares. Il semble que dame nature se montre avare d'une matière si parfaite et si belle.

Jusqu'au commencement du XIXᵉ siècle, on n'en connaissait guère de mines que celles de Raolgonda, datant de 1620, dont je viens de parler, de Minas-Geraës dans le Brésil, et dans les montagnes de l'Oural, exploitées seulement depuis 1830.

Les mineurs extraient le diamant à l'aide d'outils crochus, en fer, et le lavent ensuite pour le séparer de la terre.

Au sortir de la mine, le diamant est revêtu d'une croûte obscure et grossière que l'on appelle patine, qui laisse entrevoir quelque transparence dans l'intérieur de la pierre. Ainsi encroûté, on nomme ce caillou diamant brut.

On rencontre aussi des diamants auxquels la nature a donné la taille, et qui, ayant roulé parmi les sables, dans le lit des rivières, se trouvent polis et transparents, même facettés, que l'on appelle diamants bruts ingénus. Lorsque leurs formes sont pyramidales et se terminent en pointes, on les appelle pointes naïves.

Les anciens ne connaissaient sans doute que ces derniers, et les quatre diamants qui ornent l'agrafe du manteau royal de Charlemagne, conservée au trésor de Saint-Denis, ne sont que des pointes naïves.

Le *rubis* ensuite.

C'est une pierre essentiellement composée d'alumine et de magnésie, très dure rayant tous les minéraux, moins le diamant et le corindon, minéral vitreux ou pierreux, excessivement dur et composé d'alumine presque à l'état de pureté.

De trois variétés de rubis, le spinelle-ponceau, d'un beau rouge orangé, le rubis-balais, d'un rouge rose, et le rubis couleur vinaigre, le premier est le seul vrai.

Cette pierre précieuse est fort rare et toujours d'un petit volume. Elle ne se trouve que dans l'Inde, et surtout à Ceylan.

Il est aussi un rubis oriental qui n'est autre qu'un corindon vitreux d'un rouge cochenille et d'une extrême dureté ; puis le rubis du Brésil, variété de topaze couleur rose ; puis encore un grenat rouge violacé qui a nom rubis de Hongrie ; et enfin un grenat rouge de feu, appelé rubis de Bohême.

Mais nous avons dit qu'il n'y avait qu'un seul vrai rubis.

Le *saphir* occupe le troisième rang.

D'une belle couleur bleue, le saphir est une variété du corindon. Fort dur, il raie tous les corps, le diamant excepté, et jouit de la double réfraction, c'est-à-dire qu'un seul rayon incident de lumière donne chez lui naissance à deux rayons réfractés.

On nomme saphirs mâles ceux qui présentent une nuance bleu indigo, et saphirs femelles ceux qui sont bleu d'azur.

Le saphir se trouve en Sibérie et dans l'Inde.

On a étendu le nom de saphir à un grand nombre de substances très différentes dans leur composition : saphir blanc, le corindon incolore ; saphir du Brésil, une tourmaline dite aussi aimant de Ceylan, minéral composé de silice, d'alumine et d'oxide ferrique ; et saphir faux une fluorine de chaux.

Hélas ! par les temps singuliers de fiévreux paradoxes qui courent notre monde, et au milieu de la démolition générale qui s'attaque à tout, voici que l'on dit, chez certains savants :

— Le diamant, qui passait jusqu'alors pour le corps le plus homogène de la nature, contient presque toujours des corps étrangers et renferme des cavités qui, pour n'être que microscopiques, n'en sont pas moins des cavités !...

Et en cela le rubis et le saphir ne sont pas plus respectés que le diamant, car on ajoute :

— Les rubis et les saphirs contiennent surtout des cavités renfermant des fluides. Une de ces cavités mesure un tiers de pouce anglais. Elle contient une goutte d'un liquide qui, dilaté par la chaleur, remplit tout entier le trou qui la tient prisonnière. La température un peu chaude d'un appartement suffit pour l'élever à la moitié de sa case. Un chalumeau de laboratoire lui donne tant d'expansion, qu'il ne lui laisse plus le moindre vide dans sa cellule. L'eau bouillante produit surtout cet étrange phénomène.

Les chimistes en déduisent cette singulière doctrine, que ces pierres précieuses, comme le diamant, étaient à leur origine des corps mous, qui ont cédé, avant d'arriver à leur densité, à des influences mécaniques, attestées non-seulement par le liquide qu'elles renferment, mais encore par les corps étrangers, et particulièrement par des cristaux et par d'autres minéraux qui se trouvent comme pétris avec elles.

Autant de docteurs, autant de doctrines! Attendons l'avenir : la science, la vraie science prononcera.

La *topaze* se présente à son tour.

La topaze est un minéral vitreux, brillant, rayant le quartz. Sa couleur est d'un beau jaune d'or, mais quelquefois rosâtre et bleuâtre.

On nomme topazes brûlées les variétés de couleur rosée qu'on obtient le plus souvent en soumettant certaines topazes jaunes à l'action de la chaleur. La chaleur, le frottement et la pression rendent électrique cette pierre précieuse, qui est un composé de silice et d'alumine unis à du fluorure d'aluminium.

La topaze appartient aux terrains primitifs.

On la trouve particulièrement en Bohême, en Saxe, en Sibérie, dans le Brésil.

Elle s'y montre en cristaux roulés et brisés comme des cailloux, dans les ruisseaux et les terrains d'alluvion qui avoisinent les roches d'où elles se sont détachées.

Les anciens regardaient la topaze comme un remède souverain contre la mélancolie, etc. Le fait est qu'à une jeune femme fort triste depuis plus ou moins de temps, on rendra certainement la gaîté, en lui offrant une parure de topazes.

La topaze était la deuxième pierre précieuse du premier rang du rational, sorte de cuirasse que portait le grand-prêtre des Juifs, dans les cérémonies religieuses.

On classifie encore la topaze gemme, la pyénite dite également leucolithe, et le béryl schorliforme.

Vient alors l'*émeraude*.

Charmante pierre transparente, d'une admirable couleur verte, composée de silice toujours, d'alumine et de glucine, substance terreuse blanche. Elle se trouve généralement disséminée dans l'espèce de granit appelée pegmatite.

Les plus belles émeraudes viennent du Brésil et du Pérou, comme l'Inde, patrie des pierres précieuses.

Les anciens tiraient l'émeraude du mont Zabarah, situé dans la Haute-Egypte, près de la mer Rouge. Ces mines, qui étaient exploitées du temps de Sésostris, ont été remises en valeur par Méhémet-Ali, pacha d'Egypte. Elles offrent de grandes richesses.

Les variétés d'émeraudes, qui sont bleuâtres prennent le nom d'aigues-marines.

Celles qui sont verdâtres s'appellent béryl.

L'émeraude dite orientale est une variété du corindon.

La chrysolithe, transparente, de couleur d'or et mêlée de vert, la sixième pierre du rational des Hébreux ;

L'améthyste, de nuance violette, quartz translucide coloré par l'oxyde de manganèse, qui se trouve dans l'Inde, le Brésil, la Sibérie, et même en France et en Allemagne, dont le nom signifie *sans ivresse*, de sorte que les anciens lui attribuaient la propriété de préserver de l'ébriété, et qui est la pierre décorant l'anneau pastoral des évêques ;

Le grenat, ainsi nommé de sa ressemblance avec le grain de la grenade, composé d'alumine et de silice, rouge vif et vermeil, quelquefois orangé, jaunâtre, verdâtre et brun-noir se rencontrant dans les gneiss, les schistes, les serpentines, etc., provenant de l'Inde, de la Syrie, de l'Espagne et de la Bohême, et appelé quelquefois escarboucle par les anciens, qui prétendaient que cette variété d'un rouge très vif brillait dans l'obscurité ;

L'hyacinthe, d'un rouge orangé mêlé de brun, venant du Brésil, de l'Arabie et de Ceylan ;

Telles sont les pierres précieuses qui occupent les premiers rangs de l'échelle de la valeur et de la beauté.

Aussi ne vous parlerai-je ni de la turquoise, pierre d'un beau bleu céleste, qu'on trouve en rognons ou en petites veines dans les argiles ferrugineuses des environs de Téhéran, en Perse, et qui se compose de phosphate d'alumine coloré par un peu d'oxyde de fer, ou parmi des dents de mammifères enfouies dans le sein de la terre et accidentellement nuancée de bleu verdâtre ; ni de la tourmaline, ni du péridot, ni du zircon, du lapis-lazulli, du jaspe, de l'agathe, de l'opale, de la serpentine, de l'obsidienne, du chrysoprase, de la jade, de l'onyx, de la cornaline, de la sardoine, de l'aventurine, du calcédoine, de la sardonyx, etc., dont l'énumération nous occuperait trop longtemps.

Disons seulement que le *corindon*, dont le nom a été cité souvent dans cet entretien, est un minéral vitreux ou pierreux, fort dur, et composé d'alumine presque pure. Ses variétés sont, pour la couleur jaune, la topaze orientale ; pour la bleue le saphir ; pour la rouge le rubis ; et pour la violette l'améthyste.

Le corindon se trouve dans les granits du Thibet, de la Chine, du Malabar, dans les dolomies du Saint-Gothard et dans le ruisseau d'Expailly, près du Puy-en-Velay, où il se montre comme le résultat des dépôts volcaniques de la contrée.

Je passe actuellement à la grande source des richesses de notre monde, aux métaux, dont le nom vient de mots grecs qui signifient *après les autres*, parce que, dit Pline, on ne les trouve qu'au plus profond de notre planète terre.

Les *métaux* sont des substances minérales, simples, conducteurs de la chaleur et de l'électricité, doués d'un éclat particulier qu'on nomme éclat métallique, généralement opaques, pesants, tous solides, à l'exception du mercure, et possédant à un degré variable plusieurs propriétés générales, telles que la ductilité, la malléabilité, la ténacité èt la densité. Ils sont plus lourds que l'eau, moins toutefois le sodium et le potassium. Ils forment, avec l'oxygène, des composés basiques qui prennent le nom d'oxydes, et qui, en s'unissant aux acides, forment des sels.

Les métaux connus jusqu'à présent sont au nombre de quarante-sept. Ce sont d'abord :

L'or, l'argent, le fer, le cuivre, le mercure, le plomb, l'étain, connus depuis l'âge de bronze.

Les anciens désignaient chacun de ces sept métaux par le nom d'une des sept planètes d'alors : Soleil, Lune, Mars, Vénus, Mercure, Saturne et Jupiter.

Le zinc, le bismuth et l'antimoine furent connus seulement au XVᵉ siècle.

Au XVIIIᵉ, on trouva le cobalt, le platine, le nickel, la manganèse, le titane, le molybdène, le chrôme et le columbium.

Osmium, palludium, rhodium, etc., etc., appartiennent à notre XIXᵉ siècle.

On y joint aussi souvent l'arsenic, le zirconium et le tellure, que les chimistes rapportent plutôt à la classe des métalloïdes, corps simples qui, sans être métaux, ont une apparence métallique, et dont le caractère est d'être mauvais conducteurs de la chaleur et de l'électricité.

Les métaux se trouvent dans la nature soit à l'état de pureté, à l'état vierge, comme l'or, dans les *placers* de la Californie et de l'Australie, comme l'argent, le cuivre, le platine; soit, le plus ordinairement, à l'état de combinaison avec des substances diverses, telles que l'oxygène, le soufre, le chlore, l'arsenic, dont il faut les dégager au moyen de préparations métallurgiques.

Ils sont le plus souvent enfouis dans les entrailles de la terre, en filons, en amas et en couches.

Vous pouvez vous représenter les filons comme des veines de matières fondues qui, en coulant, auraient rempli les fentes des roches. Or, parmi les zones de terrains si nombreuses formant l'écorce de notre globe, il n'en est qu'une où l'or, par exemple, se soit présenté en quantité notable : c'est celle que je vous ai fait connaître sous le nom de roches siluriennes. Ces roches sont très anciennes dans l'histoire de la nature, et pourtant l'or, du moins sous sa forme actuelle, serait un produit assez récent des dernières révolutions de notre planète. Les savants veulent dire par là que l'or existait sans doute à l'état diffus à travers la masse des roches siluriennes depuis leur origine, mais qu'il ne s'est réuni en veines, en cordons et en cristaux que beaucoup plus tard et à une époque relativement peu éloignée. On croit pouvoir la fixer un peu avant les vastes dénudations de terrains qui eurent lieu presque partout à la surface de la terre et durant lesquelles les grands mammifères périrent.

Dans les chroniques de la nature, l'âge d'or ne serait donc point au commencement des temps, ainsi que dans les fables des poètes, mais presque à la fin de la dernière période.

Quelle est la cause qui alors a fondu et aggloméré les molécules aurifères et autres dans le creuset des roches siluriennes? On ne peut guère la rapporter qu'à ces grandes actions chimiques de la nature, connues sous le nom de forces métamorphiques, et dans lesquelles la chaleur et l'électricité, combinées avec la vapeur d'eau, ont vraisemblablement joué un rôle.

Tout annonce en effet que ce métal liquide s'est répandu et ramifié en veines dans l'épaisseur de la roche dure, tandis que le quartz, qui sert aujourd'hui de matrice à l'or, était lui-même à l'état mou quand il a rempli les cavités.

Mais alors comment se fait-il que le précieux métal se trouve aussi, et même en grande abondance, dans certains terrains d'alluvion, tels que les vallées, le bord des rivières? Sans nul doute par l'action des eaux, des vents, des neiges et des autres causes érosives. Les fragments sous forme de morceaux irréguliers, de grains et même de paillettes, ont été détachés à l'origine de la roche-mère.

Et ainsi des autres métaux.

Les métaux les plus utiles sont le fer, le cuivre, l'or, l'argent, le plomb, l'étain, le zinc, le mercure et le platine. On ne se sert guère des autres que dans les laboratoires de chimie ou dans les officines des pharmaciens.

Par métaux précieux on entend surtout l'or, l'argent et le platine, à cause de leur rareté et de l'emploi qu'on en fait dans la fabrication des bijoux et de l'orfèvrerie.

Les alchimistes, ces hommes qui s'occupaient de sciences occultes, au temps de Chares IX et de Catherine de Médicis plus particulièrement, et qui, par la combinaison des substances, cherchaient à surprendre les secrets de la nature dans le but chimérique d'opérer la transmutation des métaux en obtenant des matières les plus viles les produits les plus précieux, les alchimistes, dis-je, distinguaient des métaux parfaits, l'or et l'argent, et des métaux imparfaits, le plomb, l'étain, le mercure. Ils s'occupaient sans relâche de métamorphoser les métaux imparfaits en métaux parfaits, et surtout en or. C'est ce qu'ils appelaient le *grand-œuvre* ou la *pierre philosophale*. Vains essais et labeurs inutiles. Dieu ne livre pas ainsi les grands secrets de sa science infinie. Pourtant, en travaillant de la sorte, ces fous intrépides et audacieux ont fait nombre de découvertes utiles à l'humanité.

On exploite l'or en Sibérie, dans l'Oural, au Brésil, au Chili, en Colombie, dans le Mexique, et surtout en Californie.

L'argent se trouve en Amérique, comme l'or, mais aussi en France, en Hongrie, en Transilvanie, en Norwége, etc.

Le fer se rencontre partout. Notre France seule en extrait annuel, lement 3,500,000 quintaux métriques.

O nature, mystérieux instrument du sublime artisan de l'univers, que de merveilles tu as produites!

Qui ne s'extasie en voyant ainsi l'eau et le feu, mélangeant, confondant, triturant, désagrégeant et réagrégeant les substances qui composent notre sphère, et — sans aucun doute aussi les autres planètes des systèmes solaires, — faire rencontrer dans leur sein des ressources inépuisables : les houilles, par exemple; des magnificences telles que les pierres précieuses; des trésors, comme les métaux ; des richesses, comme les marbres et les pierres ; toutes choses qui, dans la main de l'homme, inspiré par le génie dont Dieu lui a fait don, deviennent d'inappréciables mines de fortune et de bien-être ?

Oui, maîtresse du temps, la nature accumule indéfiniment des résultats qui, s'ajoutant de siècle en siècle, atteignent des proportions que rien ne saurait faire deviner. C'est ainsi qu'elle a donné à notre globe le relief et la constitution que nous lui voyons. C'est ainsi qu'elle agit pour amener au point où elles sont les flores et les faunes. Toujours simple dans ses lois et procédant sans cesse du simple au composé, elle élève progressivement l'organisation des animaux et fait même avancer le monde inorganique. Aussi, je vous adore, ô mon Dieu, car si vous êtes plein de puissance et de grandeur, vous êtes aussi bon et généreux!

III. — La planète terre autrefois soleil. — Son refroidissement successif. — Incandescence centrale du globe. — Liquefaction ignée. — Ce qu'est un volcan. — Tremblements de terre. — Drames funèbres. — Volcans en ignition. — Volcans éteints. — Cratères de soulèvements. — Prélude d'une éruption volcanique. — Tuf et bombes de volcans. — Villes englouties par les déjections des volcans. — Volcans centraux. — Volcans en séries. — Deux cent dix volcans sur la surface de la terre. — Volcans d'eau bouillante ou Geysers. — Descente dans le Vésuve. — Les volcans éteints de l'Auvergne. — Tableau de montagnes brûlantes.

Avant d'entamer l'époque quaternaire, de parler de la période glaciaire, et de rien dire du déluge universel et des terrains d'alluvion, je

lois vous donner la clef du problème des volcans, cher lecteur.
Vocans! quel terrible et grandiose phénomène de la nature!

Nous avons assez dépeint les transformations opérées sur la terre
par les cataclysmes des temps neptuniens ou hydrogéens; étudions
maintenant ce qui nous reste des temps pyrogéens ou vulcaniens,
c'est-à-dire les volcans.

Déjà je vous ai appris que les îles, en général, sont la résultante des
volcans sous-marins, et la preuve c'est que sur deux cent dix volcans
actifs qui servent de cheminées aux feux souterrains de notre planète,
cent huit sont situés dans des îles.

Il suffit de vous avoir fait comprendre que la création de ces îles a
eu lieu par des éruptions volcaniques sous-marines, pour démontrer
l'existence d'un foyer central incandescent occupant le noyau du globe

Les *volcans* sont des points faibles de l'écorce terrestre. Aussi,
lorsque le liquide embrasé contenu dans les entrailles du sol éprouve
des mouvements brusques de retrait ou de poussée, c'est là que les
effets les plus violents se font sentir. Il n'est pas de volcan en activité
qui ne présente ainsi une série alternative de périodes d'accroisse-
ments et d'effondrement dus à cette cause. Chaque volcan central
augmente de volume et de hauteur pendant un temps. Par l'effet des
éruptions qui s'y produisent, le cône qui en forme la cime s'élève gra-
duellement, et le cratère terminal dont il est creusé se trouve peu à
peu obstrué par les laves. Mais bientôt un enfoncement subit vient
détruire le sommet du cône et y creuser un nouveau cratère, quelquefois plus profond et plus large que le premier. D'où cela peut-il por-
venir, sinon de l'absorption par le feu des matières terreuses que dévore et fait tomber le feu intérieur du globe.

En effet, vous savez que l'on peut supposer que la terre a été jadis
un globe igné, c'est-à-dire un soleil, et les parties vitreuses qui la couvrent et qu'elle renferme sont la conséquence de sa crémation primitive.

En doutez-vous? Je le veux bien. Mais au moins admettez comme
certain que sous l'enveloppe qui, — à l'épaisseur de douze lieues environ, — forme la croûte de la terre, on rencontre au sein de notre
planète un immense foyer incandescent de matières en fusion, dont le
feu est d'une telle intensité qu'on ne peut la comparer à aucune
chaleur connue.

A mesure que l'on descend dans les profondeurs de notre globe, à
partir de sa surface, la chaleur qui émane du centre augmente d'un
degré par trente-trois mètres. J'en ai fait l'expérience en pénétrant
dans les mines de sel de Bex, en Suisse, à une profondeur de 1,200
pieds, et je n'en suis sorti que trempé d'une sueur abondante, tant la
chaleur était grande.

D'ailleurs les eaux chaudes ou thermales qui jaillissent du sein de la terre, démontrent cette puissance de chaleur du noyau de notre planète.

Enfin les éruptions volcaniques, avec leurs laves s'échappant des cratères des volcans, démontrent surabondamment le même fait, puisque les granites et les basaltes, substances éminemment réfractaires, c'est-à-dire qui se refusent à la fusion, fondent immédiatement au seul contact de la lave au sortir du volcan. Il suffit même de l'attouchement de ces scories, pour liquéfier l'or et l'argent.

En tout cas, que la terre ait été ou non un soleil, le créateur des mondes a mis ce foyer en combustion dans le noyau de la terre pour que sa chaleur interne, combinée avec les rayons du soleil à sa surface, lui donnât la fécondité et la vie pour l'efflorescence de la végétation et le bien-être de l'humanité.

Donc la masse centrale du globe terrestre est dans un état de liquéfaction ignée, produit des feux qui la brûlent, et alors il en résulte deux phénomènes :

Les tremblements de terre,

Et les éruptions de volcans.

L'écorce solide de la terre, d'une épaisseur de douze lieues, et dans laquelle se balancent les mers, coulent les fleuves, se creusent les vallées et se dressent les montagnes, se composent les glaciers et demeure l'homme, est un immense écrin renfermant un océan de feu. Les flammes effrayantes qui s'élèvent de cet incendie de plusieurs milliers de lieues de diamètre, lèchent, rongent et dévorent sans fin les parois de cet écrin, et, à certains moments donnés, elles détachent de la voûte de leur prison colossale des masses énormes qui tombent alors dans cette mer de feu.

En outre, de même que l'influence du soleil et de la lune sur nos océans d'eau produit le flux et le reflux, de même, le soleil et la lune agissent sans doute aussi sur ces océans de feu, y déterminent des marées intérieures, et, par suite, une recrudescence d'action des feux souterrains contre l'écorce de la terre.

De là les *tremblements de terre*, qui ne sont autre chose que des secousses plus ou moins violentes, affectant la partie supérieure de la croûte solide de la terre. La chute de ces masses de matières terreuses se fait sentir à la surface de notre sphère.

Mais il y a de nombreuses variations dans la façon dont le sol est agité. C'est tantôt un mouvement ondulatoire, assez semblable au roulis ou au tangage d'un vaisseau ; tantôt une trépidation qui porte à croire que la voûte terrestre est attaquée simultanément sur plusieurs points. Quelquefois aussi les secousses se prolongent dans une même direction suivant une étendue considérable, et avec une si grande célérité, qu'une même secousse se fait sentir en même temps sur des points éloignés de plus de mille lieues. D'autres sont circonscrits dans les régions volcaniques, où ils sont plus fréquents par la raison bien simple que la croûte de la terre doit y être bien moins épaisse qu'ailleurs. Cela est tellement positif que ici et là, dans la partie du golfe de Naples, voisine de la Solfatare, placée au côté du Vésuve, l'eau de la mer est constamment chaude.

Les tremblements de terre sont souvent précédés de bruits sourds qui se propagent sans direction déterminée. L'atmosphère y est étrangère. Ils sont le résultat du déchirement, du craquement et de l'éboulement des roches qui, dans un inappréciable rayon de la voûte intérieure, cèdent à l'action des flammes et des laves ou pierres fondues qui bouillonnent. Mais, au-dehors, c'est-à-dire à la surface de la terre, ni vents, ni orages, nul phénomène n'annoncent les tremblements de terre. Ils se produisent par le plus beau temps du monde, aussi bien que pendant les nuits les plus charmantes. L'aiguille aimantée ne subit aucune oscillation. En un mot, c'est souvent alors que l'air est le plus calme, que le sein de la sphère terrestre s'émeut et cause les plus affreux sinistres.

Toutefois, à l'approche d'un tremblement de terre, les reptiles sortent du sol, les animaux deviennent tristes, les oiseaux s'agitent, les sources tarissent, quelquefois la mer s'élève ou se retire précipitamment, et il arrive alors qu'elle exerce des ravages.

Il existe évidemment une liaison intime entre ces déplorables phénomènes et les déflagrations volcaniques. Naturellement, ce sont les contrées volcanisées où les tremblements de terre sont les plus communs, et particulièrement l'Italie, la Sicile, l'Islande, les Canaries, les Andes, les îles Sandwich, Sumatra, les Antilles, etc.

En 1558, par exemple, non loin de Pouzzoles, sur le golfe de Naples, après deux ans de secousses et de rumeurs souterraines incessantes, le sol d'une plaine, d'une plaine, notez bien, s'ouvrit tout-à-coup, pendant la nuit. Il s'en échappa des feux, et les cendres et les scories de ce nouveau volcan comblèrent un lac voisin, le lac Lucrin, presque en entier. Puis, le jour venu, les paysans effrayés virent avec effroi une montagne inconnue, qui, à l'endroit de la plaine, avait poussé comme un gigantesque champignon. On nomma cette montagne le *Monte-Nuovo*.

Plusieurs tremblements de terre ont changé la surface de certaines contrées. Ainsi, dans les Calabres, de grandes fentes se firent parmi d'énormes masses de granits, et nombre de roches colossales furent transportées à d'immenses distances.

Au Pérou, dans les Andes, il se forma subitement des crevasses d'une et deux lieues de long, sur plusieurs mètres de large.

Dans le Mexique, à Guanaxato, d'inexprimables détonations souterraines et d'horribles mugissements se firent entendre pendant un mois entier. On eût dit une tempête qui éclatait sous les pieds, des roulements de tonnerre sous le sol, et des éclats de foudre, précipités, saccadés, là où il n'y avait cependant pas de volcans.

Au Chili, en 1822, la côte s'exhaussa tout-à-coup, et des montagnes s'érigèrent sur une étendue de trois cents lieues.

Dans l'Inde, en 1819, une colline de vingt lieues sur six de large se dressa au beau milieu d'une large plaine.

Voilà bien des soulèvements de l'enveloppe du globe, tels qu'ils durent se faire jadis pour les Alpes, les Pyrénées, et les longues chaînes de montagnes en général.

Mais le plus désastreux des tremblements de terre fut celui qui ruina Lisbonne, la capitale du Portugal, en 1755. C'était le 1er novembre. Le ciel était d'une admirable sérénité. La ville était en fête, on y célébrait la Toussaint. Tout-à-coup, une violente oscillation se fait sentir d'un bout à l'autre de notre hémisphère. Le sol est horriblement secoué en Espagne, en France en Angleterre, dans la presqu'île scandinave, en Suisse, en Allemagne, en Corse, en Italie, et jusque dans l'Afrique et l'Amérique. Une des sources des thermes de Néris, en France, s'élève soudain à quatre pieds. En Irlande, dans le port de Kinsale, plusieurs vaisseaux sont arrachés à la mer et jetés sur la place du marché de la ville. En Angleterre et en Ecosse, les rivières, les lacs, les sources subissent une tempête indicible. En Allemagne, les sources thermales de Tœplitz tarissent d'abord, puis elles reparaissent colorées par des sels ferrugineux et inondent la cité. A Cadix, l'Océan s'élève trente mètres. Méquinez et Fez, dans le Maroc, sont bouleversées de fond en comble. A l'île de Madère, les vagues montent à dix-huit mètres. Aux Antilles, la marée, qui ne dépasse jamais soixante-quinze centimètres, surgit à sept mètres, et les vagues prennent la couleur de l'encre la plus noire. Le pont de Sétubal, dans le Portugal, est rompu soudain et disparaît dans l'abîme.

Mais à Lisbonne, dont la population s'élève à 350,000 habitants, qui compte un nombre considérable d'églises, de palais, de théâtres, de superbes monuments, c'est la ville entière qui, agitée, secouée, soulevée et arrachée à ses fondements, tombe par masses successives. Une sourde rumeur, semblable à celle du tonnerre, retentit, ébranle tout, et trois secousses successives des plus véhémentes suivent immédiatement. Une poussière épaisse obscurcit les airs. Ce sont les maisons et les édifices qui s'écroulent de toutes parts. Puis, de nouvelles et plus formidables oscillations soulevant le sol sur tous les points, les monuments encore debout se déchirent et tombent à leur tour en ébranlant le sol sous le poids de leur chute. Dix minutes durant, l'emplacement de la cité désolée se soulève et retombe, semant de ruines sa surface, ensevelissant 40,000 personnes sous les décombres. Naguère, l'édilité portugaise avait décoré le port d'un quai magnifique, tout en marbre. Nombre de femmes, de vieillards et d'enfants, y ont cherché un refuge. Hélas! qui pourra jamais redire ce drame incomparable? Le quai glissa subitement dans les profondeurs de la mer; il s'enfonce tout d'une pièce; et avec les vivants éplorés, les navires sont engloutis à jamais. Alors, la terre ébranlée jusque dans ses entrailles, s'entrouvre encore, ce qui reste droit encore se'ffondre, les rues s'inclinent avec leurs dernières maisons, et les derniers habitants, eux aussi, disparaissent dans les fissures béantes. Aussitôt éclate de tous les côtés un affreux incendie, car des feux souterrains jaillissent par toutes les crevasses. Ce qui respire encore est dévoré par les flammes, et la mort et la désolation se produisent partout où peu auparavant se montraient et la vie et l'allégresse de tout un peuple...

Dirai-je que c'est dans le moment où a lieu cette inexprimable tragédie, dont j'omets les plus sinistres péripéties, que reçoit le jour, en Allemagne, Marie-Antoinette d'Autriche, la future reine de France? Sous quels déplorables auspices vient-elle au monde, Seigneur! Hélas! vous le savez tous : ce sinistre augure réalisa sa sanglante prédiction!...

La France qui, dans l'Auvergne et le Vivarais, compte tant de volcans éteints, mais qui ont brûlé dans les temps préhistoriques, puisque leurs cratères montrent encore des coulées de laves aussi fraîches que si leurs éruptions dataient d'hier, la France, dis-je, ressent parfois des tremblements de terre. Depuis quelques années, en 1866 notamment, nous en avons éprouvé l'oscillation à Paris même.

Mais l'Angleterre, en 1863, a eu à subir des secousses violentes. Les hommes de science affirment que les Anglais ont toute espèce de motifs pour appréhender les tremblements de terre. En effet, le pays est situé à peu de distance de la ligne qui relie le volcan de l'Islande, l'Hécla, au Vésuve, à l'Etna et au volcan primitif de l'île Lipari. L'île britannique n'est elle-même qu'une immense substruction volcanique, et la grande chaîne de montagnes qui la compose a eu ses intervalles comblés, sur certains points, par des mouvements de la masse terrestre. Qui pourrait dire ce qui attend un jour l'Angleterre?

On ne doit pas être étonné quand des agitations du sol se font sentir dans les environs des mines de houille. En effet, dans les houillères, le mineur rencontre sans cesse des fleuves de gaz, le terrible feu grisou; l'eau s'élance de terre à l'état bouillant et chargé de soufre. Il est donc facile de comprendre que les mines ont des relations assez proches avec des incandescences intérieures.

Aussi, quoique la Grande-Bretagne ait été sujette aux ébranlements terrestres, et que le roc tout entier sur lequel elle s'appuie ait été secoué vigoureusement, cependant c'est dans le *pays noir*, c'est-à-dire les contrées à houillères, qu'ont été ressenties les secousses les plus violentes. Par exemple : à Manchester, à Edybaston, à Volverhampton, le sol a été si furieusement ébranlé, que les cloches ont sonné, les meubles dispersés, les porcelaines brisées; un bruit sourd, mais intense, a couru sous la terre, et les habitants, effrayés, ont sauté de leurs lits. A Bristol, à Taunton, à Exeter, à Syansea, et jusqu'à plusieurs lieues en mer, le mouvement s'est fait sentir. Londres même a été mise en convulsion.

Je passe maintenant aux *volcans*.

Que la commotion violente, exercée par la masse ignée du centre du globe sous les arceaux de son écorce, y produise une trouée, l'enveloppe de terre qui compose cette écorce sera perforée, ouverte, par la véhémence de pression des matières en combustion, et la marée montante des laves en fusion surgira par ce cratère.

Tels sont les *volcans actifs*.

Que cette communication entre les feux intérieurs des fournaises de la terre et la surface externe de la croûte du globe se ferme, comme il est arrivé jadis au Vésuve, et comme cela a lieu dans les volcans de l'Auvergne, du Velay et du Vivarais, par le fait des masses de scories et les produits de végétations successives, on n'a plus qu'un *volcan éteint*.

Les volcans occupent généralement le sommet d'une montagne conique, isolée. L'extrémité supérieure du cône offre toujours une ouverture plus ou moins large qui donne issue aux matières ignées vomies par la combustion intérieure, mise en effervescence, et porte le nom de *cratère* ou coupe.

Comme la montagne est composée des déjections du volcan qui se sont accumulées et qui ont formé la cheminée ou le vomitoire des feux de l'abîme, quelquefois, souvent même, cette montagne est percée çà et là par des éruptions qui, ne prenant pas le temps d'atteindre l'issue supérieure du cratère principal, s'échappent par les flancs inférieurs du cône ou de l'éminence assise sur d'anciennes couches volcaniques.

Le grand cratère est un *cratère de soulèvement*.

Les petits cratères inférieurs sont des *cratères d'éruption*.

Dans les volcans actifs, les bouches expulsent constamment une épaisse fumée qui s'échappe du sein du volcan, et généralement cette fumée monte et prend la forme d'un pin-parasol. Mais ces bouches ne vomissent pas sans interruption des matières embrasées : cendres, pierres, *lapilli* ou pouzzolanes, lave ou boue de terre et de roches fondues. Quelquefois même leurs éruptions sont séparées par des intervalles assez longs.

Les volcans éteints, dont les temps historiques n'ont jamais signalé d'éruptions, et qui ont vomi des feux cependant, mais antéhistoriques, peuvent d'un jour à l'autre se réveiller, ainsi que l'a fait le Vésuve, en l'an 79 de notre ère, et recommencer alors leurs éruptions.

Car, en cette année 79 après Jésus-Christ, les habitants des talus fleuris du Vésuve étaient loin de se croire assis sur un volcan! Mais voici que tout-à-coup cette montagne, dont la cime fuligineuse révélait que jadis elle avait dû brûler, puisqu'un vaste cratère, à moitié éboulé, s'y montrait encore, s'effondre, engloutit son sommet et les escarpements de l'ancien cratère formé et couronné de vignes, et aussitôt, de l'immense ouverture qui se produit contre toute attente, s'échappent des feux, des flammes, une horrible colonne noire d'épaisse fumée, puis des torrents de boue brûlante, des masses de cendres, des avalanches de lapilli, et des fleuves de laves incandescentes engloutissent des villes, des villas charmantes, des habitations de toutes sortes, et les peuples qui vivaient sous leurs toits.

Ainsi périssent Herculanum, Pompéïa, Stabiès, Oplonte, tant et si bien, qu'on ne retrouve leurs traces que vingt siècles après!

Mais alors ce même Vésuve se referme au XVe siècle, pour se livrer à de nouvelles fureurs en 1630, et, d'années en années se mettre en éruptions incessantes.

Des bruits souterrains qui, semblant venir de très loin, augmentent peu à peu d'intensité; les sources des fontaines et des rivières qui cessent de couler; la mer qui s'agite d'une façon toute particulière; les reptiles qui désertent leurs retraites ; les animaux qui tremblent et se lamentent; la fumée du gouffre qui s'épaissit et se mêle de cendres; d'épais nuages qui flottent lourdement; des jets de matières embrasées qui montent dans l'espace comme des fusées d'artifice et éclatent comme des bombes, tels sont les *précurseurs d'une éruption.*

En effet, voici venir, s'élevant dans la cheminée du cratère, une masse inimaginable de matières en ébullition, véritable marée lavique.... Tout-à-coup on la voit déborder du cratère.... Elle descend, elle rugit, elle glisse le long des pentes du cône; elle se répand sur les flancs de la montagne comme un fleuve de feu. Ici et là, elle s'étend comme un lac rutilant. Elle remplit toutes les cavités, tous les replis du sol ; puis, cascade immense de flammes en fureur, elle descend encore, elle envahit tout, et, mer flamboyante, elle répand partout l'épouvante et la mort.

Souvent, la formidable pression des vagues de laves qui se pressent à sortir en bouillonnant, détermine des crevées, et forme ainsi des cratères inférieurs par lesquels le feu s'écoule en sens opposé, et court dévaster les plantations, incendier les maisons et tout détruire sur son passage.

Certes, c'est un grandiose, un splendide, un magnifique, mais aussi un bien épouvantable spectacle, surtout lorsqu'on le contemple à l'heure ténébreuse de la nuit!

La lave une fois expulsée, les agitations du sol cessent de faire sentir un tressaillement sinistre; les détonations et les vomissements s'amoindrissent; enfin le volcan paraît aspirer au repos. Puis de nouvelles convulsions s'opèrent. A la première éruption succède une seconde. De plus horribles déjections se produisent, et ce n'est qu'après de trop douloureuses manifestations de colère que les bouillonnements diminuent, que les explosions s'affaiblissent, et que peu à peu le calme se rétablit.

A la suite de ces bouleversements, il advient que les laves brûlantes, de rouges se font noires. Le feu, un feu violacé, bleuâtre, scintille longtemps entre les crevasses des scories dispersées en lacs et en *coulées* interminables, le long des flancs de la montagne. Enfin, après quelques années, six à sept ans, pendant lesquelles les détritus des entrailles du globe conservent encore au-dehors quelques restes de chaleur, la végétation reprend son activité, activité exubérante, car elle est fécondée par la chaleur, et il n'y a plus d'autre vestige du désordre que les amas de cendres, de basalte, de trachyte, les courants de laves, et les ruines des habitations, qui s'étendent à des distances considérables.

La fumée vomie par les volcans contient des vapeurs aqueuses, des gaz sulfureux et une certaine quantité d'azote. La conséquence d'une fumée aussi acide est la destruction de la verdure. Quant aux cendres, elles sont tout simplement la pulvérisation des laves.

Quand éclata l'éruption du Vésuve de 1794, à une distance de quatre lieues, en plein jour, on ne pouvait marcher sans être muni d'un flambeau. Dans l'éruption de 79, des cendres furent transportées jusqu'à Constantinople et à Jérusalem. A Rome, le jour diminua sensiblement, et cependant quarante lieues à peine séparent Rome du Vésuve. Les cendres des volcans de l'Amérique sont très souvent chassées à plus de cent lieues. Ce sont les nuages que produisent ces cendres qui dissimulent ainsi le jour. Une fois à terre, les mêmes cendres, mouillées par la pluie, constituent le *tuf volcanique*.

Vous connaissez les scories noires et vitreuses extraites de nos forges, et servant à empierrer les chemins des usines? Telles sont à peu près les scories volcaniques. On trouve fréquemment dans leurs résidus des cristaux de pyroxine et de feldspath.

On nomme *bombes volcaniques* des ellipsoïdes de toutes grosseurs, que l'on rencontre dans le pourtour de certains volcans. On en trouve surtout autour des cratères de l'Auvergne. Ce sont des fragments de

7

la matière fondue lancés en l'air, qui, en se figeant, prennent cette forme.

La marche de la lave se fait tantôt en roulant sur elle-même, tantôt en cheminant peu à peu, comme un fleuve, et en conservant une surface plane qui fume plus ou moins selon ce qu'elle brûle. Elle lance de temps en temps des jets de flamme. Le plus souvent elle bouillonne en s'avançant; sa surface se tuméfie, et on voit une quantité de petits tourbillons, d'où résultent des dépressions en forme d'entonnoirs.

La rapidité de ces courants de lave est fort variable. Elle dépend de l'inclinaison du sol. A la sortie du cratère, elle se précipite, poussée par les déjections qui surviennent. La vitesse est nulle à l'extrémité du courant.

Considérée dans le même volcan, la longueur des coulées de lave présente de grandes variations. Mais en comparant les volcans, cette dimension est en raison de l'importance de ce volcan. Telle coulée du Vésuve a eu 14,000 mètres de long; la coulée de 1794, 4,200 mètres, 400 de large, et 10 d'épaisseur. Le courant de l'Etna, dans l'éruption de 1787, occupe dix lieues de longueur, et celui du Maunaloa, à Hawaï, dans les îles de Sandwich, ne couvrit pas moins de trente lieues. En 1783, l'Hécla, un des plus grands volcans, vomit un courant de lave qui couvrit l'Islande, vingt lieues de long sur quatre de large.

Quelquefois les cratères vomissent des torrents d'eau mêlés de matières fangeuses. En 1751, l'Etna rendit un courant d'eau salée qui dura sept minutes. Dans l'île de Java, l'un de ses volcans fit jaillir une telle quantité d'eau chaude, chargée d'acide sulfurique, que vingt lieues du pays furent inondées. Il arrive souvent que les volcans des Cordilières chassent des masses d'eau. Ainsi, en 1691, la bouche volcanique d'Imbabura rejeta une si énorme quantité de poissons, que leur corruption engendra des fièvres putrides. Cela démontre que le volcan faisait éruption à travers les eaux de la mer.

Je vous ai dit que, en l'an 79 de notre ère, Pompéïa, Herculanum, Oplonte et Stabiès, antiques cités voisines du Vésuve, ont été englouties sous les boues et les laves de ce volcan. Ce fut dix-huit siècles après leur disparition, qu'on retrouva ces villes, dont la première est déjà en partie rendue à la lumière.

En 1772, le Papandayang, un des plus grands volcans de Java, lança dans les airs une si prodigieuse quantité de matières volcaniques, que quarante villages furent enfouis sous leurs masses embrasées.

L'Etna a de même dévoré plusieurs villages, et notamment il a détruit la grande et belle ville de Catane.

Du reste, la fréquence des éruptions semble se produire en raison inverse de la grandeur des volcans. Ainsi, le Stromboli, l'un des plus petits volcans du globe, est constamment en éruption. Le Vésuve,

volcan. Sous le microscope, ces cendres se montrèrent composées de carapaces siliceuses, mêlées à des fragments minéraux qui ressemblaient à du verre pilé très fin. On retrouva les mêmes formes dans des cendres prises au pied du volcan.

Ehrenberg, un voyageur qui ne s'est occupé que du phénomène de ces infusoires, a trouvé des organismes microscopiques dans les produits volcaniques de Pompéï, de Civita-Vecchia, de Tollo, — Chili, — d'Aréquipa et de Quito, — Pérou, — dans le tuf de l'Ascension, de Patagonie, de Lipari, de la Guadeloupe et du volcan Scheduba, — Inde.

Du reste, le transport de cendres, etc., à d'immenses distances est fort ordinaire aux éruptions de volcans. L'éruption du Vésuve de 79 projeta ses cendres, ses foraminières et ses scories minuscules jusqu'à Jérusalem et Constantinople. Le jour en fut amoindri et le soleil obscurci à Rome, plongée dans l'étonnement, et cependant Rome est déjà à cinquante lieues de Naples et du Vésuve.

J'ajoute qu'il existe aussi des *volcans d'eau bouillante.*

Le Geyser de l'Islande en offre un magnifique spécimen à notre admiration.

Ce Geyser se divise en deux sources principales, le grand et le nouveau Geyser.

Ce sont des jets d'eaux thermales, immenses, grandioses, jaillissant à une hauteur de quarante-cinq à cinquante mètres, chargées de silice. Ces merveilleuses colonnes d'eau produisent le plus admirable aspect sur la plaine d'où elles jaillissent du sol à cette immense altitude. Dans leur parcours ces eaux déposent des couches de silice qui entassent d'épais sédiments et composent de la sorte des terrains nouveaux.

J'ai dit tout ce que j'ai à vous apprendre sur les volcans en activité. Maintenant je passe aux volcans éteints.

Mais permettez-moi de vous dire auparavant, ami lecteur, que s'il vous est agréable d'étudier un volcan actif d'une manière particulière et plus étendue, je puis vous renvoyer à l'ouvrage que je vous ai déjà signalé comme étant le complément de celui-ci, et qui a pour titre : LE LIVRE D'OR DES GRANDES CURIOSITÉS DU GLOBE. Vous y retrouverez certains récits de mon vieux parent, le capitaine de vaisseau Varnier; mais en outre, vous y lirez l'histoire de l'ascension que je fis au sommet du Vésuve, en 1858, les détails de cette visite fort minutieuse au terrible volcan, et enfin ma descente dans son cratère de soulèvement, aux heures de sa formidable éruption. Les éditeurs de cet ouvrage, *les Cieux, la Terre et les Eaux,* MM. Ardant et Thibaut, de Limoges, sont aussi les éditeurs du *Livre d'or,* que je vous recommande.

Ma réclame mise à bonne fin, je continue mon entretien.

Il existe sur la surface de notre globe un grand nombre de cratères
de volcans parfaitement conservés, autour desquels se trouvent accumulées des masses de scories, et appliquées des coulées de laves, enfin
les produits volcaniques, dont les éruptions appartiennent aux temps
préhistoriques.

C'est ce qu'on nomme des *volcans éteints*.

Je vous ai déjà dit que notre Auvergne en possède jusqu'à soixante,
qui, tous, occupent le sommet de la chaîne des monts Dôme, longue
de huit lieues et courant du nord au sud. Je vous signalerai spécialement le grand puy et le petit puy. *Puys* est le nom que l'on donne
aux cratères du Puy-de-Dôme, qui tous ont été volcanisés, c'est-à-dire
en ignition. Dieu seul peut savoir à quelle époque. Mais ce ne fut pas
aux temps historiques, attendu qu'aucun auteur ne fait mention de
leurs éruptions. Et cependant ces éruptions ont eu lieu, puisque les
coulées de lave, les scories, les mille vestiges volcaniques sont là qui
l'attestent et en donnent la preuve.

Soixante cratères ou puys, avec leurs cônes et leurs gouffres béants,
le tout remontant à la plus haute antiquité!

Mais après le cratère du Puy-de-Dôme, le plus curieux peut-être
est le *volcan éteint de Chalucet*.

Vous trouverez dans le Livre d'or en question le récit de mon excur-
ion à cet étrange volcan; mais je dois vous apprendre dès à présent
que le volcan de Chalucet consiste en un massif de laves qui, quoique
adossé à une montagne, est assez considérable pour paraître la surmon-
ter et en former la cime. La face antérieure présente plusieurs bouches
horizontales, dont quatre offrent l'aspect de cavernes et ont servi autrefois de couloir aux matières fluides et enflammées. Or, ces matières
composent sept coulées qui, maintenant séparées les unes des autres
par des zones de fougères, s'élèvent perpendiculairement sur le pen-
chant de la montagne. Les plus considérables de ces coulées sont les
deux coulées extérieures. Elles partent chacune d'une des tangentes
du massif volcanique, s'en éloignent en décrivant une courbe, et forment ainsi une enceinte qui enclot les autres coulées, et, en massif
lui-même, deux sortes d'ailes en avant-corps. Enfin, dans une déclivité rapide, elles vont se jeter dans le lit de la Sioule, où jadis elles
furent arrêtées par une montagne de granit qui se dresse de l'autre
côté de cette rivière.

Au grand effet de ce spectacle, s'en joint un autre, celui des bouches
elles-mêmes, dont les unes, comme si elles venaient de s'eteindre, offrent le *noir* du plus noir charbon, tandis que les autres, *rouges et
ardentes* comme le feu, paraissent encore brûler et subir l'incandescence de leur origine.

Aux volcans substituons maintenant les *montagnes brûlantes*, que possède notre France, dans le Lot et l'Aveyron.

Ces montagnes, composées de houille ou d'autres matières combustibles auxquelles le feu, un feu mystérieux, a été communiqué, se consument lentement.

La première, située au nord-ouest du village de Cransac, dans l'Aveyron, a environ quatre cents pieds d'altitude. A mi-côte, on voit une grande crevasse de forme elliptique, qui renferme dix-huit petits cratères groupés sur trois points. Bordée d'arbres d'un vert pâle et remplie de pierres blanches calcinées ou de terre rouge brûlée, cette crevasse présente de loin l'aspect d'une immence plaie. Pendant le jour, le feu n'est pas visible. Mais dans l'obscurité de la nuit, tout le gouffre paraît être en flammes, spectacle effrayant pour ceux qui ne sont pas familiarisés avec ce phénomène. En approchant de ce brasier naturel, on sent la terre devenir sonore sous les pas. Si, bravant la fumée et la forte chaleur que subit la plante des pieds, on s'avance jusqu'au-dessus des soupiraux l'œil plonge dans des fournaises béantes toutes de braise. Les bâtons qu'on y enfonce, sont au bout de quelques minutes, enflammés et souvent consumés. Lorsqu'on élargit l'orifice, la colonne de fumée grossit, et des aigrettes de feu s'élancent de la crevasse. Quoique l'incendie gagne déjà la partie supérieure de la montagne, en suivant le gisement de la houille, le sommet est cependant cultivé. Il y a même, à cent pas de distance du foyer, un hameau dont les habitants sont élevés et familiarisés avec le danger. Ils vivent là, sans inquiétude, quoique le terrain, au-dessous de leurs jardins, ait beaucoup de profondes gerçures, où la chaleur est si vive qu'on ne peut y enfoncer la main. Les caves et les rez-de-chaussée des chaumières sont très souvent remplis de fumée.

Cet embrasement dure depuis des siècles déjà, mais toutefois il semble diminuer d'intensité.

André Thévet, géographe du XVIe siècle, dit que, de son temps, les flammes s'élançaient hors de la montagne toutes les fois qu'il pleuvait, ce qui n'arrive plus de nos jours. Mais on assure que ce phénomène a failli se renouveler par l'imprudence des propriétaires qui, croyant parvenir à éteindre le feu, en faisant conduire dans les souterrains l'eau de quelques ruisseaux, ne furent pas peu surpris d'en voir augmenter la violence, au point de produire des éruptions de pierres et de matières enflammées.

La Buègne, autre montagne brûlante, à peu de distance de celle de Fontaynes, paraît au contraire s'embraser avec plus de vivacité, à mesure que, dans celle-ci, le feu diminue.

Dans les montagnes de la Salle, les crevasses faites par l'incendie sont sur leurs bords garnies de fleur de soufre et d'alun.

On cite encore l'incendie des houillères de Cahnac, lequel incendie n'est limité que par les eaux du Lot.

Les eaux qui coulent au pied de ces montagnes participent en partie de la nature du terrain. Celles de Cransac ont de douze à quinze degrés de chaleur.

Les sources de Fontaynes et de la Salle sont presque aussi chaudes et fournissent des étuves naturelles, pourvu que l'on creuse un réservoir pour les recueillir.

Quelques-unes de ces sources sont chargées d'alun; d'autres sont imprégnées de cuivre.

Du reste, les eaux minérales doivent abonder dans un terrain aussi riche en minéraux.

La partie de ces montagnes où l'incendie a cessé, offre des mines d'alun et de couperose dont les voûtes sont ornées de stalactites d'alun. L'eau qui dégoutte de ces cristallisations va former, dans le creux des galeries, des fontaines alumineuses et couperosées. A une grande profondeur des voûtes, on trouve des masses d'alun brut qui pèsent jusqu'à plusieurs quintaux.

On comprend que la campagne d'alentour soit triste et lugubre. Les vapeurs sulfureuses qui imprègnent l'air, et la fumée du charbon de terre que l'on brûle au lieu de bois, répandent sur tous les objets une teinte sombre, et noircissent même les meubles des maisons.

Pendant longtemps on a regardé cet incendie des montagnes brûlantes comme un événement malheureux qui consumait la houille et bouleversait le sol. Mais quand enfin on eut remarqué, parmi les débris, des masses fort riches en sulfate d'alumine et en alun tout formé, on éleva une usine, et une exploitation florissante fut créée dans ces lieux, qui ne présentaient que l'image de la désolation.

Tant il est vrai que de ce qui semble une calamité pour la créature, le divin Créateur sait faire naître une richesse incomparable. Certes! c'est bien à la combustion des globes que l'homme doit les éblouissantes merveilles qu'il extrait des profondeurs de la terre. Pourquoi donc ne pas bénir la main toute-puissante qui nous enrichit et qui du mal tire le bien?....

Des volcans nous allons droit aux glaciers.

La transition est un peu brusque, mais que faire ? Dire la vérité, développer dans sa marche, telle que nous la peint le grand livre de la création, le mouvement, le perfectionnement, le progrès de notre sphère, progrès étrange ! puisqu'il procède, ainsi que je l'annonce, de l'incandescence à la froidure la plus intense, mais progrès, puisqu'il doit mettre cette transformation constante de notre planète terre au niveau de l'ensemble des orbes célestes, et la préparer à recevoir le monarque fait à l'image de Dieu, le roi des êtres, le chef des animaux, l'homme !

En ces temps-là, il y eut encore certains déluges, déluges partiels, dans notre Europe notamment, quand les monts Scandinaves, par exemple, émergèrent de l'abîme des eaux et refoulèrent l'Océan de manière à mettre en relief la presqu'île de la Suède et de la Norwége ; puis, lorsque les Alpes et les Pyrénées, soulevées de même, par une commotion volcanique, couvrirent la France, l'Italie, l'Allemagne, la Suisse et l'Espagne, de débris de terrains meubles, et attaquèrent la Méditerranée, qui, refoulée sur un point, s'élargit sur un autre.

Mais ensuite, à peine la nature, toujours pleine de vie, de turgescence et d'action, fut-elle remise de cette violente commotion, qu'un nouveau péril la menaça, la saisit dans ses serres formidables, et l'enferma dans une étreinte cruelle.

Un refroidissement général s'empara de notre sphère.

En effet, sur sa gracieuse et splendide surface parfaitement arrondie, où déjà une végétation puissante commençait à naître, où la verdure de toutes les flores et de toutes les faunes devenait luxuriante, où l'efflorescence des tiges s'épanouissait pour la première fois, où montagnes et vallées s'accentuaient, se groupaient, superposaient leurs plans diversifiés de manière à composer les paysages les plus pittoresques et des sites enchanteurs, où jouaient déjà les innombrables caravanes des tumultueux animaux échappés à l'inspiration de Jéhovah, quadrupèdes de toutes formes, monstrueux mastodontes et mammouths gigantesques, oiseaux de toutes tailles, de tous plumages et des plus riches couleurs, poissons minuscules et pélasgiques baleines, cachalots et cyprins..... Tout-à-coup la neige tombe sans relâche. Une glace épaisse, rigide, se forme tout autour de la terre, et l'entoure de son âpre manteau de frimats. Le froid, un froid inimaginable, étreint le sol avec une violence sans égale. Les cours d'eau se changent en cristal; les mers sont converties en nappes de glaces incommensurables, et leurs vagues se condensent en aspérités rugueuses, en banquises colossales.

Alors les accidents de terrain, les nouveaux paysages si frais, si richement empreints d'une suave poésie, disparaissent sous des amoncellements de neiges et de glaces. Pics et pitons, mornes et collines, éminences de toutes formes et de toutes altitudes, montagnes et rochers sourcilleux, érodés par cette froidure cruelle, s'écroulent en tout sens et ponctuent de leurs ruines éparses le linceul immaculé de l'orbe terrestre.

— Mais le livre de la Genèse, cette manifestation divine de l'œuvre de la création, se tait sur cette triste époque glaciaire : comment donc vous est-elle révélée?... allez-vous me dire.

Oui, chers lecteurs, vous répondrai-je, la Genèse garde en effet le silence sur ce drame des temps antéhistoriques, car cette froidure sans nom possible n'est aux yeux de l'Eternel qu'une simple phase de la transformation du globe. Mais le livre de la nature, lui, le grand album de notre planète, parle, et il nous raconte les péripéties de cette sévère *période glaciaire*.

Lisez-le, parcourez-le, et vous verrez que cette époque sinistre dont je vous soumets l'examen a fait subir à notre terre son indéfinissable pression, qu'elle a serré le globe dans son étreinte et y a laissé de tels vestiges qu'il est impossible de les récuser et de ne pas admettre la longue durée et les mystérieux stygmates de ce formidable règne du froid.

Donc la période glaciaire commence.

Ses neiges et ses glaces s'amoncellent dans les escarpements les plus ardus, sur les points culminants les plus élancés des montagnes, là surtout où des cirques se produisent en regard de longues vallées doucement inclinées. Cette disposition en amphithéâtre de la partie supérieure de certaines cimes permet d'autant mieux aux neiges de s'y emmagasiner, de s'y accumuler sans fin, que le vent qui balaie les aspérités voisines et les gorges sur lesquelles ils s'ouvrent, les refoule dans ces vastes cirques. Elles y demeurent dès lors, s'y condensent, passent à l'état solide, et si, parfois, elles y fondent à leur surface sous l'influence de conditions atmosphériques un instant plus tièdes, leur fluidité passagère s'y congèle de nouveau, à raison du froid particulier aux points culminants, et cette concrétion souvent répétée, donne naissance aux glaciers. On nomme ces neiges *neiges éternelles*, à raison de leur persistance.

Ainsi, les *glaciers*, comme il est facile de le comprendre, sont des amas de neiges qui, en fondant, se convertissent en glaces et en glaçons superposés. Les plus petits ont au moins un kilomètre de superficie. Les plus grands comptent jusqu'à huit et dix lieues de longueur, sur à peu près une à deux lieues de largeur. En général ils se rétrécissent vers leur extrémité inférieure, selon la capacité de la vallée qui les enserre. Quant à leur épaisseur, elle est fort variable. En moyenne, elle est de cinquante à soixante mètres pour la partie originelle du glacier, et de vingt-cinq à trente pour la portion terminale.

Cependant, du moment que les glaces entassées de la sorte dans les cirques ont subi une influence plus douce de température, elles fondent, et, sous leurs longues masses, produisent un courant d'eau, sur lequel elles demeurent flottantes. Mais alors ces glaces massives se brisent, se forment en glaçons, et, soulevées ici et là par les eaux, puis entraînées par leur propre poids, elles s'acheminent peu à peu, légèrement mobiles, vers les talus des vallées qui leur servent naturellement de couloirs.

Dans cette marche lente et ce mouvement de descente des glaciers, au lieu d'être polie, glissante et lisse, la glace est inégale, fendillée en tous sens et composée d'une infinité de glaçons mobiles, pressés les uns contre les autres, se balançant, s'agitant dans une incessante oscillation, offrant constamment des crevasses béantes, profondes, et simulant si parfaitement les vagues de la mer, que l'on dirait une portion d'océan subitement saisie par la plus âpre froidure.

Aussi appelle-t-on *mers de glaces* ces parties des glaciers qui s'avancent petit à petit vers les vallées inférieures, véhiculant, sur les eaux de leur fonte qui bouillonnent à grand fracas dans les profondeurs des fissures, glaçons d'abord, puis roches détachées des crêtes, bois, plantes et détritus de toutes sortes.

Ce mouvement de progression du haut vers le bas du lit des glaciers est rapide à partir du sommet, mais il se ralentit vers le pied. J'ai dit que la descente des glaces a pour cause l'inclinaison des vallées et l'eau des fontes qui les véhicule. Mais il faut ajouter aussi que cette eau, en s'introduisant dans les crevasses fort nombreuses des glaçons, gèle presque constamment, et alors, par son augmentation de volume, pousse énergiquement le glacier le long des talus s'inclinant vers la vallée.

Si la chaleur des étés ne faisait pas fondre la surface des glaciers et leur portion terminale, ces glaciers, en s'accroissant continuellement par le haut, prendraient un immense développement. Mais le soleil des beaux jours en dissout une notable partie, ce que l'on nomme *ablation*, et l'hiver, toujours long dans les montagnes, réparant cette perte, il se fait ainsi une sorte d'équilibre qui perpétue la durée de ce magnifique phénomène de la nature.

Toutefois il y a ceci à remarquer : le frottement de la glace contre les parois du sol ralentit la marche des glaçons sur les parties latérales du glacier. Bien mieux : qu'un renflement du sol se mette en travers du talus, le glacier contourne l'obstacle avec lenteur, mais de manière à rejoindre peu à peu le mouvement de progression général.

Les glaciers exerçant une forte pression contre les rochers qui les bordent ou qu'ils recouvrent, y impriment des traces de leur passage. Ces vestiges se nomment *stries*. Elles varient suivant la nature des roches et selon la forme du lit du glacier. Les stries sont toujours dirigées dans le sein de la marche des glaçons, et elles sont plus ou moins profondes, comme le permet la nature des roches.

De même que certains cratères cessent de vomir des feux et des laves et ne sont plus dès lors que des volcans éteints, de même aussi, par une cause quelconque plus ou moins connue, par exemple un changement de température occasionné par un déboîtement ou l'enlèvement de certains massifs de roches, quelques glaciers ont cessé d'exister sur la surface de notre planète. Mais alors, dans les cirques et vallées où des glaciers ont disparu, on reconnaît leur antique existence aux stries dont je vous parlais plus haut, que le passage des glaces a laissées le long des parois de rochers.

D'autre part, on peut voir, non sans étonnement, partout où se montrent de grands massifs de rochers, dans notre France, par exemple au beau milieu de la forêt de Fontainebleau, sans aller plus loin, sur les collines rocheuses de Nemours, en tout lieu où des soulèvements volcaniques ont mis à la surface du globe les ossements de la terre, on peut voir, dis-je, sur les parois circulaires de ces rochers, d'énormes stries, des moutonnements semblables à des écailles de poissons gigantesques, des cannelures profondes. Cela n'est pas le résultat du passage de glaciers, évidemment, puisqu'il n'y a pas de traces de glaciers sur les points que je désigne ; mais il est certain qu'il y a eu, là, de grands amoncellements de neiges, pendant des hivers exceptionnellement longs et rigoureux. Or, ces neiges ont dû commencer à fondre à certaines heures du jour ; puis, la nuit venue, la gelée les a converties en glaces. Alors la froidure a fait étreindre violemment ces rochers par ces glaces, qui ont déterminé les stries que nous trouvons, les cannelures et les érosions qui nous étonnent, le tout généralement dans le sens de l'inclinaison du sol. Car rien n'égale la force de la glace. Pour preuve, remplissez un canon d'eau pendant une gelée âpre et sévère. L'eau, en gelant, se dilate et fait éclater les parois de la pièce du bronze le plus épais. En Russie, quand les ouvriers veulent arracher à un gisement de malachite un bloc de cet admirable minerai du plus beau vert, ils ne perdent pas le temps à le scier. Ils creusent un canal à l'entour du bloc, remplissent d'eau ce canal, et bientôt la gelée accomplit leur œuvre en détachant le bloc à l'aide de la glace.

Mais revenons aux glaciers.

Vers leurs parties hautes, les fragments de glace diminuent de volume et se réduisent à des granules appelés *névé*, du mot latin *nix nova*, nouvelle neige, forme intermédiaire entre la neige de la plaine et la glace.

L'eau atteignant le névé, celui-ci s'agglomère lentement et finit par se transformer en une glace blanchâtre, remplie d'une infinité de bulles d'air; c'est la *glace bulleuse*. L'infiltration se faisant toujours à travers la masse bulleuse, la glace se condense, les bulles d'air disparaissent, et le glacier prend une belle couleur azurée que l'on admire dans toutes les crevasses et qui se nomme *glaces bleues*. Ainsi, aucun glacier n'est parfaitement blanc. Vus de profil, les glaçons qui composent les mers de glace affectent une charmante teinte bleuâtre. Mais lorsqu'on est sur le glacier même, la surface paraît d'un blanc mat. Puis, quand on arrive au plan incliné et que la glace devient moins compacte, les teintes perdent de leur intensité, et le bleu des crevasses se transforme en un vert d'une rare beauté.

Quelles sont les causes de ces couleurs? La science n'a pas encore résolu ce problème. Assurément ce n'est pas la réverbération de l'azur du ciel, attendu que les glaciers conservent leurs couleurs même par un temps couvert.

Les crevasses des glaciers sont d'énormes fissures qui, tantôt traversent la mer de glace de part en part, tantôt ne descendent qu'à une certaine profondeur. Rien d'affreux à voir comme ces précipices béants qui engloutissent si fréquemment tant de victimes. Ce qui rend les crevasses fort dangereuses, c'est la mobilité des glaçons flottant sur une eau invisible. En effet, ils s'entr'ouvrent souvent tout-à-fait inopinément et vous engloutissent si vous n'avez pas l'œil au guet et le pied agile. D'ailleurs, certaines crevasses sont parfois dissimulées par des neiges fraîches que le vent y a entassées, et croyant marcher sur le solide, on tombe soudain dans un vide affreux, qui s'affaisse et vous ensevelit. En outre, les crevasses changent constamment de place, et souvent elles se forment si vite qu'en une seconde elles pratiquent des abîmes de cinq, six et dix mètres.

Je vous ai signalé plus haut, sur la surface des glaçons et des mers de glace, des débris d'érosions de roches, du bois, des mousses, des lichens, etc., véhiculés par la progression du glacier. Ces détritus forment sur les mers de glace de longues traînées parallèles à ses bords. Ou bien encore les déjections des glaciers s'accumulent à son extrémité inférieure, en longues lignes transversales. On donne à ces scories le nom de *moraines*.

Proviennent-elles du rejet que le glacier fait de ces débris sur ses bords? Ce sont des *moraines latérales*.

Sont-elles le résultat de l'abandon qu'en fait la base du glacier au fur et à mesure que la glace terminale se dissout? Ce sont des *moraines terminales* ou *frontales*.

Quant aux rochers sur lesquels se traîne le glacier ou qui encaissent ses marges, il en est qui subissent un tel frottement qu'ils se liment, s'arrondissent, s'écaillent et ressemblent assez de loin aux flocons d'un troupeau de moutons. On les nomme alors *roches moutonnées*.

D'autres sont creusés sur leurs flancs, par de profondes rainures, résultat du frottement horizontal ou semi-perpendiculaire des mêmes glaçons. On les appelle *roches striées*, *cannnelées*, etc.

Les fragments d'érosion des granits, basaltes, trachytes, etc., prenant peu à peu la forme ronde ou ellipsoïde que leur donnent un mouvement sans fin et une longue oscillation sur les roches et les glaçons, deviennent des *cailloux roulés* ou des *galets*.

Mais en outre, dans leur mouvement de progression, les glaciers recevant parfois des granits d'un volume colossal provenant de ces mêmes érosions, ils les véhiculent sans relâche, malgré leurs poids gigantesques, les usent par le frottement, les arrondissent, les strient, et, dans leur immense voyage, les transportent à des distances généralement fort éloignées de leur point de départ, en des lieux où nulle roche de leur espèce ne peut faire supposer qu'ils s'en sont détachés.

Ces roches constituent le phénomène des *blocs erratiques*, longtemps demeuré à l'état de problème.

En effet, il arrive que, dans le fond de grandes vallées, à la surface de plaines mal explorées jusque-là par les savants, sur des plateaux fort élevés même, ou au milieu de pentes douces de montagnes, on rencontre des blocs de rochers venus on ne sait d'où, car en cherchant leurs analogues dans un certain rayon du voisinage, on ne trouve rien qui leur ressemble et qui explique leur origine.

— D'où peuvent donc venir ces masses rocheuses de plus ou moins grande dimension, de forme plus ou moins curieuse? demandèrent longtemps les docteurs du savoir.

Et cette question à l'endroit des blocs erratiques, nom qu'on leur donne parce qu'ils semblent *errer* à l'aventure, dans une région qui n'est pas la leur, resta longtemps sans réponse.

Enfin, un jour, un géologue célèbre, M. Charpentier, épuisé par la fatigue d'une longue course dans les Alpes, est contraint de passer la nuit sous la hutte d'un intrépide chasseur de chamois, Jean Perraudin, un Valaisan. Là, après le plus frugal repas et tout en se mettant à l'aise auprès du pauvre foyer de son hôte, le savant se prend à entretenir le montagnard de ses recherches au vis-à-vis des glaciers et de certains phénomènes, qu'il explique à sa façon. Ainsi, par exemple, il attribue la présence des blocs erratiques en certains lieux auxquels ils sont absolument étrangers, à de forts courants d'eau qui les y ont véhiculés, ou à l'action de bas en haut produite par le soulèvement des entrailles du globe, soulèvements qui ont surélevé les montagnes.

— Voilà bien des paroles pour arriver à vous tromper! fait Perraudin, en riant de ses trente-deux dents blanches. Pourquoi donc vous imaginez-vous des cours d'eau qui font rouler les blocs, évidemment trop lourds pour eux, lorsque, chaque jour, nous montagnards, nous voyons les glaciers de ces vallées charrier sans efforts de pareils blocs?... M'est avis qu'il ne vous faut pas chercher d'autres moyens de transport...

Perraudin avait parfaitement raison, et M. Charpentier, après avoir médité cette solution imprévue du problème, la fit prévaloir.

En effet, l'air, la pluie, le soleil, la lune, les vents, la gelée, comme des agents chimiques, exercent un agissement dissolvant sur les pics, les pitons, en un mot les arêtes de rochers couronnant les monts sourcilleux. Nous voyons même ailleurs que sur les cimes neigeuses, certaines espèces de pierres, de granits, etc., exposés à l'influence atmosphérique, voire même les statues de marbre en plein air, subir cette érosion des éléments. Au pied de ces chaînes rocheuses, on trouve journellement des blocs qui se sont détachés et ont été prendre place plus ou moins loin de leur point de départ.

Il est des montagnes d'une roche plus friable qui sont érodées de telle sorte que leurs débris jonchent le sol à leur base. Beaucoup de pitons, menaçant jadis le ciel, ont considérablement perdu de leur altitude première. Tel est le curieux pic du Midi, dans les Pyrénées. Il abandonne sa cime à une érosion si active qu'on ne foule autour de lui que les reliefs de son front altier. Aussi, à un moment donné, ce géant orgueilleux ne sera-t-il plus qu'une éminence vulgaire.

Quand donc des quartiers de rochers se détachent ainsi, et tombent sur des glaciers, ceux-ci les transportent avec la même facilité que de simples cailloux et les pierres ordinaires dont se composent leurs moraines, et ils les conduisent fort loin du lieu qu'ils ont occupé primitivement. On peut même ajouter que ces masses de granit s'éloignent davantage encore, lorsque, véhiculées sur les talus rapides du glacier terminal, leur poids les entraîne et les fait rouler à de grandes distances, dans les vallées.

Telle est l'explication du mystère des blocs erratiques, transportés quelquefois sur des montagnes où la neige, après avoir comblé les vallées, les a déposés à l'aide de ce pont naturel et de cette voie glissante.

Maintenant que ce phénomène est parfaitement connu et que nous savons bien positivement qu'il est l'œuvre, ainsi que les glaciers, de la période glaciaire, comment se fait-il que notre planète terre ait été refroidie à ce point que tout nous démontre que sa température devait être, au contraire, beaucoup plus élevée que de nos jours?

Les savants qui, jusqu'à présent, ont cherché la solution du problème glaciaire, sont tombés dans la position d'un médecin qui se trompe dans son diagnostic. Ils se sont tous obstinés à lui donner un caractère géologique, alors qu'il est purement météorologique. Voici ce que l'on peut essayer de dire :

Nous n'avons sur le monde planétaire que quelques lois simplement relatives, tandis que les lois générales se dérobent à notre pénétration. En vertu des premières, les mondes gravitent dans des conditions réciproques d'un parfait équilibre. Mais quelle est la loi, la force qui tient l'ensemble du système, qui le domine, qui le maîtrise? Et d'abord, est-il tenu? Ne pouvons-nous pas supposer, au contraire, que pendant que des mondes différents obéissent aux lois qui règlent leurs vies respectives, l'ensemble du système fuit, continuant une course sans fin à travers l'infini? L'infini! n'est-ce pas dire l'espace sans bornes, une conception tellement vaste que l'idée même que nous essayons de nous en faire ne peut trouver place dans notre imagination?

Or, s'il en est ainsi, et rien ne prouve que cela n'est pas, il a pu arriver que dans leur imposante migration à travers cet infini, les mondes aient traversé un milieu excessivement froid. Toutes les vapeurs répandues dans notre atmosphère se sont alors subitement condensées; pendant plusieurs mois d'abondantes ondées de neiges sont tombées sur la terre, et montagnes et vallées, surprises par ce cataclysme, ont été enfouies sous ce déluge de frimas.

Ce qui en démontre l'instantanéité, c'est que, à mesure que les rayons du soleil désagrègent les couches inférieures des glaciers qui nous restent, ceux des régions boréales, ils exhument aux yeux de la science émerveillée des mammouths et des mastodontes, qu'ils nous transmettent conservés dans les glaces, comme dans un écrin.

Ces divers animaux, contemporains de la période glaciaire, ont donc été surpris dans le calme de leur existence par ce cataclysme imprévu.

Donc le phénomène glaciaire s'est produit, et produit d'une façon tout-à-fait instantanée.

Quoi qu'il en soit, vint un jour où le regard de Dieu fit fondre les neiges et les glaces de l'époque glaciaire. Les glaciers seuls resteront comme un témoignage du fait. Et encore de nos jours tendent-ils à disparaître, comme nombre de volcans tendent à s'éteindre. Alors, comme après l'hiver, la nature couvre la terre de fleurs et de fruits, que les oiseaux des bocages chantent dans les airs, que les poissons se jouent à la surface des eaux, que les animaux sont en fête dans les bois et les plaines, après cette sinistre période notre globe verdoya, fleurit et s'anima plus qu'il ne l'avait fait auparavant.

On trouve encore d'innombrables traces de glaciers disparus depuis longtemps, car peu à peu le nombre de ces amoncellements de neiges et de glaces diminua sous l'influence d'une température plus douce.

Les plus curieux spécimens de ces glaciers antiques sont dans la vallée de Saint-Aventin, et on admire spécialement le cirque de Gavarnie dans les Pyrénées.

De nos jours, il existe de splendides glaciers, soit sur les monts scandinaves, soit dans les montagnes du Liban et de l'Anti-Liban, soit sur le gigantesque Himalaya, au cœur de l'Asie, soit encore au sommet des Cordilières des Andes, dans l'Amérique.

Mais les plus remarquables peut-être sont les glaciers de nos Alpes françaises. Là, les glaciers ne comptent pas moins de vingt à vingt-trois kilomètres de longueur, de trois de largeur, et une épaisseur de glace de quatre cents mètres.

Les Pyrénées possèdent aussi comme glaciers le grandiose Vignemale et l'effrayante Maladetta.

En Espagne, on cite les glaciers de la chaîne de Sierra-Nevada.

Enfin, la plus fameuse des mers de glace est sans contredit le Montanvert, au-dessous de notre Mont-Blanc. On peut lui adjoindre le glacier des Bossons, certainement le plus dangereux.

Une chose fort curieuse à connaître est le degré de température qui règne à une certaine profondeur des glaciers. Pour l'étudier, on a pratiqué des trous de sonde dans ces masses de glaces, et alors on y a laissé séjourner des thermométrographes. On a pu constater bientôt que, à l'intérieur d'un glacier, à l'exception des couches voisines de la surface, la température, en été, est invariablement zéro. Ainsi, le froid des hivers ne pénètre pas dans la masse. Et quand la froidure extérieure est de vingt à vingt-quatre degrés, elle atteint à peine deux degrés dans l'intérieur de cette même masse.

Voulez-vous savoir où vous pourrez rencontrer et juger les plus renommés des blocs erratiques?

Je vous signalerai d'abord, à Pravolta, en Suisse, et sur un sommet d'éminence *calcaire*, notez bien! une masse *granitique*, de la catégorie des blocs erratiques, qui mesure dix-huit mètres de long sur douze de large et huit de haut.

8

A Fourvières, près de Lyon, où le calcaire compose la montagne, on trouve des blocs erratiques de granit, détachés des Alpes, à trente-cinq lieues de là, et qui, comme sous la baguette d'un magicien, sont venus se ranger sur la crête de la montagne, s'y grouper et se faire admirer des savants.

La masse granitique colossale qui sert de piédestal à la statue équestre de Pierre-le-Grand, à Saint-Pétersbourg, n'est autre qu'un bloc erratique, véhiculé par les glaces.

C'est dans un bloc erratique du poids de 300,000 kilogrammes, que fut taillée la célèbre coupe dont est si fier le musée de Berlin.

Est-il un point du globe, d'ailleurs, où l'on ne rencontre quelque exemplaire du phénomène erratique?

Je vous raconterais bien volontiers certaines excursions au travers des mers de glaces, et quelques ascensions de glaciers, chers lecteurs. Mais si l'espace a manqué pour vous faire descendre avec moi dans le Vésuve, l'espace manque également pour vous convier à m'accompagner dans les Alpes, ou à suivre sur les crêtes de l'Himalaya mon ami Varnier, le capitaine de frégate. Avec un brave nabab indien ne parcourut-il pas en ballon, oui, en ballon! les plus hautes cimes et les glaciers du Gaurisankar, cette superfétation de l'Himalaya qui est à notre Mont-Blanc comme un est à dix? Jugez!

Pour ces récits, je vous renvoie encore au fameux *Livre d'or des Curiosités du globe*, l'ouvrage faisant suite à celui-ci, dont je vous ai déjà entretenu.

A présent, je vais vous parler de tout ce qui est du domaine de la *neige*, puisque nous avons si bien vu tomber ce météore aqueux qui a composé les glaciers, et que, pour le moment, vous êtes habitués au froid.

Si la température de l'air est assez basse, la vapeur des nuages se condense en plein et passe aussitôt après à l'état solide, sous forme de neige. Chaque gouttelette d'eau microscopique donne naissance en se congelant à un cristal infime, colonnette prismatique terminée en pointe à ses extrémités. Ces cristaux élémentaires ne restent pas isolés. A peine sont-ils formés, qu'ils se précipitent les uns vers les autres et composent des groupes étoilés. Tantôt six cristaux se réunissent autour d'un centre commun : c'est l'étoile la plus simple. Tantôt les associations sont plus nombreuses. Sur les branches d'une première étoile se disposent régulièrement des cristaux plus petits ; sur ces derniers, d'autres plus petits encore. Ainsi l'étoile se complique de plus en plus. Elle a des branches, des rameaux, des ramuscules, dont les modes de groupement sont soumis invariablement à la même loi.

Dans ces groupements divers, on peut remarquer que les angles formés par les cristaux entre eux sont de trente, soixante ou cent vingt cegrés. Cette différence résulte de la forme même des cristaux. Aussi, quand six cristaux constituent par leur ensemble un groupe étoilé, il se produit une étoile à six rayons d'une parfaite régularité; les rayons sont égaux entre eux et séparés par des intervalles égaux.

Ces étoiles ne sont pas d'ailleurs microscopiques. On les voit nettement à l'œil nu, si on a soin de les recueillir sur un corps noir, qui, par le contraste, en fait distinguer très bien les contours.

Près d'une centaine de formes ont été observées, surtout par le navigateur Scoresby, dans les voyages aux mers polaires.

Tant que l'atmosphère est calme, les étoiles de neige offrent des arêtes très pures, des contours fort exacts, des facettes unies. Mais si l'air est agité, ces constructions si fines et si délicates se heurtent, et dès lors les arêtes s'émoussent, les angles sont tronqués, les rayons se brisent. Puis les débris se soudent par masses plus ou moins considérables, qui forment alors des *flocons*.

Y a-t-il rien de plus admirable que ces infiniment petits? Combien ils exaltent la puissance de la nature!

La blancheur de la neige est passée en proverbe. Cette blancheur tient à ce que, dans ces cristaux si ténus, chaque facette est une sorte de miroir parfaitement poli. Les rayons lumineux s'y jouent à la surface et sont entièrement réfléchis. Dans la glace, au contraire, une portion de la lumière est absorbée ou diffusée, et, par suite, la réflexion incomplète. C'est pour cela que la glace prend des tons plus ou moins bleuâtres.

La neige est pour ainsi dire de la poussière de glace aérée, de la charpie comparée au tissu. L'air étant un des plus mauvais conducteurs de la chaleur, on comprend que la neige qui couvre le sol joue le rôle d'un édredon. Les plantes qu'elle enveloppe se trouvent à la température de zéro, tandis que l'air peut devenir très froid et atteindre des températures de beaucoup inférieures à celle de la glace fondante.

Dans les Alpes, sur certains points culminants, on trouve de la *neige rouge*. Mais cette couleur n'est autre qu'un corps étranger dont la présence donne cette teinte. Des études faites sur la matière, il résulte que la nuance rouge provient d'un semis de corps organisés microscopiques appartenant aux deux règnes, animal et végétal, mais plus particulièrement au premier.

S'il nous était donné de planer, en aérostat, au-dessus des Alpes, des Pyrénées, des Carpathes ou du Balkan, peu importe, nous remarquerions que du point le plus abaissé sur la surface de la terre jusqu'au pic le plus aigu, se dessinent six zones superposées, très nettement distinguées l'une de l'autre par la diversité de leurs apparences.

Ainsi, au plus bas de la surface terrestre se montrent des plaines entrecoupées de lacs, sillonnées de fleuves, parsemées de villes et de villages. C'est la première zone, la *région sous-montane* ou des noyers, en un mot la demeure ordinaire de l'homme, le point où il se meut le plus volontiers.

Au-dessus du vert tapis que le roi de la création foule aux pieds, se dresse le charmant relief d'ondulations que l'on nomme coteaux, collines, éminences, et que décorent des bois, des bocages, des cultures variées. C'est la seconde zone, la *zone montane* ou des hêtres.

Notre regard, en se portant plus haut, rencontre des monts chauves, ou des collines rocailleuses, des roches dénudées que voilent difficilement de noirs sapins échevelés. C'est la troisième zone, la *zone sous-alpine* ou des sapins.

Vient ensuite la quatrième zone, la *zone alpine* ou des arbustes, que capitonnent de gras pâturages où errent de nombreux troupeaux munis de clochettes sonores.

La cinquième zone, la *zone sous-nivale* ou des graminées, succède alors, mais l'œil attristé n'y trouve plus que des symboles de mort; car, là, plus de verdure, mais des roches grises érodées par les frimas et le temps, mais des lichens rampant sur un sol nu, mais les spectres de la désolation sous formes capricieuses et fantastiques de granits en ruines.

Enfin apparaît, se profilant sur l'éther bleu du firmament, la crète aiguë, la dentelle immaculée du large manteau d'argent des neiges éternelles qui donnent leur origine aux glaciers. C'est la *région nivale* ou des neiges, sixième et dernière zone.

Mais jusqu'à quelles limites s'étendent ces neiges éternelles? Cela dépend de la température de la contrée, de la forme des montagnes, de la direction des vents qui soufflent, des conditions hygrométriques de l'air, etc. Une grande variabilité est donc imposée à ces limites des neiges.

Sur nos Alpes, elles sont portées à une hauteur de 2,700 mètres. Sur les Cordilières des Andes elles se produisent à 4,800 ; et elles sont plus basses sur l'Himalaya.

C'est là que s'accumulent les neiges, et c'est de là que, entraînées par leur propre poids ou par toute autre cause qui en détermine la chute, elles glissent sur le talus de la montagne, se détachent des sommets qu'elles couronnent, et tombent avec fracas dans les vallées, entraînant, brisant, écrasant, engloutissant tout ce qui se trouve sur leur passage et tout ce qu'elles rencontrent aux lieux où elles s'arrêtent.

C'est ce qu'on nomme *avalanches*.

Dans nos Alpes, où les montagnes sont plus nombreuses et dont les flancs sont plus escarpés que partout ailleurs, sur la Jung-Frau, par exemple, le Mont-Rose, etc., ce phénomène de la chute des neiges est fréquent et terrible.

J'aurais à vous raconter nombre de cruels sinistres occasionnés par les avalanches ; mais, vous le savez, l'espace qui m'est accordé ne le permet pas.

Lavanges, tel est le nom que l'on donne aux chutes de neige dans les Pyrénées, où elles ne sont ni moins fréquentes ni moins désastreuses.

En hiver, lorsque nos habitations sont couvertes de neige, nous avons quelquefois sous les yeux des avalanches en miniature. Une masse de neige se prend à glisser inopinément le long d'un toit incliné, grossit dans le trajet qu'elle fait sur la pente, et tombe avec fracas, si la hauteur de la chute est assez grande. D'autres fois, la neige s'accumule sur le bord des toits, déborde en surplomb et finit par tomber quand son poids la détache.

Substituez la pente rapide d'une montagne à la petite superficie d'un toit, et un escarpement de plusieurs milliers de mètres aux murs d'une simple maison, et vous concevrez facilement ce que le prodigieux accroissement des causes doit opérer sur la grandeur de l'effet. Aussi ne serez-vous pas surpris en apprenant qu'une masse de neige, après avoir parcouru quelques kilomètres sur les talus d'une haute montagne, en descendant jusqu'au plus profond d'une vallée, y ensevelit des villages, écrase les maisons, fait périr des populations entières, et arrête subitement des rivières dans leur cours.

J'ai vu tomber ainsi quelques avalanches dans les Alpes. Certes! je dirais, je proclamerais que c'est un merveilleux spectacle que de voir rouler, comme un large tourbillon de blanche poussière, et se transformer en une admirable cascade d'argent qui se précipite dans l'abîme d'une hauteur vertigineuse, ces redoutables avalanches, si... l'on n'avait à pleurer sur les désastres lamentables dont elles sont la cause déplorable.

Les causes de ces éboulements de neiges sont bien différentes généralement parlant, et leurs effets varient de même, suivant la nature des forces qui les produisent.

Lorsque le froid est médiocre, les molécules neigeuses adhèrent entre elles et peuvent former des masses assez compactes qui agissent par leur poids et entraînent des arbres et même des rochers. Mais si la température est au-dessous de vingt degrés Réaumur, ce qui n'est pas rare dans les Alpes durant l'hiver, la neige devient alors pulvérulente. Aussi, dès qu'elle est mise en mouvement, ce n'est plus qu'une poussière incapable d'agir par sa masse, mais qui expose le voyageur à d'autres dangers. Les vents impétueux qui soufflent très souvent dans les régions montagneuses soulèvent ces neiges incohérentes. Livrées alors aux moindres agitations de l'air, on les y voit flotter, même par un temps assez calme en apparence. Qu'un ouragan vienne les

ut aussitôt des nuages de fine poussière très
ut périr plus d'hommes que la chute des gran-

Lorsqu'il tombe de la neige en abondance et qu'elle n'a pas eu le
temps d'adhérer aux neiges anciennes qui forment comme un miroir
de glaces, le moindre ébranlement dans une vallée, un coup de pisto-
let, le simple tintement d'une clochette, et même des éclats de rire,
suffisent pour déterminer la chute d'une avalanche. Aussi, avant de
s'engager dans des gorges et des cols de montagnes, étroits et difficiles,
on met tout exprès l'air en mouvement, soit en criant, soit en déchar-
geant des armes à feu. Une fois l'avalanche tombée, le chemin devient
sûr. Mais si la chute de neige ne se fait pas, aussitôt qu'on est en marche le silence le plus rigoureux est observé, et les sonnettes des mu-
lets sont remplies d'étoupes.

J'ai dit, et nous passons à un autre sujet.

V. — Où l'on voit la main de Dieu. — Couches fossilières : 1° Plantes ; 2° Poissons ;
3° Animaux selon l'ordre genésiaque de la création. — Époque quaternaire. — Déluge universel. — Terrains diluviens. — Résultats du diluvium. — Excavations,
antres et puits. — Cavernes à ossements. — Preuves de l'élévation des eaux du
déluge. — Nouvelle transformation du globe. — Causes de l'inondation diluvienne.
— Qu'est-ce que la pluie? — L'homme entre deux eaux. — Peut-on nier le diluvium? — Médailles du déluge. — L'homme primitif ou antédiluvien. — Ages de
pierre et de bronze. — Habitations lacustres. — Palafites et leurs reliques. — Période alluviale. — Terrains d'alluvion. — Comment ils se forment. — Ce qu'on y
trouve.

Cette création de l'univers, si grandiose, si réfléchie par son divin
auteur, si lente pourtant, si tourmentée en même temps sans doute
pour mieux établir l'harmonie des substances, si merveilleusement
conduite enfin par la sagesse éternelle, comme la Genèse nous la développe avec tout le lustre de sa grandeur, avec tout l'éclat de sa majestueuse simplicité!

Chose prodigieuse! l'esprit humain s'est exercé pendant 4,000 ans à
chercher la solution du problème de l'existence des mondes, et toujours ses systèmes ont été d'autant plus absurdes qu'ils se sont plus
éloignés du récit du Livre de Moïse.

Afin de pouvoir nier Dieu, des hommes ont prétendu que l'univers
était éternel, et partant qu'il n'y avait pas eu d'architecte de ces sphères qui le composent. Vains efforts et stupide impiété! Le monde a eu
un commencement : donc il a un auteur! Invoquerait-on pour lui une
génération spontanée? Mais non : *omne vivum ex ovo*... a dit Harvey.

Or, l'œuf, la terre nous en découvre le germe, et l'exhibition de ses entrailles nous montre la main de celui qui l'a placé.

Aussi, aujourd'hui que la géologie a pu s'asseoir au rang des sciences, on dirait qu'elle a puisé sa raison, je dirais presque le plan de ses diverses parties, dans la narration génésiaque de la Bible.

En effet, les jours ou époques de la création se trouvent maintenant inscrits sur les écorces successives de la terre, dans le même ordre que dans le Livre de Moïse.

L'immense dépôt qui compose la surface de notre planète correspond au chaos de la Genèse, à cette vaste confusion des éléments dans les eaux.

Puis, les couches fossilières, par leur ancienneté respective, correspondent à l'ordre qui a présidé à la naissance des êtres, d'après Moïse :

Plantes d'abord ;

Poissons ensuite :

Animaux terrestres enfin.

Voici venir actuellement l'ÉPOQUE QUATERNAIRE qui sera témoin de l'œuvre par excellence, la création de l'homme.

Je vous ai dit précédemment que les fossiles n'ont pas été enfouis en terre à la profondeur où on les rencontre par la main de l'homme, puisque l'homme n'existe pas encore. S'il eût existé, ne trouverait-on pas de lui, comme des autres animaux, comme des poissons, comme des plantes, quelques débris cachés sous les diverses enveloppes de notre sol ?

Mais maintenant tout est disposé enfin pour assister à l'apparition du chef-d'œuvre du Maître de la nature. L'homme va se montrer ; voici l'homme !

Lisez dans la Genèse l'admirable récit de cette création d'Adam et d'Eve, et de leur entrée en possession de l'Eden.

Mais lisez de même les pages sinistres qui signalent leur révolte contre Celui qui les tire du néant, et la punition dont elle est aussitôt suivie.

Hélas ! le Seigneur se repent d'avoir donné la vie aux hommes, et la mort est conviée à les châtier de leurs crimes.

A lieu le déluge, le grand déluge, le déluge universel.

« *Les eaux débordent de toutes parts ; les cataractes du ciel s'ouvrent, et elles engloutissent toutes choses sur la surface de la terre...* » disent les Livres-Saints.

A présent, ouvrons le sein du globe et voyons :

Une incommensurable ceinture de terrains bouleversés atteste partout le formidable cataclysme des eaux et l'action véhémente du déluge universel, empreintes ineffaçables que la science a eu tant de peine à admettre, et dont, de nos jours, elle ne peut plus se passer.

En effet, par suite du mouvement des eaux de ce déluge, dans les plaines et les vallées, sur les plateaux des collines, au sommet des monts même escarpés, quantité de substances terrestres sont arrachées, déclassées, transportées à d'immenses distances, enfouies ici et là, car le déluge nouveau enveloppe et ravage le globe entier. Je dis le globe entier, puisqu'il n'est pas un point de notre sphère où l'on ne retrouve le passage et le sédiment des eaux. Aux traces qui se produisent partout et aux innombrables vestiges et stygmates qui se rencontrent, il est facile de reconnaître que le niveau des océans dépassa la hauteur des montagnes secondaires.

Les terrains formés par ces nouveaux sédiments ont reçu le nom de *terrains diluviens.*

En France, près du bourg de Muret, sur la rive gauche de la Garonne, on voit trois niveaux successifs dont l'inférieur est celui de la vallée proprement dite, et dont le plus élevé correspond au plateau de Saint-Gaudens, qui sont évidemment trois niveaux de terrains diluviens.

Toulon est assise sur un monticule de terrain diluvien.

L'éminence de pierre, veinée de rouge, qui porte le fameux Parthénon, à Athènes, est un riche spécimen de terrain diluvien.

Dans le département de la Somme, on rencontre de nombreuses couches de terrains diluviens.

Ce qui constitue les terrains diluviens, c'est une couche de gravier composé de cailloux roulés, c'est-à-dire arrondis et polis, comme des galets, par un long frottement, et mélangés avec un sédiment sableux et terreux, qui est rougeâtre ou jaunâtre.

Du déluge universel résultèrent nombre de déplacements.

Par exemple, au sommet de hautes montagnes, sur l'Ararat, dans l'Arménie, précisément à l'endroit où s'arrêta l'arche de Noé, on trouve des restes d'animaux, des ossements de poissons, des coquillages qui peuplaient jadis les mers les plus éloignées de l'Asie.

Dans le voisinage des eaux équatoriales, on rencontre les débris d'autres animaux destinés à vivre sous les pôles.

Au sein des contrées glaciales, apparaissent les squelettes de quadrupèdes, créés pour les régions des tropiques; toutes choses qui démontrent le prodigieux mouvement des eaux déchaînées et la formidable violence de leurs agissements.

Alors furent ouvertes les profondes cavernes creusées par l'action érosive des eaux diluviennes, cavernes souvent immenses, dans lesquelles on ne peut pénétrer généralement qu'en rampant, et qui, composant des séries de longues galeries, s'étendent quelquefois à des distances considérables. Parmi les plus remarquables, on cite :

Les cavernes du Mexique, qui comptent plusieurs lieues de profondeur ;

Celles d'Antiparos ;

De Baumann, dans les forêts allemandes du Hartz ;

De Gaisenrentz, en Franconie ;

De Kirkdal, dans l'Yorkshire ;

D'Adelsberg, en Carniole ;

De Remonchamp, en Belgique ;

De Engis, dans la même contrée ;

De la Sainte-Baume, des Demoiselles, de l'Hycris, en France ;

Et d'Inkermann, dans la Crimée.

J'en passe, et des meilleures. Le sol de ces cavernes et de ces puits est ordinairement composé de cailloux roulés et d'argile plus ou moins rougeâtre. La plupart renferment des débris d'ossements fossiles que les eaux diluviennes y ont apportés.

Ces excavations portent le nom de *cavernes à ossements*, parce qu'elles ont servi de tombeau à de très nombreux animaux, entraînés par les eaux du déluge et enfouis dans ces bas-fonds avec toutes sortes de débris et de détritus de plantes, etc., etc.

En 1867, à la mémorable exposition de Paris, on voyait dans la galerie du travail une plaque fruste d'ivoire, sur laquelle une main *antédiluvienne* avait grossièrement gravé une silhouette de mammouth, et qui fut trouvée dans l'une de ces cavernes à ossements. D'où l'on peut conclure que les animaux monstrueux de la création existaient encore à l'époque du déluge, et que l'homme primitif a vécu parmi les races éteintes depuis lors.

Un fait qui démontre l'élévation des eaux du déluge, c'est que les fossiles de ces colosses se rencontrent plus généralement sur les hauteurs et les plateaux des montagnes. Ils y étaient donc venus chercher un asile contre l'invasion diluvienne. Ainsi, un jour d'été de 1834, je me promenais sur le sommet des collines de Saint-Urbain, dans la Haute-Marne, avec l'abbé Vouriot. Tout-à-coup mon savant compagnon avise un fémur gigantesque qu'il étudie sous toutes ses faces. C'était un fémur de mastodonte, bien authentique, certes! car l'Académie des Sciences de Paris, où je fus chargé de le remettre, accueillit cette trouvaille avec l'enthousiasme de vrais amateurs de paléontologie.

Alors, comme des convulsions intestinales des fournaises volcaniques, comme des énergiques compressions de froidure de la période glaciaire, il résulta de ce formidable diluvium que, sur la surface de notre sphère, il se produisit d'épouvantables affaissements, ici, là, d'énormes soulèvements, lesquels déterminant l'ébranlement des couches primordiales des terrains du globe, détruisirent l'ordre des

assises de notre terre, ébranlèrent les roches qui en sont la charpente
osseuse, et les mirent sens dessus dessous. Par là même l'agencement
primitif des substances qui composent notre planète se trouva transformé en un monstrueux chaos : amoncellements de roches colossales,
ballonnements de montagnes ; puis, tout à côté, horribles effondre-
ments, escarpements vertigineux, mystérieuses excavations, cirques
et fissures, vallonnements et rides informes.

Alors aussi, l'écorce de la terre devint un assemblage d'innombrables
curiosités, spécimens de toutes les substances des diverses couches,
immenses et intéressants débris qui fournirent les éléments d'une
science nouvelle, la géologie.

Toutefois, remarquons bien ceci : les plus prononcées des aspérités et des intumescences du relief de la terre nous semblent gigantesques uniquement parce que nous les comparons à notre petite structure. Mais qu'on les oppose aux vastes et prodigieuses dimensions de
la terre entière, et on les trouve tellement minimes qu'elles sont
moindres, en effet, que les bords d'une égratignure faite avec une
épingle sur un globe de un mètre d'épaisseur.

Le phénomène qui détermina le diluvium dont nous venons de nous
occuper fut la pluie, une pluie torrentielle, qui, d'après la Genèse,
tomba pendant quarante jours et quarante nuits.

C'est le moment de vous expliquer la cause de ce déluge, c'est-à-
dire la *pluie*, chers lecteurs.

Si l'on disait de l'espèce humaine qu'elle vit entre deux eaux, on
aurait de bonnes raisons de ne pas être cru sur parole. Et cependant,
en réalité, nous avons de l'eau sous nos pieds, de l'eau autour de nous,
et des fleuves atmosphériques au-dessus de nos têtes. L'eau nous
baigne le corps entièrement. Des cataractes sont suspendues au-dessus
de nous. En un mot, nous vivons en pleine eau.

Les poissons se meuvent au milieu d'une eau liquide ; nous, nous
vivons au milieu d'une eau *vaporisée*. Voilà toute la différence. Gardez-
vous de croire que cette eau soit purement accidentelle ; non. Otez autour de nous cette eau vaporisée, et bien que nous ayons encore de
l'air, nos organes s'en ressentiront vite ; ils finiront même par ne plus
fonctionner.

Or, cette mer d'eau vaporisée dans laquelle nous nous mouvons, est
un véritable trait d'union qui conjoint les océans de la surface terrestre avec les grands courants d'eau et de vapeur qui sillonnent les hauteurs de l'atmosphère.

Mais alors le lit de ces mers aériennes, manquant de point d'appui,
se défonce à un moment donné, et soudain l'eau, ou, si vous voulez,
la pluie, tombe.

L'eau vaporisée autour de nous est en quantité d'autant plus grande que ce sol sur lequel nous marchons est plus voisin des mers, des sources souterraines, ou que les courants humides supérieurs se rapprochent de nos têtes. Il arrive donc que lorsqu'une trop grande quantité d'eau vaporisée s'est accumulée près du sol, l'air ne peut plus la contenir. La vapeur se rapproche, se condense et forme des gouttes d'eau; la pluie tombe.

La quantité d'eau que peut conserver l'air à l'état de vapeur est d'autant plus grande que la pression barométrique est plus élevée et la température plus haute.

Aussi le mécanisme de la formation de la pluie est bien simple :

Si les nuages qui nous dominent sont chargés d'humidité, et si le baromètre descend, la pression baissant, l'air ne peut plus conserver, à l'état de vapeur, l'eau qu'il véhicule. Il faut qu'il laisse échapper l'excès, et dès lors la pluie survient.

Maintenant, qui fait baisser la pression pour amener la résolution des nuages en pluie?

Les courants ascendants.

Les vents du sud, sud-ouest, etc., marchent du sud au nord. Ils s'élèvent poussant l'air en avant et le soulevant. Alors les couches inférieures, déchargées du poids des couches supérieures, se dilatent, et la pression fléchit. Aussi, chaque fois que des vents humides envahissent les hautes régions, voit-on apparaître d'abord de petits nuages très élevés appelés *cirrus*. C'est l'avant-garde de la pluie.

La vapeur d'eau du courant humide se condense au contact de l'air très froid dans les hautes régions, et se cristallise. En effet, ces petits nuages sont un amas de cristaux de glace, véritables estafettes qui nous révèlent le passage des vents chargés d'eau.

Si le courant s'établit dans les hautes régions, l'air inférieur se dilate; de transparent il devient brumeux. Le baromètre baisse. La vapeur d'eau se liquéfie peu à peu; le ciel se couvre; la vapeur d'eau liquéfiée commence par se former en gros amas qui constituent ces nuages indécis et gris terne dont l'espace s'emplit. Puis la mesure est comble; l'air ne peut plus maintenir l'eau prisonnière; les premières gouttes tombent. Le temps est pris pour toute la journée, et partout où le courant supérieur passe et s'étale, partout tombe la pluie. Il se forme une large zone pluvieuse à bandes inégales, suivant la topographie et la nature du sol. La pluie semble en effet préférer certaines contrées à d'autres dont elles ne sont cependant distantes que de quelques kilomètres.

Lorsque l'on suit le curieux phénomène de la formation de la pluie, on est étonné de la ténuité des premières gouttes. Ce ne sont pas même des gouttelettes; c'est comme une poussière fine qui voltige dans l'air sans arriver à terre. Cette poussière d'eau épaissit petit à petit;

les molécules liquides s'entrechoquent, se réunissent, acquièrent du volume et du poids, et alors les globules tombent sur le sol.

De ce qu'il ne tombe pas d'eau sur le sol, il ne faut pas conclure absolument qu'il ne pleut pas. Il pleut souvent alors au-dessus de nous. L'eau ruisselle des hautes régions; mais, en arrivant à quelques centaines de mètres près du sol, elle trouve l'air chaud, une pression plus grande; aussitôt elle se vaporise, se **transforme** et disparaît à vos yeux.

Exemple : Un joli nuage nacré dessine ses formes arrondies au milieu du ciel bleu. Examinez-le avec attention à l'aide d'une lorgnette. Vous verrez le nuage se montrer dans un perpétuel travail de transformation. Il paraît se dissoudre et se reformer. On dirait qu'il y a une lutte et que ce nuage résiste à une force qui tend à l'entraîner et à l'emporter. Souvent même, il se partage; ses fragments s'éparpillent, s'effrangent, fondent, puis le tout disparaît dans l'azur du firmament.

C'est que, en effet, il s'est produit une lutte entre la condensation et la vaporisation de l'eau atmosphérique. Le nuage laisse échapper des gouttes de pluie; celles-ci tombent jusqu'à ce qu'elles pénètrent dans une couche assez chaude pour les vaporiser de nouveau, elles remontent, puis retombent, et ainsi jusqu'à ce que tout le nuage ait été vaporisé.

Il est impossible à un observateur de se tromper sur l'arrivée de la pluie, à l'inspection des nuages. On voit le travail de préparation se faire petit à petit. La vapeur descend des hautes régions vers la terre; les nuées grossissent, s'opalisent, le ciel disparaît derrière un rideau sombre de nuages entrecroisés.

Lorsque le brouillard tombe le matin, — signe de beau temps! disent les paysans. Mais, quand il remonte, — signe de pluie!... ajoutent-ils.

En somme, il est facile de voir, d'après ce qui précède, que le phénomène de la pluie réside tout entier dans le jeu alternatif de la condensation et de la vaporisation de l'eau atmosphérique, sous la double influence des variations de pression et de changement de température.

L'eau précipitée à l'état vésiculeux constitue le *brouillard*, dont nous parlerons en son lieu.

Une petite pluie fine, lente et froide, qui résulte de la résolution du brouillard en eau, porte le nom de *bruine*.

La pluie qui tombe sans que l'atmosphère soit chargée de nuages s'appelle *serein*, quand c'est le soir, qu'elle est comme tamisée par l'air; si c'est la nuit, elle se nomme *rosée*.

On appelle *giboulée* une pluie mêlée de neige et de grêle, enfin *averse, ondée, orage,* une pluie grosse et abondante.

Une pluie torrentielle est celle qui semble tomber du ciel comme de cataractes ouvertes à la fureur des eaux.

C'est une pluie de ce genre qui amena le déluge.

Que les incrédules ne viennent pas nier ce grand cataclysme, instrument de la punition du ciel! L'histoire et la fable en ont perpétué le souvenir. Les traditions de tous les peuples de l'antiquité, Egyptiens, Chaldéens, Perses, Indiens, Chinois, Grecs et Romains, confirment le récit de Moïse, et si ces traditions varient sur des circonstances accidentelles, que mille causes ont pu altérer, elles sont d'accord sur le fait principal, aussi bien que sur l'époque.

Il résulte du déluge des terrains diluviens, ai-je dit. Or, les débris d'animaux et de plantes exotiques, les amas de coquillages rencontrés au sommet des montagnes et qui ont été appelés les *médailles du déluge*, ne s'expliquent, en effet, sur les couches inférieures du globe, que par l'invasion des eaux, par un bouleversement capable de jeter tout-à-coup la mer des Indes ou du Pérou au milieu des montagnes de l'Europe.

On dira que les fossiles des animaux et des plantes se trouvant dans les terrains diluviens, puisque le diluvium a eu lieu pour punir l'humanité criminelle, on devrait dès lors trouver aussi des ossements d'hommes...

De ce qu'on n'en rencontre pas, suit-il qu'il n'en existe point, qu'il n'en a jamais existé? On n'en voit pas en Europe, qui, peut-être, n'était pas encore peuplée; mais est-ce à dire qu'il n'y en ait point en Asie? Ensuite, si on ne rencontre pas de fossiles humains, on trouve quantité de choses, ustensiles de chasse, de pêche, de ménage, de métiers, qui proviennent de l'homme primitif : silex taillés en flèches, en lances, en haches, en hameçons, en polissoirs, en couteaux... Et qui sait si, à un moment donné, les géologues ne rencontreront pas ces fossiles humains tant cherchés? Déjà le savant M. Boucher de Perthes a trouvé des fragments qui appartiennent évidemment au squelette d'un homme; d'autres encore ont exhumé des débris humains.

Et puis n'avons-nous pas vu sortir du sein des lacs de Suisse et d'ailleurs, alors qu'un phénomène inexpliqué fit baisser leurs eaux, en 1854, n'avons-nous pas vu apparaître les *habitations lacustres*, avec leurs palafittes, autour desquels gisaient les reliques des âges de pierre et de bronze, reliques laissées là par l'homme primitif, surpris soudain par la mort?

De ces temps curieux et intéressants à connaître de l'homme primitif, j'ai à vous révéler le mot de l'énigme dans un travail spécial, qui ne peut fâcheusement trouver place en ces pages sur le diluvium. Mais je le réserve pour mon LIVRE D'OR DES GRANDES CURIOSITÉS DU GLOBE, dont il formera les premiers chapitres.

Jusque-là, contentez-vous de ce que je viens de vous apprendre en quelques mots, et de la conclusion qu'il faut en tirer, à savoir : qu'aux jours du déluge universel l'homme existait et qu'il fut puni de mort par les eaux.

A la suite de la formation des terrains diluviens succède une nouvelle période, dite période des alluvions.

La PÉRIODE ALLUVIALE, ainsi nommée du mot *alluvion*, qui veut dire entassement, accumulation successive, par le mouvement, le déplacement et l'agitation des eaux qui courent sur la surface de la terre, de vase, de fange, de sables, de graviers, de débris organiques et de détritus de toute nature, entraînés par les eaux soit des rivages de la mer et des océans, soit des fleuves et des rivières, la période alluviale, dis-je, s'exerce maintenant sur la surface supérieure de notre planète terre.

Cette superposition incessante de matières diverses, de substances, de produits, de reliques, d'objets de tous genres, donne naissance aux TERRAINS D'ALLUVION, qui se forment chaque jour, et par conséquent les plus récents de tous.

Les alluvions se forment, soit lorsque les mers désertent certaines côtes pour se porter sur d'autres, en abandonnant ainsi leurs premiers rivages, soit lorsqu'un fleuve détache une partie de ses rives et les transporte sur un autre point, soit lorsque le cours d'un fleuve venant à se ralentir, il s'élève des îles dans son sein par suite de dépôts successifs.

Les terrains d'alluvion se forment presque sous nos yeux. Les deltas de la Basse-Egypte et du Danube, ceux du Rhône et de tous les fleuves qui se rendent à la mer par plusieurs embouchures; le sol des vallées du Pô et de l'Arno, des polders de la Hollande, et, en général une grande partie des terrains qui bordent la mer du Nord, les rives du grand cours d'eau du Nouveau-Monde, l'Orénoque, les Amazones, le Mississipi, etc., sont des exemples d'alluvions dus aux crues d'eau de l'époque actuelle, qui est l'époque quaternaire.

La surface des grandes plaines et le fond des grandes vallées sont aussi recouverts ordinairement d'un puissant terrain d'alluvion, qui remonte même à des temps antérieurs à notre époque.

Nombre de fleuves, la Seine, par exemple, le Rhône, la Loire, et presque tous les grands cours d'eau de notre vieux Monde, en un mot, du moment qu'ils ne sont pas emprisonnés par des quais de granit, s'écartent petit à petit de leur lit ancien et se fraient un chemin nouveau à travers les plaines et les vallées, appauvrissant les riverains de droite, enrichissant ceux de gauche, mais cachant, enfouissant dans le limon de leurs eaux des débris entraînés jadis par leurs ondes, ou délaissés, jetés par le hasard sur leurs bords, ou immergés dans leurs gouffres. La Méditerranée ne baignait-elle pas Aigues-Mortes, au temps de Louis IX ? Maintenant le terrain d'alluvion abandonné par elle ne compte pas moins de deux lieues de zone livrée à la main de l'homme. N'est-ce pas ainsi que beaucoup d'autres mers désertent leur point d'arrivée primitif ?

Combien de fois ne lisons-nous pas dans les feuilles archéologiques, dans les gazettes de découvertes, dans les revues de géologie, de paléontologie, etc., que sur telle ou telle longitude, à telle ou telle latitude, un laboureur a fait sortir du sein de la terre, là où coulaient autrefois les eaux du Tagliamento ou du Tibre, de la Save ou de la Theiss, de l'Oder ou la Néva, des armes, casques et cuirasses ; des vases, tout le riche assortiment de table de Varus, par exemple ; des patères, des statues, des rostres, des bronzes funéraires, des trésors même, des animaux d'or, etc. ?

C'est ainsi que, tout récemment, de notre fleuve parisien, près de Corbeil, à Saintry, l'infatigable explorateur des choses d'autrefois, M. Campagne, exhumait tout l'attirail et l'équipement de nombreux légionnaires romains, aigles, pilums, fers de lances, amphores de bronze, mors et chanfreins, etc., etc., toutes choses témoignant évidemment du passage de l'armée de Labiénus, lieutenant de César, le vainqueur des Gaules, allant à la rencontre du Gaulois Camulogène, sur le plateau de Saint-Germain, au lieu dit *Champ dolent.*

J'aurais à vous mettre sous les yeux une immense nomenclature d'exhumations de ce genre faites chaque jour dans les terrains d'alluvion. Il n'est pas un musée de nos plus modestes cités de l'Europe qui ne puisse en montrer de très curieux spécimens, ou en objets de matières précieuses, ou en trouvailles du plus grand intérêt, au point de vue de l'art, de l'histoire, etc., toutes choses arrachées au sol des alluvions par les mains les moins aptes à connaître, à juger, à deviner les richesses des gisements.

Mais, assez sur ce sujet.

VI. — Des météores en général. — L'air et sa nature. — Ce qu'on nomme atmosphère. — L'air existe-t-il ? — Expériences sur l'air. — Qu'est-ce que le baromètre ? — Énorme pression d'air sur le corps humain. — Composition de l'air. — Gaz oxygène et gaz azote. — Élasticité de l'air. — Phénomène du son. — Mirage et réfraction. — Météores aériens. — Vents. — Vents réguliers. — Vents alizés. — Vents périodiques. — Moussons. — Brises de terre et brises de mer. — Vents variables. — Vents extraordinaires. — Trombes. — Typhons. — Tourbillons. — Cyclones. — Rafales. — Météores aqueux. — Brouillards. — Nuages. — Rosée. — Pluie. — Neige. — Grêle. — Givre. — Glace.

Délaissant désormais les abîmes et la surface de notre planète terre, nous allons nous élever dans les hautes régions qui entourent notre sphère, et traiter de la météorologie, c'est-à-dire de l'étude des météores.

Météore signifie *élevé dans l'air*, et ce qui, dans l'usage vulgaire s'applique uniquement aux phénomènes extraordinaires apparaissant dans le ciel, désigne, en physique, tous les phénomènes qui se passent dans l'atmosphère.

D'abord *météores aériens*, vents, trombes, typhons, cyclones, tourbillons, rafales, etc. ;

Puis *météores aqueux*, c'est-à-dire brouillards, nuages, pluie, neige, glace, rosée, grêle, givre, etc. ;

Météores ignés ensuite, à savoir électricité, éclairs, foudre ou tonnerre, feu Saint-Elme, feux follets, feu grisou, étoiles filantes, bolides et aérolithes ;

Et enfin *météores lumineux*, soit aurores boréales, lumière zodiacale, arc-en-ciel, parhélies, hâlos ou parasélènes.

Toutefois, dans ce qui doit nous occuper en météorologie d'après l'énumération que je vous présente, remarquez qu'il ne sera plus question de neige, pluie, lumière zodiacale, parhélie, hâlo ou parasélène, attendu que nous en avons parlé précédemment, selon les sujets que nous avons eu à traiter.

Avant tout, il est essentiel que je vous entretienne de l'air, l'élément qui sera le théâtre en quelque sorte des phénomènes dont l'analyse et la synthèse passeront sous vos yeux.

L'air est une substance matérielle, fluide, pesante et par conséquent élastique, compressible et dilatable; puis transparente, sans couleur, invisible, sans odeur ni saveur, mais sensible au toucher.

Ce fluide gazeux forme autour du globe terrestre une enveloppe désignée sous le nom d'*atmosphère*.

L'air nous paraît incolore quand il ne compose pas une couche épaisse. Mais vu en masse, il se fait bleu. Cette couleur azurée, que le vulgaire attribue à une *voûte céleste* imaginaire, se montre dans toute sa pureté en l'absence de nuages. L'épaisseur de l'atmosphère est de seize à dix-huit lieues, et c'est dans cet océan d'air que naviguent les aérostats, comme les vaisseaux sur les mers. Mais quand on arrive à la dernière limite de l'air supérieur, l'azur du ciel formé par l'air disparaît, puisque cet air manque alors, et l'on se trouve plongé dans de profondes ténèbres, sur le noir desquelles on entrevoit à peine les points de feu qui signalent les soleils et les planètes de l'univers.

Nul être au monde n'ose contester que l'air soit transparent, invisible, inodore, insipide ; mais on conteste son existence, son poids, son élasticité.

L'air existe. Comme preuve, prenez un vase de terre dans lequel vous puissiez introduire la main. Fixez au fond un charbon allumé ; renversez le vase et plongez-le dans un bassin d'eau. Retirez-le ensuite, et vous verrez que le charbon n'aura pas été éteint, par la raison que l'air contenu dans le vase n'a pas permis à l'eau de pénétrer jusqu'au fond.

C'est sur ce principe que sont construites les cloches à plongeur.

L'existence de l'air n'est-elle pas constatée encore par les vents, dont je vous parlerai tout-à-l'heure ?

Les anciens philosophes croyaient que l'air sec n'était pas pesant ; les modernes savants ont reconnu et démontré le contraire.

Prenez un verre à boire ; remplissez-le d'eau ; placez dessus une simple feuille de papier que vous presserez contre les bords du verre avec le plat de la main. Renversez alors le gobelet pendant que vous presserez le papier. Enfin, ôtez la main et tenez suspendu par le fond le verre renversé. L'eau qu'il contient ne s'échappera pas, attendu que l'air extérieur, pressant le papier, l'en empêchera. .

Voilà pourquoi un liquide ne sort d'une bouteille que l'on tient renversée, et dont le goulot est étroit, que par saccades, l'air extérieur contrariant et retardant sa sortie.

C'est le poids de l'air qui fait monter l'eau dans les pompes. Et quand, par amusement, vous vous servez d'un chalumeau pour boire, n'allez pas croire que ce soit le liquide que vous aspirez ; c'est l'air qui pèse sur le liquide, et, cet air étant retiré, le liquide monte, forcé par la pression de l'air extérieur.

Il en est de même du jeu du siphon.

Dans une ascension aérostatique, comment se fait-il que, à une certaine élévation, le sang de l'homme s'échappe par le nez et les yeux ? Cela tient à ce que, la colonne d'air qui pèse sur chaque être de la création, ayant diminué de hauteur, n'exerce plus sur lui une pression aussi forte que lorsqu'il est à terre. On se fait difficilement une idée, en effet, de l'énorme pression que supporte le corps humain, pression qui serait désastreuse, si des forces opposées ne venaient la contrebalancer et lui faire équilibre. Ainsi, un homme de moyenne stature supporte une pression de plusieurs millions de kilogrammes, mais qui est insensible pour lui, parce que d'autres pressions réagissent en sens inverse, de telle sorte que les mouvements sont aussi libres que si cette pression n'existait pas.

Le poids de l'air n'a été compris et interprété qu'au XVIIᵉ siècle. C'est à Galilée que l'on doit cette importante découverte.

Plus tard, Toricelli a su l'appliquer à la construction de l'un des instruments les plus intéressants ; je veux parler du baromètre.

Le *baromètre* se compose d'un tube de verre long d'environ quatre-vingt-dix centimètres, qui, après avoir été rempli de mercure, le seul

9

métal qui soit liquide à la température ordinaire, est renversé par son extrémité ouverte dans une cuvette également remplie de mercure. Cet appareil est fixé sur une planchette divisée en centimètres de bas en haut. Il présente à sa partie supérieure un vide que l'on appelle *chambre barométrique* ou *vide de Toricelli*, dans lequel le mercure peut se mouvoir librement. Si l'on fait répondre le zéro de l'échelle au niveau du mercure de la cuvette, on voit que, malgré la communication établie entre ce liquide de la cuvette et celui du tube, ce dernier s'élève à environ 760 millimètres. Cette inégalité de niveau est due à la pression de l'air extérieur sur la surface du mercure contenu dans la cuvette. Elle prouve que le poids de la colonne renfermée dans le tube fait équilibre à cette pression de l'atmosphère.

Si, à la place du mercure, on employait de l'eau, qui est treize fois et demie moins pesante que le mercure, la colonne s'élèverait à une hauteur treize fois et demie plus grande, c'est-à-dire à trente-deux pieds, hauteur où elle parvient en effet dans les tuyaux de pompe.

Le baromètre sert à prédire la pluie et le beau temps. Quand la colonne est très élevée, c'est signe de beau temps. Quand elle descend, c'est signe de mauvais temps.

Le baromètre monte dans le premier cas, parce que l'air étant alors plus sec et plus pesant, exerce une plus forte pression sur le mercure de la cuvette. Dans le second cas, le baromètre descend, attendu que l'air étant alors humide et plus léger, exerce une moindre pression.

Comme la colonne mercurielle se déprime à mesure que l'on s'élève dans l'atmosphère, parce qu'elle fait alors équilibre à des couches moins élevées et conséquemment moins pesantes, on tire parti de ce fait pour employer le baromètre à mesurer les hauteurs.

En outre de sa pesanteur, l'air offre une résistance au mouvement des corps qui le traversent.

Laissez tomber d'un cinquième étage des substances différentes : métaux, pierre, bois, cire, plumes, duvet, etc., ces divers objets emploient plus ou moins de temps à parvenir à terre. Pourquoi ? Parce que leur masse étant différente, et l'air leur offrant une résistance égale, leur vitesse doit être d'autant plus diminuée qu'elles sont plus légères, tandis que, dans le vide, tous les corps, n'éprouvant aucun obstacle dans leur chute, tombent avec la même vitesse.

L'air joue un rôle immense dans la nature; il est l'élément de la vie universelle.

Moins pesant que l'eau de 770 fois, il se compose, d'après Lavoisier, qui le premier a fait l'analyse de sa composition, de deux substances différentes : *gaz oxygène*, ou créateur des acides, formant sa partie respirable, et *gaz azote*, c'est-à-dire sans vie, irrespirable et éteignant les corps en combustion.

En effet, que l'on mette un animal quelconque sur une planchette de liége flottant à la surface de l'eau et qu'on le recouvre avec une cloche de verre, l'animal s'affaisse et meurt.

Qu'on dépose une bougie sur ce même liége couvert d'un vase, la lumière pâlit et s'éteint.

C'est que la partie respirable de l'air est presqu'immédiatement consommée par l'animal ou la flamme, et quand il ne reste plus que l'azote, la mort remplace la vie.

L'homme et les animaux ne peuvent donc vivre longtemps dans une masse d'air limitée. De là, nécessité du renouvellement de l'atmosphère dans les lieux habités, et l'excessive lassitude et le commencement d'asphyxie que l'on ressent lorsque ce renouvellement d'air n'a pas lieu, ou que le nombre des individus est trop grand pour l'espace qui les renferme.

Ajoutons que, dans la respiration, comme dans la combustion du bois, du charbon, des huiles, etc., il se forme avec l'oxygène un autre gaz, le gaz *acide carbonique*, qui reste mêlé avec l'air, et qui a la propriété de faire périr les animaux, aussi bien que d'empêcher la combustion. Les trop nombreuses lumières dans un lieu resserré, ou bien la combustion du charbon dans une chambre où l'air ne se renouvelle pas facilement, peuvent produire les accidents les plus graves. Et pour preuve, c'est que de trop fréquents suicides ont lieu par le secours du charbon.

Un grand nombre de substances végétales et animales en putréfaction absorbent de même l'oxygène, et alors l'air est vicié à ce point qu'il est dangereux de pénétrer en certains endroits sans faire assainir l'air. Ainsi, trop souvent, dans les caves, les puits, les souterrains, etc., des ouvriers sont asphyxiés subitement. Il ne faut donc jamais pénétrer dans un tel lieu, sans y plonger une lumière. Du moment qu'elle pâlit, il est imprudent d'y entrer : et, si elle s'éteint, on court risque de la vie.

L'air n'est pas moins utile à la vie des plantes qui y puisent tout à la fois l'oxygène, l'azote et l'acide carbonique.

Mais ce qui intéresse le plus, dans l'air, c'est son élasticité.

N'est-ce pas au moyen de l'air que nous communiquons avec nos semblables? Eh bien! c'est lui qui est le véhicule du son, et par suite du langage, de la parole. Le son, transporté par l'air, à raison de l'élasticité de ce dernier qui fait ressort, parcourt 337 mètres par seconde.

Et cependant, quoique cette vitesse soit grande, elle n'est nullement comparable à celle de la lumière qui se propage avec une rapidité de trente-deux myriamètres par seconde, et nous arrive du soleil en huit minutes treize secondes.

C'est ce qui explique pourquoi, quand on aperçoit un objet placé à une grande distance et qui produit un son quelconque, le bruit n'est perçu que bien longtemps après que l'on a vu l'objet d'où il émane. De même encore, quand un bruit et une lumière se produisent simultanément, comme dans le tonnerre et la détonation d'un canon, la lumière frappe l'œil beaucoup avant que le son ne parvienne à l'oreille.

Maintenant, recueillez bien ceci : quand un rayon lumineux traverse l'air, il se réfracte, c'est-à-dire qu'il dévie de sa route primitive, et, s'il traverse l'atmosphère dans une grande étendue, il forme une courbe qui produit l'effet d'optique le plus remarquable, dans lequel on voit souvent les corps dans une position toute différente de celle qu'ils occupent réellement.

C'est ce que l'on nomme *mirage, réfraction.*

Sur ce genre de phénomène j'aurais de bien curieux récits à vous faire, mais je ne puis m'écarter de mon sujet, et je préfère vous entretenir du vent qui, certes! est bien du domaine de l'air, n'est-ce pas?

Le *vent* est un mouvement plus ou moins rapide d'une masse d'air qui se transporte d'un lieu dans un autre toutes les fois que l'équilibre de l'atmosphère est rompu par une cause quelconque.

Le poète Lucrèce décrit ainsi le vent :

« Il est des corps que l'œil n'aperçoit pas et dont toutefois la raison reconnaît l'existence. Tel est le vent, dont la fureur terrible soulève les ondes, submerge les lourds vaisseaux et disperse les nuages. Souvent, en tourbillons rapides, il s'élance dans les plaines qu'il jonche de la dépouille des plus grands arbres. Son souffle destructeur tourmente la cime des monts et fait bouillonner l'Océan avec un affreux murmure. Quoique invisible, le vent est donc un corps, puisqu'il balaie à la fois le ciel, la terre et les mers. »

Les vents soufflent dans tous les sens, horizontalement, verticalement, obliquement. Ils tournent sur eux-mêmes, se croisent, s'entrechoquent, et brisent tout sur leur passage. Mais leur direction la plus ordinaire est parallèle à la terre.

Les progrès de la navigation amenèrent, dès l'antiquité, la connaissance de la théorie des vents.

Les Grecs ne distinguaient d'abord que deux vents : *Borée*, renfermant tous ceux qui soufflaient de la bande du nord ou du demi-cercle compris entre l'orient et l'occident équinoxial; et *Notus*, qui signalait ceux de la bande du midi.

Mais plus tard, partageant l'horizon circulaire en quatre portions égales, de quatre-vingt-dix degrés chacune, ils divisèrent les vents d'après les quatre points cardinaux : Borée et Notus, ou vents du nord

rieurs, dont les girouettes signalent le sens du mouvement. Les courants supérieurs sont moins connus; il n'est possible de les étudier qu'au moyen d'aérostats, mais alors ce travail n'est pas sans danger. On a déjà reconnu que leur importance prime celle des courants atmosphériques qui rasent le sol ou s'élèvent quelque peu au-dessus de lui. La connaissance de ces courants est un des guides dans la prévision du temps, nouvelle science qui tend vers le progrès.

Dans la marine, on dit *avoir vent en poupe*, lorsque le vent frappe l'arrière du vaisseau, et *avoir vent debout* lorsqu'il frappe l'avant.

Le *vent d'amont* est celui qui vient de terre, et le *vent de mer*, celui qui vient du large.

Une autre division est basée sur la vitesse relative des courants. Elle se compose de douze nuances ou gradations : *calme, presque calme, brise légère, petite brise, jolie brise, bonne brise, vent frais, grand vent, vent impétueux, coup de vent, tempête* et *ouragan*.

Un mot, mais un mot seulement, des *vents extraordinaires*, rafales, tourbillons, cyclones, trombes et typhons.

Le *tourbillon* est un mouvement circulaire et violent que prend l'eau ou le vent lorsqu'ils sont très agités.

On nomme *rafale* le passage subit d'un vent modéré à un vent impétueux, augmentation soudaine de vent, mais qui dure peu. Les rafales ont lieu avant, pendant, et surtout après les tempêtes, dont elles sont alors comme les dernières convulsions. Elles se développent particulièrement aux anfructuosités des rivages qui s'ouvrent, ou bien en avant d'une gorge de montagnes.

Une *trombe*, du mot grec *strombos* (tourbillon), est un météore consistant soit en une masse de vapeurs, soit en une colonne d'eau enlevée par des tourbillons de vents et tournant sur elle-même avec une excessive vitesse. Elle offre la forme d'un cylindre ou d'un cône renversé. Ces trombes ont lieu partout, sur les mers, sur les lacs, sur les fleuves, dans les déserts comme au sein des régions habitées. Elles produisent d'indescriptibles ravages. Lorsqu'elles exercent leurs fureurs sur les terres, elles sont accompagnées d'un vent impétueux qui tourbillonne, enlève le sol par quantités immenses, les feuilles des arbres, les arbres eux-mêmes, les toits des maisons et les huttes, qu'elles transportent jusque dans les nuages. Elles arrachent de même les animaux à leurs prairies ou aux routes, et détruisant les habitations, elles font des hommes leurs tristes victimes. Telle fut la trombe qui, en 1845, désola la vallée de Monville, près de Rouen.

Mais quand leur action s'exerce sur les eaux, elles en soulèvent des masses énormes qui retombent ensuite avec fracas. On les appelle alors *typhon*. Ces trombes marines sont d'un aspect merveilleux, et on ne peut les contempler sans admiration lorsque, s'élançant de la surface des eaux, leurs spirales grandioses vont se confondre avec les nuages. Malheur alors aux navires qui se trouvent saisis par cette véhémente et irrésistible fureur de l'Océan!

Les typhons sont plus particuliers aux mers de la Chine, où ils se produisent surtout pendant les moussons.

Du reste, ce phénomène n'a pas encore été expliqué d'une manière satisfaisante.

Lorsque les vents se heurtent violemment, soit sur terre, soit sur mer, ils donnent naissance aux tempêtes circulaires appelées *cyclones* dans la langue scientifique moderne.

Dans nos contrées, les vents dominants sont le vent du sud-ouest ou courant équatorial, qui nous transmet la chaleur du tropique, et le vent du nord-est ou courant polaire, qui nous fait sentir les froids du pôle. Tous les autres vents peuvent être considérés comme une combinaison des deux courants du sud-ouest et du nord-est. Tantôt ces deux courants s'avancent côte à côte dans des directions opposées, mais parallèles, et restent superposés comme les courants de l'Océan; nous ne sentons alors que celui qui chemine au ras de terre, dans la zone inférieure à l'atmosphère. Tantôt ils se croisent à divers angles; alors ils se mélangent et produisent par la combinaison de leurs forces et de leur nature les différences de température qu'on observe lorsque le vent tourne plus ou moins dans la direction du pôle ou de l'équateur.

Or, toutes les fois qu'un courant polaire s'approche, l'air devient lourd et le baromètre monte.

Si c'est un courant tropical, l'air devient plus léger, et le baromètre descend, car la pression atmosphérique est moindre.

Le baromètre marque par avance les mouvements, et pour ainsi dire les pulsations de l'atmosphère.

Il ne faut pas croire que ces mouvements sont brusques et s'opèrent avec une grande rapidité. Non, quelque mobile que soit l'air, il est besoin cependant d'un certain temps pour qu'il reçoive l'impulsion des masses voisines qui le poussent en avant et l'entraînent dans leur marche.

Occupons-nous maintenant des météores aqueux.

Tout est analogue dans les deux océans qui recouvrent la terre, l'océan aqueux que le marin a sous les pieds, et l'océan gazeux ou air qu'il a sur la tête, et qui ne diffère du premier que par la légèreté du fluide.

La *pluie*, dont nous avons déjà parlé, mais qu'il est nécessaire de nommer encore, la pluie est pour l'un ce que l'évaporation est pour l'autre.

Les vents correspondent aux courants.

Descendez au fond de la mer, vous trouverez le calme absolu. Elevez-vous dans l'atmosphère au-dessus des nuages, par delà les montagnes, vous trouverez encore le calme, l'immobilité.

En sorte que les deux éléments, l'air et l'eau, qui se touchent sur la presque totalité de notre globe, semblent ne pouvoir être bouleversés que par les réactions qu'ils exercent mutuellement l'un sur l'autre.

Sur notre planète, le domaine de l'homme est la région des orages, et c'est une fiction poétique qui ne manque pas de vérité que de placer dans l'élévation des cieux ou dans les abîmes de la terre les lieux du repos éternel.

C'est entre le ciel et la terre, dans la région que nous pouvons pour ainsi dire toucher du doigt, que s'accomplissent tous les phénomènes météorologiques. C'est là aussi que nous devons chercher les causes qui leur donnent naissance et les lois qui les régissent.

Le moteur principal dans cette lutte incessante de l'air et de l'eau, c'est le soleil.

Le soleil pompe les eaux de la mer pour en faire des *nuages*, et il dépense à ce labeur quotidien une force équivalente à celle de plusieurs centaines de millions de chevaux.

Le soleil, qui crée ainsi les nuages, amas de brouillards plus ou moins épais, suspendus à diverses hauteurs dans l'atmosphère, quelquefois immobiles, le plus souvent emportés par des courants d'air ou par des vents impétueux, le soleil crée aussi les vents, car il échauffe inégalement les divers côtés du globe, puis il livre les nuages aux vents.

Alors intervient la rotation de la terre, qui détourne les vents de leur direction primitive. Mais si ces deux causes, le soleil et la rotation de la terre, agissaient seules, les phénomènes météorologiques seraient simples et uniformes. Nous observerions sur toute la surface de la terre cette régularité de mouvements qui fait sur les grandes surfaces planes de l'océan souffler régulièrement à chaque saison de l'année les vents alisés et les moussons. Mais il n'en est pas ainsi. Les chaînes de montagnes modifient déjà d'une manière grave la direction des vents et la marche des nuages. Puis, à la surface des continents et des mers, ces météores rencontrent d'autres causes perturbatrices en nombre presque infini, variables pour chaque localité, variables souvent d'une année à l'autre. Ce sont les immenses champs de glaces des deux pôles, qui s'avancent peu à peu vers les eaux chaudes de l'équateur, entraînés qu'ils sont par les courants marins, et qui refroidissent les vents d'ouest qui nous arrivent d'Amérique. C'est aussi le *gulf-stream*, courant d'eau chaude venant de l'équateur, qui réchauffe ces mêmes vents. Ce sont les nuages eux-mêmes, qui, plus ou moins opaques, retirent ou rendent à la terre la chaleur solaire, arrêtent ou retardent l'éva-

poration. Vous voyez de combien de causes dépendent toujours certains effets.

On admet en général que les vapeurs qui, s'élevant de la terre et surtout des mers, constituent les nuages, sont des *vapeurs vésiculaires*, c'est-à-dire des amas de petits globules remplis d'air humide, analogues aux bulles de savon. Ces globules se distinguent parfaitement à l'œil nu dans les brouillards qui s'élèvent sur l'eau chaude et sont bien plus denses que l'air. M. Gay-Lussac pense que les courants d'air chaud, qui s'élèvent incessamment de la terre pendant le jour, ont une grande influence pour déterminer l'ascension et maintenir la suspension des nuages.

Les nuages pourchassés par la tempête rasent le sommet des édifices. D'autres se maintiennent à quelques centaines de mètres. D'autres encore ne descendent pas au-delà des plus hautes cimes de nos montagnes. Aussi pour les touristes il arrive souvent qu'ils voient les nuages au-dessous d'eux.

Il ne se fait pas d'ascension aérostatique que les aéronautes ne traversent les couches de nuages et que leur ballon ne soit mouillé.

Dans la région des vents alisés, on trouve des nuages à plus de 6,000 mètres de hauteur. M. Liais en a observé un dont l'altitude calculée astronomiquement, était de près de 12,000 mètres, plus élevé d'une lieue que la plus haute montagne du globe.

En Europe, l'élévation moyenne de la zone où se condensent les vapeurs semble osciller entre 2 et 3,000 mètres.

Quant à l'épaisseur des nuages, elle varie sans cesse. On a observé des nuages dont les dimensions verticales atteignaient 5,000 mètres. Très souvent on en trouve d'une épaisseur de 500 mètres.

La couche nuageuse qui entoure habituellement le pic de Ténériffe a presque constamment 300 mètres.

A côté de ces dimensions considérables, il va sans dire qu'il se trouve des nues n'ayant guères que dix, neuf et huit mètres.

Nous avons dit que du moment où la vapeur dont se composent les nuages reprend la forme liquide, il en résulte la pluie.

Les masses de vapeurs répandues dans la partie de l'atmosphère la plus voisine de la terre ne sont plus des nuages, ce sont des *brouillards*. Au lieu de former des groupes, comme les nuages, le brouillard se répand sur toute la surface d'une contrée en une vapeur plus ou moins épaisse, généralement uniforme, qui trouble la transparence de l'air.

Les brouillards se forment dans l'atmosphère toutes les fois qu'il y arrive de la vapeur d'eau à une température supérieure à celle de l'air ambiant, c'est-à-dire entourant la terre. Ainsi, lorsque la température de l'air vient à se refroidir subitement, des brouillards s'élèvent au-dessus des lacs, des rivières, parce que, la température de ces eaux

étant plus élevée que celle de l'air, la vapeur qui en sort, mise en contact avec un air plus froid, se condense en partie. Elle apparaît alors sous la forme d'une fumée, d'autant plus épaisse que la différence des deux températures est plus grande. C'est ce qui se passe lorsque nous voyons s'échapper de la vapeur d'un vase qui contient de l'eau chaude.

De même, dans un temps de dégel, l'air étant devenu brusquement plus chaud, et se trouvant en contact avec la surface plus froide de l'eau ou du sol, la vapeur d'eau qu'il contient se condense et forme un brouillard.

Les brouillards sont de même nature que les nuages.

Un brouillard est un nuage dans lequel on se meut, et les nuages sont des brouillards dans lesquels on n'est pas.

La vapeur humide et fraîche qui se dépose sur la terre et les plantes en gouttelettes très déliées, prend le nom de *rosée*. Tombe-t-elle le soir? cette rosée s'appelle *serein*. Après le coucher du soleil, par les nuits calmes et sans nuages, la terre et tous les corps dispersés à sa surface se refroidissent par l'effet du rayonnement vers les espaces célestes. L'air conserve mieux sa chaleur ; mais presque tous les corps deviennent plus froids que lui, suivant leur pouvoir rayonnant, leur conductibilité, l'aspect sous lequel ils peuvent voir le ciel, la manière dont ils sont exposés aux vents ou aux courants d'air. L'air, chargé de vapeurs d'eau, venant alors en contact avec les corps plus froids que lui, y dépose une grande partie de l'eau qu'il contient, et celle-ci se condense naturellement en plus grande abondance sur les corps les plus froids, sur ceux qui rayonnent le plus. Aussi voit-on la rosée se déposer de préférence sur la terre végétale, puis sur les plantes, puis sur les pierres, et en dernier sur les métaux.

Si ce phénomène de la rosée a lieu à une époque de l'année où la terre est moins échauffée, où les nuits sont plus longues, et où par conséquent la durée du rayonnement est plus grande, le refroidissement peut aller jusqu'à la congélation de la rosée, qui s'appelle alors *givre* ou *gelée blanche*.

Lorsque la température qui maintient certaines substances à l'état liquide vient à baisser d'une quantité suffisante, ces substances se durcissent et passent à l'état solide. Pour exprimer ce changement d'état, on dit alors que ces matières *gèlent*. L'eau, par exemple, gèle quand le thermomètre centigrade indique un degré de froid au-dessous de zéro de l'échelle de l'instrument.

La *gelée* a donc pour cause principale. avec le refroidissement opéré par l'absence du soleil, le rayonnement considérable qui se fait pendant l'hiver à la surface du sol, la température propre des corps tendant sans cesse à se mettre de niveau avec celle de l'air ambiant.

En Sibérie, la congélation se produit jusqu'à huit ou neuf mètres dans le sein de la terre. En France, il est rare qu'elle s'étende à plus de quarante centimètres.

Les plantes souffrent beaucoup de la gelée, surtout si elle vient après de longues pluies, après un dégel ou une fonte de neige. L'eau qui est contenue dans les végétaux occupant plus de place à l'état de *glace*, car la glace se dilate, qu'à l'état liquide, déchire alors les interstices où elle s'est logée, et elle rompt la fleur ou le bourgeon.

C'est la même force qui fend les pierres.

La solidification d'une substance quelconque est le produit d'un certain abaissement de température. Ainsi on peut considérer les métaux, les roches, l'or, l'argent, etc., comme de la glace, attendu que si ces matières étaient exposées à une chaleur convenable, elles seraient liquides, et couleraient comme de l'eau.

La neige est une sorte de glace, ainsi que la grêle.

La glace est donc, généralement parlant, l'eau solidifiée. Brisée et réduite en morceaux, elle prend le nom de *glaçons*.

On a longtemps agité la question de savoir si la glace se forme au fond ou à la surface des eaux. Plusieurs physiciens prétendent que les glaçons que charrient les rivières partent d'abord du fond. Cela n'est pas. La congélation commence par les bords, dans les endroits où l'eau est calme.

Si la glace était plus pesante que l'eau, dans les froids de longue durée, les rivières, les étangs gèleraient jusqu'au fond. Les poissons périraient alors infailliblement, attendu que les glaçons tombant au fond des eaux à mesure qu'ils se formeraient, toute la masse du liquide se solidifierait. L'eau est donc plus lourde.

Une masse d'eau est un préservatif du froid. Dès lors, une maison de neige offre, dans les pays très froids, un excellent abri. Aussi, chez les Esquimaux, trouve-t-on des villages de neige.

Ce serait pour moi l'occasion de vous conduire, mes chers lecteurs, jusques aux pôles, afin d'y visiter ces merveilleuses banquises, ces splendides édifices de glace, créés par la nature, qui font l'admiration des navigateurs, quand par bonheur ils échappent aux glaçons monstrueux qui, pouvant les envelopper dans leurs étreintes rigides, les retiendraient captifs des mois entiers. Hélas! dans l'impossibilité de vous mettre en train de plaisir pour cette destination, dans les pages de ce volume, je vous offre la primeur de ce voyage inédit, à l'apparition de l'ouvrage dont je vous ai déjà parlé, *le Livre d'or des Curiosités du globe.*

Mais, auparavant, je termine ce que j'ai à vous apprendre sur les météores aqueux par l'un de leurs phénomènes les plus redoutables : *la grêle!*

La grêle, croit-on, n'est autre chose que de la pluie congelée.

Ordinairement, les plus gros grêlons ne dépassent pas la grosseur d'une noisette. Mais on en a vu quelquefois de beaucoup plus volumineux, pesant jusqu'à deux cents et deux cent cinquante grammes.

La grêle précède généralement les pluies d'orage. Les nuages qui la portent répandent souvent une grande obscurité, et ont une couleur grise ou roussâtre. La chute de ce météore est précédée d'un bruissement particulier que l'on compare au bruit que feraient des sacs de noix entrechoquées. Le tonnerre et d'autres phénomènes électriques l'accompagnent presque toujours. La ruine des contrées, moissons hachées, vignes saccagées, arbres fruitiers déchiquetés, récoltes dévastées, maisons même endommagées, tel est le résultat de ce sinistre.

Un savant, M. Lecoq, enseigne avec une certaine vérité que la grêle se forme pendant les vents *d'impulsion*, et non *d'inspiration;* qu'il faut deux couches de nuages superposés et deux vents différents pour produire le météore. Il ajoute que les grêlons ne vont pas d'un nuage à l'autre, ainsi que le suppose Volta, mais qu'ils sont animés d'une grande vitesse horizontale, et qu'ils voyagent poussés par un vent très froid. Il dit qu'il est probable que le nuage supérieur soutient par sa puissance électrique le nuage inférieur, presque entièrement formé de grêlons, qui éprouvent à l'extrémité antérieure du nuage un phénomène de tourbillonnement très remarquable. Il prétend que le bruit que l'on entend dans l'atmosphère ne vient point du choc des grêlons, mais bien de la vitesse avec laquelle ils traversent l'air; que ces grêlons sont tous animés d'un mouvement de rotation très rapide; enfin que l'eau qui provient de la grêle n'est point pure, mais qu'elle contient des sulfates et des chlorhydrates. En dernier lieu il affirme que l'accroissement du météore est dû à l'évaporation de la surface des grêlons, ce qui les refroidit. Mais comme *Dieu a livré les mondes aux disputes des hommes,* il en est de la grêle comme de beaucoup d'autres choses :

. . . . *Adhuc sub judice lis est!*

VII. — Météores ignés. — Electricité. — Sa nature. — Eclairs. — Foudre. — Tonnerre.
— Eclairs dits de chaleur. — Effets de la foudre. — Ce qu'on nomme étincelle électrique. — Choc en retour. — Dangers du tonnerre. — Vitesse de l'électricité. — Ses
mystères. — L'électricité sous les tropiques. — Feux follets. — Feux Saint-Elme. —
Le feu grisou et ses victimes. — Pluies de pierres. — Drames en plein air. — Les
aérolithes expliqués. — Système cosmique. — Bolides ou globes de feu. — Etoiles
filantes. — Spectacle magique des nuits du 11 août et du 13 novembre. — Origine commune des aérolithes, bolides et étoiles filantes. — Météores lumineux. —
Arc-en-ciel. — Féerie des pôles. — Magnétisme terrestre. — Aurores boréales. —
Ce qu'est la boussole.

Il s'agit aujourd'hui d'un phénomène bien terrible et très redoutable : la foudre !

Nous sommes très éloignés cependant de ces temps d'ignorance où
le tonnerre était regardé comme le résultat de certaines influences
que s'envoyaient mutuellement les astres, ou comme le produit d'é-
manations terrestres.

De nos jours, tout le monde sait que le phénomène de la foudre a
une origine électrique et qu'elle appartient aux *météores ignés.*

Qu'est-ce donc que l'*électricité*?

D'aucuns expliquent les phénomènes électriques par deux fluides
distincts.

Le plus grand nombre des savants admet un seul fluide qui serait
tantôt en plus, tantôt en moins, d'où l'*électricité positive* et l'*électricité
négative.*

Le mot électricité veut dire *ambre jaune.* Pourquoi cette dénomination? Parce que c'est dans cette substance que l'on a découvert tout
d'abord le phénomène électrique. D'après ce que laisse entrevoir
l'ambre jaune, l'électricité serait un agent inconnu, doué d'attraction
et de répulsion. Mais on reconnaît que d'autres substances, le verre,
la soie, la résine, frottés avec énergie, attirent les corps légers, feuilles
d'or, bulles de sureau, sciure de bois, duvet, plumes, cheveux, etc.

Alors, on imagina une machine à roue de cristal développant en
grand l'électricité, et on l'appela *machine électrique.*

Mais où la matière électrique paraît dans toute sa puissance, terrible par ses effets, c'est dans la *foudre.*

L'atmosphère renferme toujours cette substance dite électricité.
Toutefois, les chaleurs de l'été développent bien davantage ce fluide,
et elles en chargent les nuages qui s'élèvent dans l'air et la véhiculent dans l'atmosphère, ce qui forme les *orages.*

Lorsque deux nuages chargés de beaucoup d'électricité se rapprochent l'un de l'autre, l'étincelle finit par jaillir ; mais quelle étincelle !
Elle peut atteindre près de dix kilomètres, comme on l'a constaté dans

les pays de montagnes, où l'observateur domine l'orage. C'est comme cela que l'on a calculé que l'électricité parcourt 180,000 kilomètres par seconde. Vous vous étonnez peut-être d'une pareille étendue; mais il suffit de remarquer que l'air des hautes régions est très dilaté, et dès-lors l'étincelle n'éprouve plus qu'une petite résistance dans son passage. En outre, les gouttelettes d'eau, suspendues dans l'atmosphère, favorisent la transmission électrique.

L'étincelle, ou plutôt l'*éclair* affecte la forme sinueuse ou en zig-zag. Il est d'un blanc éclatant; souvent il présente une teinte violacée et même verdâtre. L'électricité tombe successivement des nuages en un grand nombre de décharges : alors elle est à peu près détruite, et l'orage est éteint.

Tout individu qui, pendant un orage, a vu l'éclair, est sauvé, car c'est l'éclair ou la foudre qu'il porte qui tue ou blesse instantanément. On n'a pas le temps de voir la lueur, qu'on est foudroyé : on n'entend donc pas le coup. Aussi, c'est à tort que nombre de personnes se courbent avec effroi quand l'éclair vient de jaillir, attendant avec crainte que la détonation éclate avec son bruit sec et déchirant, appelé *tonnerre*.

Est-ce que le soldat que le boulet immole, avant d'être frappé entend jamais le bruit du canon? Non, certes! Le boulet fait quatre cents mètres par seconde à sa sortie de la pièce; or, quand le bruit arrive à l'oreille, — et je vous ai dit que le son parcourt 337 mètres par seconde, — le pauvre soldat n'existe déjà plus. De même, quand on entend les grondements du tonnerre, il y a déjà plus ou moins de temps que la foudre a frappé sa victime. N'oubliez donc pas que lorsqu'il vous arrive d'entendre la détonation du tonnerre qui éclate sur vos têtes, il n'y a plus rien à craindre; au contraire, c'est le signal de la délivrance.

Dans les amusements de société et les récréations foraines, vous avez dû voir souvent des étincelles jaillir des machines électriques. Eh bien! en petit, voilà l'éclair, voilà la foudre. Si vous dirigez une étincelle de la machine qui la produit sur un oiseau, par exemple, on voit tomber immédiatement le pauvre petit animal; l'oiseau est *foudroyé*.

Les *éclairs isolés* n'ont qu'une durée inappréciable.

Il ne faut pas confondre les éclairs directement produits sur notre horizon, avec les éclairs sans tonnerre. A la suite de journées brûlantes, on aperçoit souvent dans le lointain des lueurs instantanées, connues sous le nom d'*éclairs de chaleur*. Ces lueurs sont dues à des orages qui éclatent à d'immenses distances, et dont le bruit nous échappe.

D'autre part, un orage n'est pas toujours accompagné de la foudre.

Quand le phénomène électrique a lieu seulement de nuage en nuage, le sol, bien que plus ou moins influencé, n'est pas atteint. On entend le bruit que la réflexion du son sur les nuages environnants renforce, et la vapeur atmosphérique se condense. Cette rapide condensation est suffisante pour produire le froid, et alors les gouttelettes d'eau se congèlent, et il y a chute de grêle.

Mais pour que la foudre éclate, il est nécessaire que l'étincelle gigantesque qui, tout-à-l'heure se maintenait dans les hauteurs, jaillisse et descende jusqu'à terre. L'électricité du sol et l'électricité de l'atmosphère sont alors directement en jeu. Suivant que l'une emporte sur l'autre et que la résistance à leur marche est moindre de haut en bas ou de bas en haut, le trait de feu tombe sur le sol et foudroie le point touché; ou, dans un sens inverse, il monte du sol vers les nuages. Quelquefois même on voit l'éclair se bifurquer, et se trifurquer, en approchant de la terre. Cette subdivision doit être encore plus grande que l'observation ne permet d'en juger, car en examinant les effets d'un coup de foudre unique, on reconnaît que l'éclair a touché terre sur cinq, six et sept points différents. Aussi, quand la foudre se subdivise ainsi, le coup de tonnerre est formidable, puisqu'il y a plusieurs commotions simultanées.

Il est facile de juger la distance d'un orage en mesurant le temps qui s'écoule entre l'éclair et les détonations. Quand le coup retentit tout aussitôt après l'éclair, c'est que l'orage est proche. Les grondements du tonnerre deviennent alors plus nets, plus saccadés.

On peut être renversé, et même tué, loin du lieu foudroyé, par un phénomène connu sous le nom de *choc en retour*. Au moment où la foudre tombe, le sol qui vient d'être constitué dans un état électrique anormal par l'électricité atmosphérique, reprend brusquement son état primitif. L'équilibre se rétablit, mais la commotion qui en est la conséquence et qui se transmet quelquefois au loin, est assez énergique pour amener des accidents et causer même la mort.

L'éclair ne résultant que de l'action réciproque de l'électricité atmosphérique et de l'électricité accumulée dans la terre, il jaillira, lui l'éclair, là surtout où les deux électricités seront les plus voisines. C'est pour cela que le sommet des montagnes, les arbres isolés, les clochers, les cheminées, les navires en mer, sont fréquemment frappés de la foudre. L'électricité suivant de préférence les corps métalliques, on est presque toujours assuré de trouver ses traces le long des tuyaux de descente des toits, etc.

La foudre met le feu aux édifices; elle fond les métaux, les tortille, les soude, les dessoude; elle brise les pierres, les soulève avec une puissance inimaginable. En 1809, près de Manchester, un mur du poids de 26,000 kilogrammes fut arraché de ses fondements et déplacé de trois mètres. La foudre tue et transporte hommes et animaux, et néanmoins quelquefois on ne voit sur les corps aucun vestige de l'électricité.

Les personnes foudroyées sont renversées sans entendre le coup ni voir l'éclair.

Jamais le tonnerre ne répand l'odeur de l'acide sulfureux ; tout au plus la foudre est-elle accompagnée d'une senteur d'oxygène électrisé. Parfois, lorsque la foudre frappe la terre, on entrevoit des globules lumineux qui se meuvent avec lenteur et semblent éviter les objets terrestres. Ils éclatent ensuite tout-à-coup, en forme de zig-zags. La science n'a pas encore expliqué ces globules fulminants.

Le nombre de victimes que fait la foudre a été, de 1835 à 1852, de 1,308 personnes, tuées raide. Il faut tripler ce nombre si l'on y joint les personnes qui ont été seulement blessées. Vous voyez que la chance d'être foudroyé n'est pas si méprisable que le croient certains sceptiques. Il est donc bon, en temps d'orage, de ne pas dédaigner les précautions suivantes, surtout les hommes, car la foudre les frappe de préférence aux femmes dans la proportion de soixante-douze contre vingt-huit.

Dans les maisons, il est utile d'éviter la proximité des masses métalliques, de se débarrasser de celles que l'on peut avoir sur soi, et de s'éloigner des cheminées et des ouvertures. Il est bon de fermer les fenêtres, par là même, car les obstacles les plus simples arrêtent souvent l'électricité. Il est préférable de se placer au centre d'une pièce que près des murs et des angles.

Il y a plus de danger à se grouper qu'à se tenir isolé ; et si l'on possède une chaîne métallique, on peut la faire circuler près des principales pièces de métal de l'appartement à la cheminée ou au-dehors, et encore mieux la faire communiquer avec le puits de la maison. C'est éconduire la foudre.

Lorsqu'on est surpris en rase campagne, il faut bien se garder de se mettre à l'abri sous un arbre. Sur 107 personnes tuées de 1843 à 1854, 21 l'ont été sous des arbres. Quand l'orage est violent, il faut tâcher de suivre les parties les plus basses du terrain, et se placer à une distance d'un arbre à peu près égale à sa hauteur. L'arbre fait office de paratonnerre et reçoit la décharge. Mais alors il faut se coucher.

Enfin les personnes très impressionnables sont toujours à même d'éviter de voir et d'entendre... en se réfugiant à la cave. Le moyen est singulier, mais... efficace. D'ailleurs, dans ce cas, il ne s'agit pas de bravoure, il s'agit de... prudence!...

L'électricité ne parcourt pas moins de 180,000 kilomètres par seconde. Ne vous étonnez donc pas de la rapidité des communications au moyen du télégraphe électrique.

Dieu n'a révélé qu'à moitié encore les mystères de ce fluide étrange, et déjà cependant l'homme sait appliquer l'usage de ce qu'il en connaît à une infinité de besoins. Que sera-ce lorsqu'il aura mieux étudié les magnificences et les ressources infinies de cette admirable richesse de la nature.

Par ce que je vais dire, vous comprendrez que le problème de l'électricité n'a pas encore reçu toute sa solution.

En effet, dans nos climats tempérés, les manifestations de l'électricité ne nous sont connues que sous forme d'éclairs, de détonations, de coups de foudre, d'aurores boréales, etc. Mais il est certaines contrées plus électriques, celles où des plateaux et des montagnes produisent une tension plus énergique, ce qui donne lieu alors à des phénomènes inconnus dans les pays de plaine.

— Par exemple, me racontait un soir l'ami Varnier, en 1859, je gravissais, avec quelques-uns de mes officiers, la Cordillière de l'Amérique centrale, par un temps fort orageux. Des éclairs illuminaient les crêtes des pics et le ciel s'assombrissait du côté de l'océan Pacifique. Nous nous trouvions à 2,000 mètres d'altitude lorsqu'un vent violent remplaça brusquement l'alisé du nord-est. Alors les éclairs brillèrent sans interruption, couvrant de feux les chaînes de roches sur un immense parcours. Les coups de foudre se succédèrent avec un épouvantable fracas.

Quand on ne connaît pas les tempêtes tropicales, on se fait difficilement l'idée du spectacle. L'observateur est à la lettre couvert de feu, enveloppé d'électricité; les éclairs incendient l'espace. Le tonnerre éclate partout, sur les cimes, dans les forêts, au pied des mornes. Il raie le firmament de traits de feu s'entrecroisant en tout sens, comme les bombes et les fusées d'un bouquet d'artifice. C'est effrayant et splendide!

Le plus prudent était de descendre. A la hauteur de 1,900 mètres, l'orage parut se calmer. Au vent et à la grêle succédèrent le grésil et un épais brouillard. Nous nous mîmes à l'abri sous l'anfractuosité d'une roche, mais alors, au-dessus de nos têtes ce fut un bruit horrible, comme si des pierres s'entrechoquaient dans l'espace et que la montagne s'écroulât.

Soudain, un de mes hommes poussa un cri de douleur. En effet, ô prodige! ses cheveux se dressent sur sa tête, son visage devient phosphorescent, des aigrettes de feu sortent des boutons de cuivre de son uniforme.

— Je brûle! je brûle! nous dit-il.

Nous voulons nous approcher de lui, le toucher... Mais des étincelles jaillissent de toute sa personne. Il ressent des piqûres violentes, et sa douleur est cuisante.

Tout-à-coup l'affreux bruit cesse, car un violent coup de tonnerre qui retentit l'étouffe, et aussitôt tout retombe dans le silence. Notre pauvre incendié cesse de brûler...

Semblable phénomène s'était déjà produit, paraît-il, pour un savant de Mexico, M. Craveri.

Surpris de même dans une montagne de sa contrée, il constata le même bruissement sourd, et tous ceux qui l'entouraient éprouvèrent aux doigts, aux oreilles, au nez, des sensations électriques fort désagréables, piqûres et picotements. Les longs cheveux des Indiens de sa suite se tenaient raides et hérissés et donnaient à la tête de ces hommes un développement fantastique qui ne contribuait pas peu à les effrayer les uns les autres.

Il est certaines latitudes où l'électricité devient un tyran fort gênant. En effet, les vêtements de laine subissent son action et les membres qui y cherchent un refuge y sont atteints par de petites décharges incessantes. Pendant la nuit, les tapis font entendre des crépitements de petite guerre, et si on les foule à pas précipités, des lueurs de mousqueterie s'échappent des pieds. Gardez-vous de passer plusieurs fois au même endroit, car alors jaillira une étincelle de plusieurs centimètres, vrai coup de foudre en miniature dont le résultat est une douleur très vive.

Effrayés par ces feux d'artifices minuscules, les enfants s'enfuient en criant; mais les plus hardis s'en amusent. Aussi les voit-on se mitrailler volontiers à l'aide de cette électricité, car, pour ce jeu, il suffit de leurs doigts, du bout desquels souvent ils allument des becs de gaz.

Il est imprudent de s'embrasser aux heures d'orage. Des lèvres s'élancent des éclairs et le baiser se convertit en une piqûre. Il sort même des cheveux et du nez des zigs-zags microscopiques de feu, et malheur à ceux qui mettent alors en mouvement le moindre objet métallique, il devient aussitôt un très dangereux petit revolver électrique.

C'est dans l'Amérique centrale, comme aussi dans le Chili et le Brésil que se passent ces étranges phénomènes. Mais il est à noter que, dans ces contrées, l'électricité s'attaque de préférence aux hommes et aux animaux.

A vrai dire, les orages de notre Europe ne sont que des jeux d'enfants, si on les compare aux violentes tempêtes du Nouveau-Monde et de l'Afrique, où les éclairs ont une toute autre puissance et le tonnerre une bien autre voix.

Dans les Alpes, lors d'une ascension au pic Surlay, le savant M. de Saussure, avec d'autres explorateurs, étant arrivé à une hauteur de 2,300 mètres, s'arrêta au pied d'une pyramide en pierres sèches qui couronne la cime du pic. Là, les voyageurs plantèrent leurs alpenstocks à l'entour de leur caravane, pour se reposer. Le ciel était orageux, et alors se fit entendre un bruit rappelant les stridulations des cloches. Puis les bâtons fichés en terre se prirent à chanter comme font les bouilloires sur le feu et les coquemars en face d'un brasier. Aussitôt poils des moustaches, barbes, cheveux de se hérisser, épine dorsale de s'endolorir. En même temps, des lueurs enveloppèrent les roches et jaillirent des pics. La pyramide se mit à flamboyer, comme un pain de sucre énorme brûlant dans la flamme bleuâtre d'un punch colossal.

Ce phénomène, que l'on pourrait appeler le chant des bâtons ou le flamboiement des roches, sans être commun en Europe, s'y présente pourtant quelquefois aux heures solennelles des violentes tempêtes aériennes.

— Maintenant, la parole m'étant rendue par le capitaine Varnier, passons du grave au doux, et, comme le dit le poète :

. . . . *Paulô minora canamus.*

J'ai l'honneur de vous présenter le plus innocent des météores, mais en même temps celui qui inspire le plus de terreur aux braves gens de la campagne.

> Le soir, le paysan, trompé par les follets,
> Tombe dans les ravins ou dans les verts marais.

A qui de nous n'est-il pas arrivé de voir, une fois la nuit close, dans les champs obscurs, sur des chemins peu connus, se promener une lueur qui semblait être une lanterne portée par un voyageur ? L'appeliez-vous pour vous guider, la lanterne s'empressait de fuir. La peur vous faisait-elle vous éloigner au plus vite, la lueur vous poursuivait en dansant. Aussi le nom favori que les Anglais ont donné au feu follet est-il d'un romantisme enchanteur. Ils l'appellent *Jeannot avec sa lanterne.*

Le célèbre Beccaria assure que l'un de ces feux poursuivit un voyageur attardé pendant plus d'un mille.

Les feux follets sont de petites flammes légères, très capricieuses dans leur éclat, d'une excessive mobilité, qui marchent, dansent et voltigent à quelques pieds au-dessus du sol. Ces flammettes sortent des lieux humides et marécageux. On les voit se promener dans les lieux sinistres, champs de batailles, cimetières, enceintes de gibets, fondrières dont la perfide verdure simule une prairie aux yeux des voyageurs. C'est dans l'été et l'automne que les feux follets sortent des limbes de la terre. A les voir, à l'heure du crépuscule, on les prend parfaitement en effet pour une lanterne portée par un promeneur en retard.

On attribue l'origine et la formation de ces feux follets au dégagement du gaz hydrogène carboné, qui a lieu lorsque des matières animales ou végétales sont en putréfaction. Il suffit alors d'un léger courant électrique pour les enflammer. Plusieurs savants pensent même, non sans raison, que la matière des feux follets n'est autre chose que la matière de l'électricité.

Il arrive quelquefois, après une tempête violente, que les gens de mer voient la pointe des mâts de leurs navires et le gréement tout entier couronnés de flammes bleuâtres, qui voltigent et semblent s'attacher aux bois et aux cordages. C'est d'un effet charmant dans la nuit sombre. Ce sont les *feux Saint-Elme.*

A terre, on aperçoit ces mêmes feux volants qui sillonnent l'horizon à l'heure des tourmentes.

Les feux Saint-Elme sont des gaz très inoffensifs, car ils ne causent jamais aucun dommage. Ils sont produits par des exhalaisons qui accompagnent les orages et en présagent la fin. Deux feux Saint-Elme qui se montrent simultanément sont un signe de bonheur pour les marins. Un seul, au contraire, annonce le retour d'une nouvelle bourrasque ou d'un ouragan.

De nos jours, où l'industrie emploie ses millions de bras à creuser des mines et à sonder les entrailles de la terre, qui n'a entendu parler du terrible *feu grisou?*

Le feu grisou, disent les savants, est un composé d'hydrogène et de carbone qui s'échappe des houillères et des mines. Il s'enflamme et fait explosion lorsqu'il est mis en contact avec l'oxygène de l'air. Il suffit aussi de la flamme d'une lampe pour que la combinaison s'opère. L'explosion se produit alors instantanément. Elle brise, elle renverse, elle tue. L'atmosphère souterraine est viciée, et l'asphyxie frappe ceux que la commotion a épargnés.

Hélas! le grisou a ses annales et son martyrologe!

Je ne puis retracer ici les scènes de désolation, les cris, les angoisses des familles en pleurs venant redemander à l'abîme les victimes qu'il a englouties. Ce que je veux rappeler seulement à l'éternel honneur du peuple, c'est le dévouement des ouvriers mineurs quand éclate un sinistre aussi lamentable. Le houilleur, s'il s'agit d'arracher ses camarades à la mort, ne connaît pas de péril. On voit des femmes même implorer la faveur de descendre dans les mines pour en arracher et sauver leur mari, leur père, leurs frères ou leurs fils

Espérons que la lampe Davy, perfectionnée, ne permettra plus au feu grisou d'exercer souvent ses ravages!

La lune serait-elle donc si mauvaise voisine qu'elle se donne parfois les loisirs et le divertissement de lancer des pierres sur le domaine de la terre, sa suzeraine? On l'a cru pendant longtemps.

Les Livres saints nous racontent que, au temps de Josué, il tomba une pluie soudaine de pierres, alors que les Israélites combattaient à Beth-Horon, et que les ennemis du peuple de Dieu succombèrent sous les coups de cette tempête insolite.

Malchus parle d'une pierre qui tomba en Crête et fut regardée bientôt comme le symbole de Cybèle, mère des dieux.

En l'an 1168 avant Jésus-Christ, une masse de fer ignée tomba sur le mont Ida, dans la même île de Crête.

Sous Tullus-Hostilius, à Rome, des pierres tombèrent du ciel, sur le mont Albain, voisin de la Ville Eternelle.

Le philosophe Anaxagore raconte que l'on vit descendre des airs, à Ægos-Potamos, en 465 avant Jésus-Christ, une pierre aussi large qu'un chariot et de couleur fuligineuse.

En Chine, ce qu'il tomba de pierres venant des airs est incalculable. C'est le pays du monde où ce genre de pluie ait été le plus fréquemment signalée. Deux de ces pierres, trouvées à Vunq, firent un tel bruit dans leur chute, qu'on les entendit à quarante lieues de distance.

Dix pages ne suffiraient pas à cataloguer les pluies de pierres qui eurent lieu dans toutes les contrées du monde, et surtout dans nos temps modernes.

En 1803, une grêle de pierres s'abattit en plein jour près de la petite ville de Laigle, en Normandie. Ces pierres s'enfonçaient en terre; elles étaient brûlantes et répandaient une odeur de soufre insupportable. La plus grosse pesait neuf kilogrammes.

Le voyageur Pallas racontait, en 1749, qu'il avait vu à Saint-Pétersbourg une masse minérale de huit cents kilogrammes découverte par un Cosaque au sommet d'une montagne schisteuse, en Sibérie. C'était une masse de fer que les Tartares regardaient comme sacrée, parce que cette montagne ne contenait aucune trace de ce minerai ferrugineux. Il fallait bien qu'elle fût venue du ciel.

Le 24 juillet 1790, un paysan qui labourait son champ, à Juillac, dans la Corrèze, vit tomber tout-à-coup autour de lui plusieurs grosses pierres. Le bonhomme se détourne aussitôt en maugréant contre ses voisins; mais il s'aperçoit alors qu'il est seul. Tout-à-coup, une nouvelle pierre, beaucoup plus volumineuse, tombe, en sifflant, à ses pieds, et s'enfonce en terre. Saisi d'effroi, le paysan s'enfuit au village. Mais, là aussi, des pierres rebondissent sur les toits des chaumières, de sorte que l'infortuné ne trouve d'autre moyen d'échapper au danger que de s'enfermer dans sa cave.... Les savants, appelés en hâte, témoignèrent à l'Académie de Paris de cette chute de pierres. Mais les doctes académiciens se contentèrent de rire, en proclamant impossible l'événement en question. On leur envoya de superbes spécimens de ces pierres; hélas! à l'évidence ils opposèrent une opiniâtre fin de non-recevoir.

Plus récemment encore, dans les Vosges, au village de la Baffe, près d'Epinal, un matin, un homme du pays revenant d'un marché voisin, entend, dans le lointain d'abord, puis assez près de lui et enfin se rapprochant tout-à-fait, un bruit strident fort semblable à celui d'une charrette mal graissée qui court sur un chemin raboteux. Puis ce bruit se modifie et ressemble à un horrible cliquetis de bouteilles qui se briseraient, à l'affreux éclat d'un obus qui prend feu, et enfin à une explosion étouffée qui se ferait dans la poussière. En ce moment, en effet, notre Vosgien aperçoit un météore qui s'abat sur la terre, se partage et disperse au loin ses débris. Le paysan court au plus vite vers le point frappé par le feu du ciel et trouve un large trou rond, les parois enfumées exhalant une forte odeur de soufre, et, au fond, à quelques pieds, une masse de pierre noircie, grise en-dedans, grenue, friable, parsemée de points brillants et de filets ferrugineux à l'état métallique, égalant en volume un boulet de six.

Donc il tombe des pierres du ciel, c'est-à-dire de l'espace, et ces pierres ne sont autres que des *aérolithes*, sur lesquels je vous dois une explication.

De tous les météores, le plus rare, et par cela même le plus curieux, est sans contredit celui des chutes de pierres à la surface de notre planète.

Que d'hypothèses n'a-t-on pas faites, que d'opinions n'a-t-on pas émises pour expliquer l'origine et le mode de formation de ces corps mystérieux!

Malgré tout, la science en est encore réduite à cette heure à des conjectures, ou du moins à de simples probabilités.

Les systèmes explicatifs de l'intéressant phénomène des aérolithes se réduisent à deux :

Le système cosmique ;

Le système terrestre.

Généralement on adopte aujourd'hui le premier. Voici comment on l'explique :

Si, comme notre planète terre, l'homme pouvait franchir l'espace infini, le vide, et s'aventurer dans le trajet qui sépare notre sphère du soleil, centre de son évolution, il passerait par les régions planétaires, et il y passe en effet emporté par notre globe comme par un ballon. Or, il y rencontrerait, et il y rencontre, en réalité, des semis de matières cosmiques gravitant autour du soleil à des distances plus ou moins grandes, et sous des formes plus ou moins volumineuses, destinées, soit à la formation d'autres mondes, soit à l'alimentation de l'astre du jour, ainsi que je vous l'ai dit en traitant de la lumière zodiacale. Cette matière cosmique est formée de débris, de fragments, de déjections de planètes, et en circulant dans le vide noir que vous savez, elle se trouve souvent engagée dans les régions de la gravitation de notre terre. Alors ces détritus cosmiques cèdent à l'attraction de notre planète et se précipitent sur elle, dès qu'ils entrent dans sa sphère d'activité.

Maintenant, pourquoi ces aérolithes, dits aussi *pierres de foudre*, parce qu'ils sont généralement fuligineux, et composés de métaux, etc., arrivent-ils brûlants et sentant le soufre ? Parce que tout corps qui circule au milieu d'un gaz, avec une grande rapidité de mouvement, s'échauffe et finit par entrer en combustion. C'est ce qui arrive pour les fragments de matières cosmiques tombant sur notre terre des espaces planétaires à très grande vitesse, et s'engouffrant dans notre atmosphère. Ils s'échauffent par la rapidité de leur chute, ils s'enflamment et brûlent la main de l'imprudent qui veut les saisir et les toucher.

Le système terrestre consiste à faire venir les aérolithes des volcans de notre globe, qui les lanceraient à des distances immenses, ce qui ne peut être accepté.

Nombre d'aérolithes sont devenus célèbres.

Les *ancilia* ou boucliers sacrés, tombés à Rome, sous le règne de Numa, n'étaient autres qu'une masse solide ou aérolithe, dans laquelle apparaissait, en rhomboïde ou en octaèdres, du fer composé de feuilles parallèles.

La pierre noire d'Emèse, dont l'empereur Héliogabole fit un dieu, n'était autre qu'un aérolithe.

La *pierre de tonnerre* qui sert de siége aux rois d'Angleterre, le jour de leur couronnement, est encore un aérolithe.

J'en passe, et des plus beaux.

Tous les aérolithes présentent une croûte légère, noirâtre, de l'éclat de la poix, que n'offrent jamais les pierres et les masses métalliques de nos carrières et de nos mines.

Suivant leur nature, ces pierres météoriques contiennent des proportions très variables de fer, de nikel, de cobalt, de manganèse, de chrôme, d'étain, d'arsenic, de cilice, d'alumine, de potasse, de soude, de magnésie, de phosphore, de chaux, de soufre et de charbon. On comprend dès-lors que la combustion des aérolithes répande une odeur de soufre.

Que de mystères dans ce composé des aérolithes !

Voici donc parmi les météores ignés dont l'origine est encore problématique, d'abord les aérolithes.

Mais on signale aussi les *bolides* ou *globes enflammés* qui parcourent parfois l'espace en l'éclairant de leurs feux.

Mais on signale encore les étoiles filantes, dont le diamètre apparent est moindre que celui des bolides, et qui, à cela près, ont les mêmes caractères.

On admet assez volontiers que les aérolithes sont des étoiles filantes qui tombent sur la terre, à raison de leur plus gros volume.

On admet de même que les bolides sont de moindres aérolithes dont on ne retrouve pas la trace.

Il suit de là que les trois météores ignés auraient une origine commune.

Les aérolithes et les bolides sont très rares ; les étoiles filantes, au contraire, sont très fréquentes, et, chaque fois que le ciel est clair, elles apparaissent dans tous les pays en nombre considérable.

A proprement parler, les bolides ou globes enflammés ne sont que d'énormes étoiles filantes. Composés de matières combustibles, ils s'échauffent dans leur trajectoire comme s'échauffent les aérolithes, mais aussi, en plus des aérolithes, ils s'enflamment et alors s'acheminent à travers l'espace en répandant des feux qui projettent au loin une vive lumière. Puis, la combustion opérée, tout-à-coup ils s'éteignent, et l'obscurité remplace le vif éclat qui en résultait.

Voilà ce que l'on enseignait hier.

Mais, aujourd'hui, 16 novembre 1869, dans la séance de l'Académie des Sciences, M. Regnault démontre que l'incandescence des bolides ne provient pas de l'échauffement des corps par le frottement de l'air, mais bien de la chaleur engendrée par la compression de l'air que produit la marche du bolide. M. Delaunay part de ce fait pour expliquer la rupture de la masse du bolide. L'air comprimé à l'avant le porte à une haute température ; il y a par suite dilatation inégale, et la masse, se disloquant, se sépare en fragments. Le même air comprimé agit en sens contraire à l'arrière, pour anéantir la vitesse des fragments qui tombent sur la terre avec la seule vitesse de chute qu'ils possèdent au moment de la rupture. L'air chaud grille les fragments et produit sur leur surface cette *fritte* qui les enduit, et qui est si remarquable.

Qui pourra dire d'une manière satisfaisante ce que sont ces météores qui, par les belles nuits, sillonnent ainsi la voûte du ciel ?

Rien de plus capricieux, de plus fantasque, de plus original, et parfois de plus majestueux que la marche de ces bolides dans l'infini des cieux. Un soir, pendant un office, alors qu'un bon curé de village parlait à ses paroissiens du haut de sa chaire, un de ces météores pénètre lentement dans le sanctuaire par une fenêtre laissée ouverte. Il s'avance gravement jusqu'en face et à la hauteur du prêtre, au grand ébahissement, ou plutôt au grand effroi de l'assistance ; puis, tout-à-coup, il éclate bruyamment, s'éteint et ne laisse aucun vestige de sa présence.

Un fait d'hier. Le 6 novembre 1869, l'horizon de Paris est subitement et vivement éclairé par le passage d'un magnifique bolide. Parti
de *gamma* de l'*Eridan*, et venant du nord-ouest, ce météore n'a fourni
que quinze degrés environ de trajectoire, mais il était remarquable par
les particularités qu'il présentait. D'une nuance bleuâtre bien accentuée, il avait un diamètre de six à sept fois celui de Jupiter. Il s'est
brisé en plusieurs fragments, et, au moment de son explosion, il a produit une lumière assez intense pour éclairer l'horizon de Paris et permettre de distinguer très nettement une écriture fine et déliée. Ce
bolide était accompagné d'une traînée compacte, passant successivement du bleu à l'orange, et finalement de l'orange au rouge. Cette
traînée a persisté à peu près six secondes après la disparition complète
du phénomène.

J'aurais beaucoup de faits très intéressants à raconter sur les bolides.
Mais les étoiles filantes me convient, et je vais vous entretenir de ces
rapides filles de l'air.

Longtemps les *étoiles filantes* se sont dérobées à l'observation. Fu-
gaces et irrégulières, elles étaient pour l'astronome une exception au
milieu du monde admirablement réglé des étoiles fixes. On ne pouvait
les étudier avec le télescope; elles échappaient aux procédés habi-
tuels d'observation, de même qu'aux lois immuables et inflexibles de
la pondération.

Mais certaines apparitions d'étoiles filantes d'une importance exceptionnelle, donnèrent occasion de sortir à leur endroit de cette indiffé-
rence vulgaire, si grande que l'imagination n'en était pas frappée.

On disait bien, en France, de ces sidérites qui glissaient rapidement
dans l'espace, en laissant une longue traînée de feu, que c'était une âme
du purgatoire qui montait aux cieux;

Chez les Musulmans, que ce sont des projectiles dont les anges, pré-
posés à la garde du paradis, se servent contre les âmes impures qui
veulent s'en approcher ;

En Angleterre, que ce sont les larmes de saint Laurent, le pieux
martyr fêlé au 10 août, jour où les étoiles filantes sont en nombre
énorme dans les cieux.

En effet, à certaines époques de l'année, et périodiquement, les
étoiles filantes se montrent en grand nombre. Il ne s'agit plus de quelques traits brillants qui sillonnent isolément le ciel, mais de véritables
feux d'artifice. Ces fusées célestes se comptent par millions, et leur
éclat est souvent plus grand que celui de Mars, de Vénus, et même de
Jupiter. Les traînées lumineuses s'entrecroisent, serpentent, en se
jouant dans l'éther du firmament, et illuminent l'horizon de lueurs
étincelantes.

Ainsi, voilà que, en 1799, dans la nuit du 11 au 12 novembre,

MM. de Humboldt et Bonpland, étant à Cumana, dans l'Amérique, observent une véritable pluie d'étoiles filantes. Elles se succèdent par milliers pendant plusieurs heures.

A Boston, le nombre de ces étoiles est tel, qu'un observateur les assimile à la moitié de la quantité des flocons qu'on aperçoit dans l'air pendant une averse de neige. Le chiffre en est porté à 240,000 sur la surface de la ville seulement.

Dès lors l'attention se réveille et se porte sur ce phénomène, que l'on étudie avec un zèle et une ardeur dignes de tout éloge.

Il résulte de cette étude que les étoiles filantes sont beaucoup plus élevées que les nuages. Leur nombre varie régulièrement suivant les heures de la nuit et les époques de l'année, et manifeste une recrudescence remarquable du 9 au 11 août, et du 10 au 13 novembre, c'est-à-dire aux époques où, dans son voyage autour du soleil, la terre traverse les amas de matières cosmiques, qui, avons-nous dit, constituent la lumière zodiacale, placée à une certaine distance de cet astre.

Par suite de cette recrudescence dans le nombre des étoiles filantes en août et novembre, on les a divisées en étoiles sporadiques et étoiles périodiques.

Les *sporadiques* apparaissent à toutes les époques, à toute heure de la nuit, et dans des directions très diverses.

Les *périodiques*, spéciales aux grandes apparitions d'août et novembre, semblent suivre une seule et même direction, celle du nord-est-sud-ouest.

On peut se demander d'où viennent ces étoiles filantes, véritables astres en miniature. Sont-ils identiques aux aérolithes, aux bolides? Ont-ils été formés en même temps que la terre et les planètes de notre système, par la condensation de la même nébuleuse?

Voici ce qu'en pense M. de Parville :

« Toutes les planètes du système solaire tournent dans le même sens. Les astéroïdes circulent en sens contraire. Il était déjà permis d'en inférer, dans de larges limites de probabilité, que ces corpuscules devaient appartenir à un autre monde que le nôtre.

» Mais des résultats inattendus, datant de 1867, sont venus tout-à-coup jeter une vive lumière sur l'origine de toute cette classe de petits astres.

» M. Schiaparelli, directeur de l'observatoire de Milan, eut la pensée de calculer l'orbite des étoiles filantes du mois d'août, en se servant du point radiant qui paraissait le mieux résulter des observations. Il découvrit ainsi que l'essaim d'août suivait à peu près la même route que la comète III de 1862.

» Il opéra de même pour les astéroïdes du mois de novembre. Il trouva pour l'orbite une ellipse identique à celle que parcourt la comète de Tempel, apparue au commencement de 1866.

» De là cette conséquence remarquable : les essaims d'étoiles d'août et de novembre ont un orbite cométaire. Ils ont été lancés dans le système solaire comme les comètes de 1862 et 1866, et possèdent la même origine. Nous avons donc, sur terre, des échantillons d'astres extrêmement éloignés de notre monde.

» La comète III de 1862, qui suit la même route que les astéroïdes d'août, parcourt son orbite, d'après Oppolzer, en 113 ou en 123 ans. Il pourra donc se faire dans la suite des temps que la comète se trouve au point de rencontre de son orbite avec celui de la terre, en même temps que notre planète elle-même. Ce jour-là, nos descendants seront bombardés par une étoile filante digne d'eux.

› Heureusement, nous avons tout le temps d'y réfléchir! »

M. Le Verrier prétend et démontre que les astéroïdes de novembre sont depuis bien moins de temps dans notre système solaire que l'essaim du mois d'août. Ils n'y auraient même pénétré que l'an 126 de notre ère.

Il dit que les comètes jetées dans le coin de l'espace que nous occupons retournent forcément jusqu'à l'astre dont elles subissent une action perturbatrice. Ainsi, d'après lui, la comète de 1770, qui nous avait été donnée par Jupiter, est retournée jusqu'à Jupiter, qui l'a reprise.

Or, l'orbite des astéroïdes de novembre s'étend jusqu'à la planète Uranus, mais peu au-delà. Il était naturel de se demander si Uranus n'aurait pas pris dans l'espace l'agglomération des étoiles filantes qui nous visitent maintenant, pour la jeter sur notre route. En effet, M. Le Verrier a trouvé que, en l'an 126, l'essaim avait passé près d'Uranus. C'est à cette époque que la planète aura changé la vitesse des corpuscules, aura désagrégé l'essaim, et lui aura imprimé sa nouvelle direction.

Ainsi, l'analyse du phénomène montre que, depuis dix-huit siècles, que l'essaim tourne dans son nouvel orbite, les diverses vitesses de ses corpuscules ont dû répartir la masse suivant une ligne qui met environ deux ans à passer près de la terre. Ce défilé s'accorde avec l'observation. Mais cette ligne ira sans cesse s'allongeant.

L'essaim d'août, lui, est déjà tout-à-fait étalé sur l'orbite de la terre.

On voit donc que notre sphère n'est pas encore près d'être privée de ses étoiles filantes. Nous en faisons provision chaque fois que nous passons au milieu d'un essaim. Toutefois la source n'en est pas inépuisable, les autres planètes en prenant aussi. Ainsi dispersés, ces débris d'autres mondes finiront un jour par disparaître de nos espaces planétaires.

Je m'étends longuement sur les étoiles filantes, parce que c'est l'un des spectacles astronomiques le plus à notre portée. Sommes-nous dans le vrai à l'endroit de ces astéroïdes. *Chi lo sa?* comme disent les Italiens. N'oublions pas que Dieu a livré l'univers *disputationibus hominum.*

A différentes époques on a signalé des apparitions d'étoiles filantes extraordinaires. Ainsi, on rapporte qu'au mois d'octobre 902, dans la nuit où mourut le calife Ibrahim-ben-Ahmet, les étoiles tombèrent comme une pluie de feu, et cette année fut nommée l'*année des étoiles.*

On cite également, d'après une ancienne tradition répandue en Thessalie, dans les contrées montagneuses qui entourent le Pélion, que chaque année le ciel s'entrouvre dans la nuit du 6 août, fête de la Transfiguration, et des flambeaux apparaissent à travers cette ouverture.

Dans un manuscrit intitulé *Ephemerides rerum naturalium*, sorte de calendrier qui semble avoir été composé par un moine vers la fin du siècle dernier, et qui est conservé à Cambridge, dans le collége de *Corpus Christi*, on trouve, à côté de chaque jour de l'année, soit un pronostic, soit une indication relative à la floraison des plantes ou au passage des oiseaux. Or, en regard du 10 août, qui produit plus d'étoiles que le mois de novembre, se trouve le mot *météorides*, qui, évidemment, fait allusion à l'abondance des météores.

Enfin un travail très précieux de Biot, sur les bolides et les étoiles filantes observées en Chine, à des époques reculées, montre l'existence de deux maximum dans l'apparition de ces météores. L'un correspondant à une période comprise entre le 18 et le 27 juillet; l'autre entre le 11 et le 25 octobre.

L'apparition des étoiles filantes est souvent accompagnée d'aurores boréales, dont précisément nous allons parler.

Ajoutons que les étoiles filantes sont blanches, d'ordinaire; cependant il y en a de rouges, de jaunes, de bleues, de vertes.

Les anciens faisaient de ces astéroïdes un présage de deuil :

> Lorsque sur vous la nuit jette son voile,
> Je glisse aux cieux comme un long filet d'or.
> Et les morts disent : C'est une étoile
> Qui d'un ami nous présage la mort !

Grâce à Dieu! cela n'est pas. Les étoiles filantes sont uniquement une des magnificences du grand domaine du Seigneur. Quel livre, étincelant de tout l'esprit humain, peut être comparé à cette immense voûte céleste, quand, par exemple, elle resplendit des *météores lumineux*, dont il me reste à parler?

Ne reste-t-on pas en admiration simplement en présence de l'*arc-en-ciel*, ce gage de réconciliation donné par Dieu à Noé après le déluge?

Laissons les païens y voir la trace laissée par Iris, la messagère des dieux.

Pour nous, contemplons avec plaisir ces deux arcs concentriques offrant une même série de couleurs que dans le spectre solaire. Dans l'arc intérieur, beaucoup plus vif que l'autre, le rouge est en haut et le violet en bas. C'est le contraire dans l'arc supérieur, qui est souvent trop pâle pour être bien distingué.

Ce météore lumineux se produit quand un nuage opposé au soleil luisant se résout en pluie, et qu'on tourne le dos à cet astre. Il résulte de la réfraction et de la réflexion des rayons solaires combinés ensemble dans des gouttes d'eau sphériques. On parvient à l'imiter en jetant de l'eau en l'air, de manière qu'elle s'éparpille. Les jets d'eau, les cascades, offrent ce phénomène, lorsqu'on est placé convenablement pour l'observer.

De la *lumière zodiacale*, des *parhélies* et des *parasélènes*, je ne dirai mot, ayant déjà traité précédemment de ces phénomènes lumineux, à l'occasion du soleil et de la lune.

Ce sont les *aurores boréales* qui, maintenant, vont fixer notre attention. Oh! combien je voudrais vous conduire aux *pôles* de notre planète terre, pour vous faire étudier ce splendide bouquet du grand feu d'artifice tiré par la main du Créateur, derrière cette mise en scène grandiose des glaces de ces froides régions boréales et australes! Mais je vous dédommagerai de la privation qui nous est imposée ici, dans le fameux *Livre d'or* que vous savez.

Apprenez seulement, pour le moment, que les merveilles des pôles, merveilles de glaces et de neiges, sont au moins au niveau des magnificences de tout genre dont je vous ai entretenus. En approchant des pôles, où le froid sévit avec une violence inouïe, tout est glacé. La mer n'est plus liquide, ses vagues sont congelées, et dans leur bizarre entassement elles présentent le spectacle le plus curieux. Ici, c'est un semblant de cathédrale gothique à coupole sublime, dont le cristal est légèrement doré par les rayons mourants d'un soleil éloigné. Là, un vieux manoir dresse la masse grise de ses tours et tourelles. Partout ce sont d'inimaginables décorations fantastiques dues aux *banquises* ou amas de glaces flottantes.

Tout-à-coup, dans le crépuscule perpétuel des six mois d'hiver de ces régions condamnées à la mort, une lueur légère colore l'horizon du pôle. C'est d'abord une clarté douce, bleuâtre, comme celle qui teint le ciel à l'approche de la lune. Puis, cette lueur charmante augmente petit à petit, rayonne et se nuance d'un rose d'autant plus tranché que, sur tous les autres points, les ténèbres s'épaississent davantage. C'est à peine si la blanche nappe des neiges polaires, visible un moment auparavant, se distingue de la sombre voussure du firma-

ment. Alors, il se fait comme une muette épouvante. Elle annonce l'apparition de l'un de ces majestueux phénomènes qui révèlent la grandeur de Dieu.

C'est une aurore boréale, spectacle mystérieux si fréquent dans ces contrées obscures.

En effet, au point occupé par le pôle, se dessine une lumière d'une éblouissante clarté. Du centre de ce foyer rutilant, jaillissent d'immenses rayonnements de lueurs d'incendie, s'élevant à des hauteurs incommensurables. Elles illuminent le ciel, la terre, l'océan. Les silhouettes des banquises, des cathédrales, des palais, des manoirs de glace, s'estompent en noir sur ces feux étranges et présentent alors une féerie indescriptible. Des gerbes lumineuses teignent de leurs reflets splendides les neiges, les glaces, les arborescences de cristal et les aspérités, tout le relief de la mer. Il se passe alors quelques minutes pendant lesquelles ce phénomène magnétique conserve toute la magique beauté de son éclat. Enfin, après avoir atteint le crescendo ineffable du plus éblouissant étincellement, notre aurore boréale pâlit lentement, et ses vives clartés s'éteignent dans un admirable brouillard lumineux.

Que dire d'un tel phénomène?

Le météore lumineux, appelé aurore boréale, est intimement lié à la cause du magnétisme terrestre, qui fait considérer la terre comme un gros *aimant*, agissant sur la nature entière et en conviant tous les fluides.

En effet, le sommet de l'arc lumineux est toujours situé dans le plan du méridien magnétique du lieu de l'observation. Le centre de la couronne se trouve toujours sur le prolongement de la boussole d'inclinaison. Enfin, dès qu'une aurore boréale est signalée, on constate, même dans les lieux très éloignés de son apparition, des perturbations dans l'aiguille aimantée de la boussole.

Le *magnétisme* est identifié, de nos jours, avec l'*électricité*.

C'est donc un fluide, universellement répandu, mais dont le point de départ est aux pôles, et qui se manifeste par le frottement, le contact, les actions chimiques, ainsi que par les *changements de température*, qui doit être spécialement l'origine des aurores boréales.

J'ai parlé de *boussole*, je dois expliquer l'usage de ce *bussola*, boîte, instrument servant à observer la direction de la force magnétique de la terre, et particulièrement à indiquer le nord.

Il y a deux boussoles : boussole d'inclinaison, et boussole de déclinaison.

La *boussole de déclinaison* se compose d'une aiguille aimantée, mobile en son centre sur un pivot, et tournant horizontalement autour d'un cercle gradué. Cette aiguille, obéissant à l'influence du magné-

tisme terrestre, dirige constamment ses deux extrémités vers les deux pôles du globe.

Le cercle gradué présente trente-deux points qui divisent la circonférence en autant de parties égales nommées *aires de vents* ou *rumbs*.

Le cercle lui-même s'appelle *rose des vents*.

Vous comprenez dès-lors qu'un voyageur, un navigateur surtout, à l'aide de la boussole, sachant toujours où se trouve le nord, et désirant se rendre vers tel ou tel point de l'horizon, dont il connaît la situation, est conduit comme par la main par la boussole, dont l'invention est due à Flavio Gioja, d'Amalfi.

La *boussole d'inclinaison* est semblable à la précédente ; mais au lieu de la placer horizontalement, on renverse l'appareil de manière que le cercle, et par conséquent l'aiguille, soient dans une position verticale. Le cercle tourne lui-même sur un pivot vertical qui traverse le centre d'un autre cercle horizontal ; ce qui permet de placer le premier dans tous les azimuts.

Azimut se dit, en astronomie, de l'angle que fait avec le méridien un cercle vertical passant par un astre. Cet angle se mesure par l'arc de l'horizon compris entre ce cercle vertical et le méridien.

Je n'ai plus rien à dire sur les prodiges de cette voûte céleste où le soleil est la gloire du jour, la lune le charme de la nuit, les étoiles, comètes, aérolithes, bolides, étoiles filantes, sidérites et météorites de toutes sortes, des fleurs de feu radiées et nuancées comme les fleurs de la terre, semées par milliards dans les prairies bleues du firmament.

En présence de ces inimaginables merveilles, qui donc oserait dire qu'il n'y a pas de Dieu, qui oserait proclamer le néant ?

Du sein de cet éblouissant sanctuaire des mondes, Dieu, l'Etre incréé, le Tout-Puissant, le Très-Haut, l'Eternel, Jéhovah, se manifeste à l'homme qu'il a fait roi de cette création.

Laissons au néant ceux qui veulent le néant...

Pour nous, pénétré de la puissance d'en haut, que ce chant de reconnaissance et d'amour s'échappe de notre poitrine :

> Oui, dans ces champs d'azur que ta splendeur inonde,
> Où ton tonnerre gronde,
> Où tu veilles sur moi,
> Mes accents, mes soupirs, animés par la foi,
> Vont chercher d'astre en astre un Dieu qui me réponde,
> Et d'échos en échos, comme des voix sur l'onde,
> Roulant de monde en monde,
> Retentir jusqu'à toi !

TROISIÈME PARTIE.

—————

LES EAUX.

———◆———

Sous le nom d'*élément*, on désigne un corps simple ou indécomposable.

Jadis, les anciens, dès le temps d'Empédocle, avaient admis quatre éléments : *terre, eau, air, feu*. Mais les progrès des sciences ont démontré que chacun de ces prétendus éléments est composé de plusieurs autres. Il a donc fallu les détrôner, puisque, en effet, la terre est un agrégat évident d'une foule de minéraux; que l'eau est un composé d'hydrogène et d'oxygène; l'air un mélange de gaz, azote, oxygène, et souvent d'autres principes à l'état de vapeur aériforme; enfin, le feu, peut-être une modification de la lumière, un développement simultané de lumière et de chaleur, produit par la combustion des corps dits *combustibles*, bois, charbon, paille, etc., etc.

11

Tout dépossédés du titre d'éléments que soient la terre, l'eau, l'air et le feu, ces quatre corps n'en sont pas moins les grands agents indispensables à l'existence humaine. Sans eux l'homme ne peut vivre; bien plus, il éprouve le besoin de connaître leurs mystères, de sonder leurs secrets et d'arriver à la solution de leurs problèmes.

Aussi, ayant traité de l'air et du feu, et suffisamment parlé de la terre, reste-t-il à nous entretenir de l'eau.

Rappelons-nous d'abord que, de nos jours, nous sommes en pleine *période d'alluvion*, de l'*époque quaternaire*.

Sous nos yeux, en effet, insensiblement, chaque jour, notre planète terre subit une lente modification dans la forme géographique des contrées qui couvrent sa surface, par le fait de l'envahissement progressif des eaux de certains océans, ou des mers, ou des fleuves, et le délaissement d'autres points, d'une part;

De l'autre, sur notre sphère, l'eau couvre la plus grande partie de sa superficie. Elle enveloppe près des trois quarts de la surface de la terre. Elle occupe même beaucoup plus de place dans l'hémisphère austral que dans l'hémisphère boréal.

Donc il est indispensable que nous parlions des eaux, puisque cet entretien complètera ce que nous avons à apprendre sur notre planète terre et ce qui l'entoure.

L'*eau*, en latin *aqua*, d'où vient son nom français, est un liquide transparent, sans couleur sous un petit volume, mais variant du bleu foncé au vert d'herbe et à l'olivâtre quand il est en grande masse, sans odeur et en général d'une saveur peu appréciable, se composant en réalité de *deux* volumes d'hydrogène, et d'*un* volume d'oxygène condensés en deux.

L'eau se rencontre dans la nature sous forme solide, liquide et gazeuse.

A l'état *solide*, dans la glace, la neige, la grêle;

A l'état *liquide*, dans les mers, les fleuves, les lacs, etc.;

A l'état *gazeux* ou de vapeurs, dans l'atmosphère, où elle se condense par l'effet des changements de température ou de pression, sous forme de brouillard, de rosée, de givre, de pluie, etc.

L'*eau naturelle* n'est jamais pure. En effet, l'*eau douce* des rivières, des lacs et des fontaines contient toujours en dissolution un certain nombre de sels ou d'autres corps dont on peut la débarrasser par la vaporisation; elle prend alors le nom d'*eau distillée*. L'*eau de pluie* ou du *ciel* est à peu près aussi pure que l'eau distillée.

L'*eau de mer* contient près de 4 pour 100 de son poids de différents sels. Nous nous expliquerons spécialement sur la salure des mers, en traitant des océans et de leurs phénomènes.

Quant aux autres eaux naturelles, si elles renferment assez de substances étrangères pour posséder des propriétés particulières, on leur donne le nom d'*eaux minérales* ; et si elles sont naturellement chaudes, elles sont alors désignées sous l'appellation d'*eaux thermales*.

Dans toutes les eaux naturelles, il existe toujours une certaine quantité d'air, indispensable à l'existence des êtres organisés qui vivent dans leur sein. Cet air est généralement plus oxygéné que celui de l'atmosphère.

L'eau est douée d'affinité pour le très grand nombre des corps dont elle mouille la surface. Elle se combine en toutes proportions avec le vin, l'eau-de-vie, le lait, etc. Mais les huiles, les corps gras en général, les résines, ne se mélangent pas avec elle. Elle dissout la plupart des sels, et un grand nombre de cristaux provenant de matières végétales, tel que le sucre, etc. A l'état liquide, elle s'insinue avec force dans le bois, le sable, les tissus, etc. Une corde de chanvre se tend extraordinairement quand elle est mouillée. Un coin de bois sec, enfoncé dans une tranchée pratiquée en un bloc de pierre, fait éclater ce bloc du moment qu'on humecte le coin.

Les *usages de l'eau* sont innombrables.

Elle sert de véhicule aux vaisseaux qui sillonnent les océans, qui voguent sur les fleuves et les lacs, et ainsi elle met en communication les peuples les plus éloignés et facilite les échanges des produits, les transactions, les rapports avec les contrées du globe qui cessent d'être étrangères l'une à l'autre. Dans les canaux, les barques, par son moyen, franchissent des montagnes, des vallées, sans le secours d'aucun autre moteur.

Comme l'air, l'eau est indispensable à l'entretien de la vie des animaux. C'est dans son sein que croissent et se multiplient ces innombrables races de poissons, d'amphibies, dont plusieurs, la baleine, par exemple, sont des colosses à côté des plus gros quadrupèdes.

C'est dans l'eau que se forment les perles, la nacre, l'écaille, le corail, et une multitude de coquillages dont plusieurs sont d'une admirable beauté.

Courante, l'eau est le moteur le plus économique dont l'homme puisse disposer ; mais chauffée et convertie en *vapeur*, elle devient un agent d'une force illimitée sous la main des mécaniciens de nos locomotives, de nos pyroscaphes, de toutes nos machines à vapeur.

Enfin, l'eau est un des plus beaux ornements de notre univers. Point de paysage satisfaisant s'il n'offre des ruisseaux, des lacs, des cascades. Y-a-t-il rien de plus majestueux que le cours d'un grand fleuve ? quel spectacle plus imposant que celui d'une mer courroucée !

Les eaux qui traversent les grandes villes sont réputées *impures*. Ce n'est pas sans raison. Elles contiennent nécessairement une grande quantité de matières organiques. En effet, l'eau de la Tamise embarquée sur des vaisseaux qui voyagent sous diverses latitudes, fermente et se clarifie spontanément, comme aurait fait un liquide vineux, au grand étonnement des navigateurs. Ce phénomène est dû aux matières organiques que l'eau du fleuve de Londres tient en dissolution. L'eau de la Seine ne jouit pas d'une fort bonne réputation sous le rapport de la pureté. Et cependant, une même quantité d'eau puisée en amont et en aval de Paris, au milieu du courant, donne les mêmes résultats à l'analyse. C'est que les impuretés que la Seine reçoit à Paris ne forment pas la cent millième partie du volume de ses eaux.

Il est des pays où les eaux produisent des infirmités, les *goîtres*, par exemple, qu'on pourrait qualifier d'*endémiques*. Cela tient à la fonte des neiges qui se déverse dans ces eaux. On pourrait les rendre saines en filtrant et en aérant ces eaux.

Dans les contrées dépourvues de sources et de rivières, on reçoit les eaux du ciel dans des citernes. Mais alors pour que ces eaux soient bonnes à boire, il faut les filtrer et les aérer de même, car toutes les eaux, même celles de pluie, ont besoin d'air.

Quand, en France, on créa le système métrique, l'eau fut prise pour type de l'unité de poids, qui est le *gramme*, équivalant au poids d'un centimètre cube d'eau pure, d'où l'on a formé le kilogramme.

Les physiciens ont pris aussi la température de ce liquide pour terme de comparaison. Le thermomètre centigrade, par exemple, a pour point fixe la température de la glace fondante et celle de l'eau bouillante.

L'eau réfractant les rayons de lumière au-delà du point déterminé par le calcul qui correspond à sa densité, Newton soupçonna que ce liquide devait contenir un principe combustible, l'hydrogène. La chimie moderne a justifié les prévisions du savant anglais.

L'eau pure est un bon conducteur du fluide électrique. Les fluides produits par la pile électrique la traversent plus difficilement; elle est mauvais conducteur du calorique.

On estime que l'eau de l'Océan, composée de muriate de soude, de magnésie, de sulfate de chaux, et dont le poids spécifique est de 1,0263, formerait un volume de 133,000 myriamètres cubes.

Avec de l'eau à l'état liquide on a fait des lentilles contenues entre deux calottes de verre qui concentrent les rayons du soleil assez fortement pour mettre le feu aux combustibles, fondre les métaux, etc.

Je vous ai déjà signalé la puissance d'extension de l'eau gelée. En effet, le pouvoir de l'eau augmente au fur et à mesure qu'elle se congèle. On estime que quatorze litres d'eau produisent quinze litres de glace. Voilà pourquoi les vases qui contiennent de l'eau se brisent quand le liquide gèle. C'est à la même cause qu'il faut attribuer les ruptures longitudinales des arbres pendant les hivers rigoureux. Si les

bras, les têtes des statues de marbre qui décorent les jardins se détachent pour ainsi dire spontanément, c'est l'eau convertie en glace qui est l'agent de ces dégradations. Je vous ai déjà dit que de l'eau placée dans une pièce de canon, une fois à l'état de glace, rompt son enveloppe et fait éclater le métal.

L'eau qui se solidifie en se combinant avec un sel s'appelle son eau de *cristallisation*. On peut considérer le pain même, celui qui est dit *rassis*, comme contenant de l'eau à l'état solide.

Comme tous les autres corps, l'eau passe à l'état fluide ou de vapeur par l'effet de la chaleur. Si la température est suffisamment élevée, elle devient tout-à-fait invisible. En se vaporisant, l'eau éprouve auparavant ce qu'on appelle *ébullition*. Ce phénomène dépend de plusieurs causes : si l'eau est mélangée avec des matières spiritueuses, vin, eau-de-vie, etc., elle produira des vapeurs à une température plus basse que si elle était pure ou bien combinée avec des sels. Saturée de sels marins à quinze degrés, elle ne bout qu'à 107, 4. La formation des vapeurs dépend encore du poids de l'atmosphère. L'eau bout plus vite avec le même feu au sommet d'une haute montagne qu'au fond d'une mine profonde. D'où il suit que l'eau bouillante n'a pas la même température sur les bords de la mer et au sommet des montagnes élevées. De l'eau tiède, portée dans un aérostat, une fois dans les hautes régions de l'air, entre en ébullition sans le secours du feu.

L'eau est répandue partout, non-seulement à la surface de la terre, mais aussi dans ses entrailles. Il y a des mers souterraines, des lacs souterrains, des fleuves et des rivières au sein de notre sphère. A-t-on besoin d'eau sur un sol qui en est privé? Que l'on veuille bien forer la croûte terrestre à une certaine profondeur, et on fera jaillir l'eau, à un moment donné, en plus ou moins grande abondance. Ouvrez des puits pour creuser des mines, il vous arrivera de rencontrer des nappes d'eau qui vous interdiront le passage. La fontaine de Vaucluse, ses curieuses intermittences, et beaucoup d'autres sources, ou plutôt toutes les sources du globe, démontrent qu'il y a des masses d'eau sous terre qui arrivent ensuite à sa surface, au moyen de canaux creusés par la nature. Les cimes des montagnes, plongeant leurs têtes sourcilleuses dans les nuages, sont les conducteurs de ces eaux souterraines. La preuve, c'est que c'est au pied des grandes montagnes que les fleuves les plus féconds prennent leur source. Il y a donc, dans les entrailles du globe, d'immenses réservoirs d'eau, comme il y en a d'immenses de feux. Qui sait si ces eaux souterraines n'ont pas un récipient commun, produisant ensuite au-dehors par des voies différentes leurs eaux recueillies par les montagnes et entassées là dans les abîmes d'un océan collecteur?

Or, vous savez que le noyau de notre planète terre est formé de

matières métalliques tenues en fusion par l'action de la chaleur. Eh bien! il est facile dès-lors d'expliquer la *calorification* et la *minéralisation* des *eaux thermales* par le passage de ces eaux dans la sphère d'activité du foyer intérieur du centre de la terre.

On sait que les tremblements de terre sont bien plus fréquents dans les terrains volcaniques qu'ailleurs. Je vous ai dit aussi que les plus violents tremblements de terre ont lieu dans les régions volcanisées et dans les temps des grandes éruptions volcaniques. Ce sont, à n'en pas douter, les effets d'une même cause. On peut supposer que la présence d'une source thermale suffit pour faire penser que le terrain sous-jacent est volcanique. Cette supposition est en quelque sorte confirmée par les secousses violentes qu'on éprouve de temps à autre aux lieux où se trouvent des sources thermales.

Par exemple, il n'est pas une année où l'on ne ressente, à Cauterets, des tremblements de terre dont l'effet retentit dans toutes les Pyrénées. A Bourbonne-les-Bains, les secousses agitent tous les environs de la ville. D'après un mémoire de M. Bakwell sur les eaux thermales des Alpes, on voit que la structure contournée des Alpes calcaires et la position verticale des couches dans les Alpes centrales dérivent de soulèvements produits par expansion, depuis le Valais jusqu'au petit Saint-Bernard. L'auteur ne voit point de roches volcaniques, excepté à Valorsine ; mais il y trouve beaucoup de sources thermales sourdant sur la limite du schiste et du calcaire. Il les passe en revue, et il observe que ces contrées sont sujettes à des tremblements de terre. Ces sources sont les derniers indices des actions plutoniques.

En résumé, la température toujours égale des sources thermales, leur cours régulier, tout porte à croire qu'à un point assez éloigné de la surface du globe il y a une action plutonique sur des masses considérables d'eau, qui viendraient sourdre à la superficie du sol en suivant une ligne plus ou moins directe. Ce sera dès-lors de ce trajet plus ou moins court que dépendra la température de la source. Car, en admettant que les eaux pluviales pénètrent dans l'intérieur de la terre par le sommet des plateaux élevés, pour former les sources qu'on trouve dans toutes les vallées et sur le flanc même de quelques montagnes, on doit croire que, dans certains endroits, une portion de cette eau, rencontrant toujours des terres, doit filtrer indéfiniment jusqu'à ce qu'elle arrive à un terrain placé dans la sphère d'activité des feux du centre, à travers laquelle la filtration n'est plus possible.

Alors l'eau s'y amasse en grande quantité, se met en équilibre avec la température, acquiert bientôt un degré de chaleur qui doit être très élevé. à en juger par celui qu'on lui trouve encore à son arrivée au niveau du sol, malgré les pertes considérables de calorique

qu'elle doit faire, et, par la loi d'équilibre des liquides, remonte jusqu'au point d'où elle se répand sur le sol.

Que vous dirai-je encore sur les eaux en général? Rien de plus. Il ne nous reste qu'à nous confondre devant l'agencement de toutes les immenses ressources offertes à l'humanité par une nature si prévoyante, qu'on peut bien l'appeler la Providence divine. Délaissons donc les eaux, les eaux thermales, qui, imprégnées, saturées des sédiments de minéraux dont elles traversent les gisements, nous arrivent à l'état de remèdes des plus efficaces et de panacée universelle contre tous les maux, et, nous tournant vers le côté pittoresque des océans, des mers, des lacs, des fleuves et des rivières, permettez-moi de me livrer à l'enthousiasme du lyrisme et de m'écrier :

Oui, j'aime les sources pures au brillant miroir de cristal enclos en une fraîche bordure de mousses et de pervenches; les ruisseaux qui babillent sur leur lit de cailloux; les rivières qui clapotent entre des rives aux grèves argentées; les torrents qui grondent sur des talus de roches; les fleuves qui bouillonnent; les rapides qui murmurent; les cataractes qui mugissent, les cascades qui se lamentent; les cascatelles échevelées qui chantent; les lacs qui dorment à l'ombre des saules, et les étangs qui se cachent sous les hauts arbres des clairières.

J'aime surtout la grande voix de l'Océan, ses plages infinies, ses lames qui roulent et tonnent; ses vagues couronnées d'aigrettes blanches qui déferlent sur les côtes; et les abîmes bleuâtres des mers, et ces gigantesques élancements des tempêtes : *magnas elationes maris...* comme dit l'Ecriture.

Quelle majesté dans ce cours d'eau turbulent qui s'échappe avec bruit d'un glacier! Mais adieu bientôt à ses bords escarpés, à ses rives fleuries; le voici qui pénètre dans les villes, et comme il se gonfle en rampant alors entre ses quais de granit, et en baisant de ses lèvres mordantes les escaliers de marbre des palais! Ecoutez-le mugir sous les arches des ponts... Certes! il est fier de se mêler à la vie turbulente des cités. Souvent, hélas! le sang vient rougir ses eaux, et bientôt il roule des cadavres avec ses ondes émues... Aussi je m'intéresse aux drames que ses flots jaseurs me racontent sans doute dans leur monotone murmure...

Mais parlons d'abord des sources.

Rares dans les plaines, les *sources* abondent au contraire dans les pays montagneux.

En effet, les hautes cimes conservent la neige; elles attirent et condensent les nuages. L'humidité constante qui les baigne pénètre leur sol et donne naissance à de minces filets d'eau qui, s'unissant les uns aux autres, vont former çà et là sur le flanc de la montagne des fontaines plus ou moins abondantes.

De la qualité du terrain dépendent bien souvent le nombre de sources et le volume des eaux qui s'écoulent au-dehors. Les roches de gneiss, de granit et de schiste, ordinairement fissurées et crevassées, favorisent la dispersion plutôt que le rassemblement des eaux. La porosité des montagnes volcaniques empêche souvent les sources de naître dans le voisinage du sommet, à cause de la filtration trop rapide des pluies vers les couches inférieures. Ce n'est guère, par conséquent, que dans les pays calcaires que l'on voit jaillir du sol des sources volumineuses.

Tout le monde sait que la célèbre *fontaine de Vaucluse*, aux bords de laquelle Pétrarque écrivit ses immortels sonnets, jaillit d'une sorte de caverne qui s'ouvre sous un énorme rocher calcaire à pic, au fond du vallon de la Sorgue. L'eau s'échappe par infiltration quand la source est basse, et elle monte en grande masse jusqu'à un figuier placé à une vingtaine de mètres de l'orifice, quand elle est à son maximum d'élévation. Dans ces deux cas, le spectacle est curieux, et un mystère à peu près insondable plane sur l'origine de cette eau, dont la limpidité est proverbiale. Lorsque la source est basse, la caverne, en forme d'entonnoir, est aux trois quarts vide. Du bord, on aperçoit seulement, à dix ou douze mètres, une nappe d'eau absolument immobile. Au temps des crues, la *Sorgue*, qui tire son origine de la fontaine de Vaucluse, se divise en gigantesques cascades d'un effet inimaginable, le débit de la source étant alors de quinze mètres cubes par seconde. Aussi range-t-on cette fontaine parmi les *sources jaillissantes*.

Quelle est la profondeur du gouffre de la fontaine? Peu de personnes peuvent s'en rendre compte, car bien peu ont vu l'eau se retirer complètement.

Cette année, 1869, le fond du gouffre est à sec. On peut descendre jusqu'à l'extrémité de l'entonnoir, c'est-à-dire à vingt mètres de profondeur. Là, on découvre sur le rocher circulaire de nombreuses inscriptions, notamment celle-ci :

« 23 octobre 1646. »

Quand la fontaine de Vaucluse est ainsi à sec, les gens du pays en tirent la conclusion que l'hiver sera froid.

Derrière un des rochers qui forment le fond de l'entonnoir, est un ou béant. Il faut se mettre à genoux et incliner la tête pour voir dans tte excavation. Alors on aperçoit une immense nappe d'eau s'étendant à perte de vue dans l'abîme. C'est là que se trouve en réalité la urce de la fontaine de Vaucluse. Je ne pense pas qu'il se trouve un rieux assez résolu pour oser pousser plus loin ses investigations : lac souterrain sera très probablement toujours respecté. Il serait op dangereux de vouloir sonder la profondeur de cette eau, qui 'ailleurs est toujours glacée. J'ajoute que sur cette incommensurable

nappe d'eau, unie et brillante comme un miroir, on ne voit pas le plus léger bouillonnement. Malgré la découverte de ce lac souterrain, qui date de cette même année 1869, le mystère de la fontaine de Vaucluse est loin d'être éclairci.

Si on en croit une tradition essentiellement populaire en Provence, la fontaine de Vaucluse, près de laquelle, tout récemment, se manifestèrent des tremblements de terre, ne serait qu'une des sources d'un immense fleuve souterrain qui s'étendrait du pied du mont Ventoux sous les Basses-Alpes et le Comtat-Venaissin. En effet, sur les hauts plateaux du département de Vaucluse, est un village du nom de Saint-Christol. Devant ce village existe une sorte de gouffre qu'on appelle le *Seuil*. Le Seuil engloutit tout ce qui tombe dans ses eaux. Une tradition récente veut qu'un berger qui s'était jeté à l'eau pour sauver une vache, eût été retrouvé avec son bétail trois jours après dans le bassin de la fontaine de Vaucluse, à plus de dix-huit lieues de là.

A l'est, du côté des Basses-Alpes et à cinq lieues de Saint-Christol, se trouve Banon. Derrière Banon s'allonge et se tord une vallée qui aboutit à une roche couverte. Or, par les temps calmes, en appuyant l'oreille contre cette roche, on entend un bruit sourd qui ressemble au bouillonnement d'un fleuve souterrain. C'est peut-être le fleuve qui alimente Vaucluse.

Outre la *fontaine de Nîmes*, qui alimentait autrefois les piscines romaines de la ville, il existe encore beaucoup d'autres sources célèbres par l'abondance de leurs eaux.

Celle du *Loiret* débite en moyenne cinq cents litres d'eau par seconde.

La *source de la Touvre*, dans la Charente, forme, comme la fontaine de Vaucluse, une rivière à son origine, et met en mouvement, presque à sa sortie du rocher, plusieurs usines très importantes.

Il en est de même de la *source de la Voire*, à Sommevoire, près de Montier-en-Der, dans la Champagne.

L'*Ain* s'échappe en bouillonnant d'un puits conique, très large, alimenté, croit-on, par les neiges du Jura.

Dans ce même département, les *sources de la Loue* et de la *Seille*; la *Fontestorbe*, source du Lers, dans l'Ariège; la *fontaine de Sassenage*, près de Grenoble; l'*Abîme*, aux environs de Clamecy, et d'autres encore, se font aussi remarquer par le volume de leurs eaux.

Mais ces sources ne sont pas les seules qui se recommandent à l'attention des naturalistes. Dans plusieurs localités existent encore des fontaines dont les eaux ne coulent qu'à certains moments, pour se tarir ensuite, pendant un temps plus ou moins long. Comme la mer, elles semblent avoir un flux et reflux. Aussi les désigne-t-on sous le nom de *sources intermittentes* ou *périodiques*.

L'explication de ce phénomène est toute simple. L'eau de ces sources s'accumule dans un réservoir souterrain, mis en communication avec l'extérieur par un conduit en forme de siphon. Tant que la source qui alimente le réservoir fournit autant d'eau que le siphon en enlève, la fontaine coule régulièrement. Mais si la source faiblit, le siphon, épuisant peu à peu le réservoir, cesse de couler lui-même, et ne recommence que quand une nouvelle quantité d'eau ayant été fournie par la source, le réservoir s'est rempli de nouveau. Très souvent, en hiver, l'intermittence ne se produit pas, et cela se comprend, car à cette époque de l'année la source est ordinairement plus abondante que la dépense du siphon.

On cite, au nombre des fontaines intermittentes les plus curieuses, celles du *Gourg* et du *Bouley*, dans le Lot. Toutes deux dépendent du même réservoir. Mais leurs siphons n'étant point placés à la même hauteur, il en résulte une alternance très singulière dans leur écoulement. Après une forte pluie, le Bouley grossit d'abord, le Gourg étant encore presque à sec. Puis, celui-ci soudain bouillonne, se gonfle, et celui-là tarit. Mais bientôt la première phase du phénomène se représente; peu de temps après la seconde se reproduit, et ainsi de suite jusqu'à parfait épuisement du réservoir.

La *fontaine de Boulaigne*, dans les Coyrons, se comportait autrefois à peu près de la même manière, avec une autre source nommée *Fontfrède*. Leur mode d'intermittence semble avoir changé depuis quelque temps.

La *Reinette*, à Forges, dans la Seine-Inférieure, coule très abondamment pendant une demi-heure, puis elle diminue de plus en plus, durant onze heures et demie.

La *source du Puy-Gros*, près de Chambéry, atteint son maximum d'écoulement au lever et au coucher du soleil.

Celle de *Siam*, dans le Jura, croît et décroît alternativement de sept en sept minutes.

Le flux du *Boulidou*, dans le Gard, est de douze minutes, et le reflux de vingt-cinq.

La *fontaine de Berrias*, dans l'Ardèche, augmente de midi à neuf heures du soir, après quoi elle diminue jusqu'au midi suivant.

Le *Frais-Puits*, près de Vesoul, déborda en 1557, inonda la campagne et délivra la ville qui était assiégée, en submergeant les travaux de l'ennemi.

Sur les bords de la mer, à Brest, à Lille, à Noyelle, il n'est pas rare de voir des puits présenter un flux et reflux. Cette particularité s'explique par l'alimentation de ces sources à l'aide des eaux de la mer, avec laquelle elles communiquent.

Des *sources pétrifiantes* je n'ai rien à vous dire, si ce n'est que leurs eaux renfermant des sels insolubles, ou peu solubles, notamment du carbonate de chaux, elles donnent aux corps que l'on y plonge, coquillages, végétaux et même animaux, la ressemblance de pierres. Mais ces pétrifications ne sont qu'apparentes. Ce sont de simples incrustations. On cite, parmi ces fontaines, celles d'*Arcueil*, près de Paris, de *Saint-Nectaire* et de *Saint-Allyre*, à Clermont-Ferrand, de la *rivière de Voulzie* près de Provins, et des bains de Saint-Philippe, en Toscane. On profite de ces eaux calcaires pour obtenir, au moyen d'un beau moulage naturel, des médailles, des vases, des statuettes, etc.

Voici venir le *Rhin*, dont le nom celtique, qui veut dire *matière qui roule*, fut changé par les Romains en celui de *fleuve superbe*, après qu'ils en eurent fait le grand chemin du sud de l'Europe vers le nord?

Vous dirai-je que, tourmenté par les roches énormes qui lui font obstacle, en surgissant du milieu de son lit, il s'irrite soudain, se couvre d'une épaisse écume et gonfle de rage ses tourbillons entassés pour se précipiter, en une masse effrayante, d'une hauteur de 100 pieds, dans les gouffres de Schaffouse?

Vous peindrai-je le *Rhône* traversant le Léman avec un tel orgueil qu'il ne mélange pas ses eaux patriciennes avec les eaux vulgaires du lac, et pénétrant dans notre France, pour disparaître, à travers mille assauts, dans de profonds abîmes qu'il s'est creusés sous terre, et se remontrer ensuite, plus majestueux encore et plus fier, au milieu des plaines de la Provence?

Non. Étant donné ce que j'ai à vous apprendre sur les eaux, avant d'arriver aux grands bassins des mers et des océans, je préfère vous entretenir du petit Geyser dont est pourvu l'un des étangs de notre beau pays. Puis, je vous ferai connaître les autres phénomènes des eaux du globe.

Parlons donc d'abord de l'*étang de Thau*.

Les lacs salés qui capitonnent le sud de la France préparent dignement le voyageur aux aspects grandioses de la Méditerranée. Ces plaines d'eau, encadrées de vignes et d'oliviers, communiquent entre elles par des passages ou *graus*, qui, de loin en loin, débouchent dans la mer. De tous ces étangs, continuellement sillonnés par une infinité de nacelles aux voiles blanches et qui se prolongent comme un long chapelet, depuis Agde jusqu'à Aigues-Mortes, le plus remarquable est l'étang de Thau.

L'étendue de six lieues de longueur de cette belle nappe d'eau, toute miroitante sous le ciel éblouissant du Languedoc, la fait ressembler à une mer intérieure. Mais elle se distingue par certaines singularités dont je dois vous dire un mot, car l'explication de ce phénomène minuscule exerce la sagacité des géologues.

Au centre de cette masse d'eau salée jaillit une abondante source d'eau douce, que l'on pourrait appeler un petit *Geyser* français, et qui se nomme tout simplement *Avysse*. Parfois elle soulève avec violence une partie des eaux glauques de l'étang.

Plus loin, à l'est, au pied d'un rocher qui borde la rive, on rencontre en outre un gouffre non moins étonnant et très redoutable. Pendant six mois de l'année, ce gouffre verse dans le bassin de l'étang une énorme quantité d'eau douce ; mais, depuis avril jusqu'en octobre, les eaux salées de Thau se précipitent à leur tour, avec un fracas épouvantable, dans ses mystérieuses cavernes. Ce gouffre se nomme *Enversac*.

Avysse et Enversac, — *inversâ aquâ* (eau renversée), — sont le Charybde et le Scylla des pêcheurs qui ont encore à redouter sur l'étang de Thau les orages que les lacs attirent d'ordinaire.

Deux de nos fleuves de France, la Seine et la Dordogne, et d'autres grands cours d'eau, sont en possession d'un phénomène très curieux sur lequel je vous dois un certain détail.

On le nomme, en France, barre, mascaret ou ras-de-marée.

En Amérique, il est appelé prororoca.

La *barre* ou *mascaret* n'est autre chose que le refoulement des eaux du fleuve par le flot de marée. Ce flot, causé par le flux, forme une barre d'eau ou vague transversale, plus ou moins élevée, que le choc des eaux des grands fleuves descendant avec force contre les eaux de l'Océan qui remontent par l'effet de la marée, oblige à se dresser et à reculer vivement en sens contraire à son courant.

Cette barre se manifeste dans la Seine, à Quillebœuf, et recule jusqu'à Rouen. Quelquefois le phénomène fait déborder les eaux et exerce de grands ravages sur les bords du fleuve.

Dans la Dordogne, le refoulement des eaux se fait sentir jusqu'à Saint-Macaire, d'où lui est venu le nom de *mascaret*.

Mais de tous les mascarets, les plus remarquables sont ceux qui se manifestent à la baie de Fundy, dans l'Amérique du nord, entre la Nouvelle-Écosse et le Nouveau-Brunswick ; à l'entrée de la Séverne, à Cayenne ; et du grand fleuve des Amazones, où la barre s'élève à quinze mètres ; et enfin à l'embouchure du Gange, dans l'Hindoustan.

La rivière de Tsien-Tang, dans la Chine, a aussi son mascaret.

A Cayenne, vers l'époque des grandes marées, on entend d'une ou deux lieues de distance un bruit effroyable qui annonce le *prororoca*. A mesure que la barre avance, le bruit augmente, et l'on voit bientôt un promontoire d'eau de douze à quinze pieds d'altitude, puis un autre, ensuite un troisième, et quelquefois un quatrième. Ils se suivent de très près et occupent toute la largeur du canal. Cette lame énorme avance avec une rapidité prodigieuse ; elle rase et brise dans son cours tout ce qui lui résiste, déracine et emporte de très gros arbres, et partout où elle passe, le rivage est balayé par ses eaux terribles.

Dans la baie de Fundy, la lame atteint jusqu'à soixante pieds d'élévation. On raconte que souvent elle entraîne des daims et des porcs qui se trouvent sur les bords de l'anse, ceux-ci n'ayant pas le temps de lui échapper, malgré la vitesse de leur course. On ajoute pourtant que les pourceaux, que l'on mène se repaître de moules affluant sur le rivage, sont avertis de ce ras-de-marée soit par l'odorat, soit par l'oreille, et qu'ils s'empressent de fuir avant son arrivée.

Un *ras-de-marée* redoutable est aussi celui de la rivière de Chine qui a nom Tsien-Tang. Entre les remparts de cette ville et la rivière qui est éloignée d'un mille, sont des faubourgs qui s'étendent assez loin sur les rives du fleuve. A l'approche du flot, la foule se rassemble dans les rues. Tout trafic est suspendu. Les marchands cessent de crier leurs marchandises; les porteurs abandonnent le chargement des navires, et un moment suffit pour donner l'apparence de la solitude à une cité fort agitée d'ordinaire. Le milieu de la rivière fourmille de bâtiments de toute espèce. Tout-à-coup le flot annonce son arrivée par la présence d'un cordon blanc unissant les deux rives. Le bruit qui en résulte, que les Chinois comparent au tonnerre, fait taire le tapage des bateliers. Il avance avec la prodigieuse vélocité de trente-cinq milles à l'heure. On croirait voir s'avancer une muraille d'albâtre, ou plutôt une cataracte de quatre à cinq milles de longueur sur trente à trente-cinq pieds de hauteur. Quand ce mur flottant atteint la flottille, tous les marins sont attentifs et s'occupent à maintenir l'avant de leurs embarcations tourné vers cette lame formidable. Mais soudain on voit tous les esquifs soulevés et portés sains et saufs sur le dos de la vague monstrueuse. Le spectacle est du plus haut intérêt. Car, à peine le mascaret grandiose est-il passé, que les nacelles se rencontrent sur une eau parfaitement calme, tandis que l'autre moitié des embarcations s'agite encore dans cette cascade furieuse comme une bande de saumons agiles. Cette grande et émouvante scène ne dure qu'un moment. Le flot ou ras-de-marée s'éloigne déjà et finit par devenir imperceptible, emporté qu'il est à une distance de quatre-vingts milles.

J'ai nommé le Gange, tout-à-l'heure. Quel fleuve magnifique, et quels beaux cours d'eaux dans cette Inde si riche et si favorisée par une nature généreuse!

Là, les canaux sont des fleuves, les fleuves des mers, et les fontaines des cataractes. Il est tel cours d'eau, l'Ataxum par exemple, ou bien l'Irawaddy, qui passe à Rangoun, dont les bords sont tellement escarpés et chargés d'une si merveilleuse végétation que les navires les plus forts, toutes voiles dehors, y manœuvrent sans gêne, sous d'immenses berceaux et de colossales arcades de verdure. Sortis des flancs du gigantesque Dsawala-Giri, la crête sublime de l'Himalaya, le roi des montagnes de l'univers, ils se fraient un chemin par d'inombrables vallées pour se rendre, après un cours immense, dans le sein de la mer du Bengale. Les sites les plus sauvages accompagnent leur marche Ils roulent dans leurs flots l'or et l'argent, les diamants et les pierres précieuses.

C'est de l'un des glaciers grandioses du Dsawala-Giri que sort le Gange. Mais à peine a-t-il glissé sur divers étages d'innombrables bancs de roches superposées, comme une cataracte puissante, qu'il s'enfonce tout-à-coup sous le sol granitique du géant. Cette disparition soudaine du fleuve est le point précis où, depuis des milliers d'années, les Hindous viennent en pèlerinage adorer leurs dieux. Les rampes inférieures du Dsawala-Giri, et les vallons qui les composent, sont ombragés de cèdres et de sapins d'une ramure colossale. C'est là que le Gange reparaît, après s'être dérobé. Aussi ce lieu, sacré pour les Hindous, est-il empreint d'une terreur mystérieuse.

Le Gange, dont les eaux limpides descendent alors rapidement vers les plaines, après de nombreuses cascades, reçoit bientôt l'Alakananda, le Brahmapoutre et d'autres fleuves encore. Il devient large d'une lieue, profond de cinquante pieds, et, après un parcours de quatre cent soixante-dix lieues, il roule majestueusement ses eaux vers l'abîme de la mer des Indes, le long des falaises formidables et sous le couvert d'interminables forêts de palmiers.

Vous savez que la vallée du Nil est la plus verdoyante et la plus féconde du monde, grâce aux inondations périodiques de ce fleuve. Lorsqu'il déborde, c'est un admirable spectacle que les villes, les bourgades, les ruines pittoresques qui émergent à chaque pas de ses eaux. Sous les rayons embrasés d'un soleil implacable, on les voit rutiler au loin comme des coupes d'or sorties d'émeraudes ou d'opales. Au milieu de ces splendeurs, le Nil coule, majestueux et calme, sur une largeur moyenne de deux milles, encaissé par deux rocs, roc arabique et roc libyque, qui lui servent de quais placés à distance. L'air est voilé de légères vapeurs et de nombreux villages couronnés de doums semblant flotter au milieu de l'immense nappe d'eau.

Ce fleuve tant renommé ne compte pas moins de huit cascades, depuis Syène jusqu'à sa source, si tant est que l'on connaisse cette source. La cataracte de Syène, qui est la première, se présente dans un des sites les plus pittoresques, que l'espace qui m'est réservé ne me permet pas de vous décrire.

Puisque nous sommes en Afrique, je puis vous signaler encore, dans notre Algérie, entre Sétif et Constantine, le fameux Rummel, qui se fraie un chemin du sommet des montagnes, pour se précipiter en cascade de 300 pieds d'élévation, par une formidable déchirure de roches pélasgiques.

Mais pénétrons en Suisse, que l'on peut appeler la patrie des belles eaux.

Qui n'a pas admiré les lacs de l'Helvétie?

Au lever du jour, des masses de brouillards s'accumulent sur les montagnes qui entourent ces lacs. Elles s'épanouissent en larges zones vaporeuses et mollement flottantes sur la nappe des eaux, sur les rampes des hauteurs et sur les charmants villages qui les capitonnent. La nature semble comme endormie dans ces voiles de gaze qui dissimulent gracieusement les cimes sourcilleuses des rochers et ne laissent tomber sur les lacs qu'une lueur vague et douteuse. Quelques goëlands aux longues ailes blanches s'y perdent et y nagent avec une volupté languissante. Mais à peine le soleil a-t-il paru dominant le sommet des montagnes, qu'il projette sur ces lacs un sillon de lumière. Cette lumière glisse sur les ondes et les fait rutiler. Puis, comme s'il se repliait sur lui-même, cet immense rayon forme au milieu des eaux un bouclier d'or. L'œil essaie, mais bien en vain, de se fixer sur cette partie du lac où se réfléchit l'astre du jour. On dirait alors que le soleil est double, et qu'il rutile en même temps dans les ondes et dans les cieux. Toutefois, insensiblement, l'orbe éblouissant s'allonge vers la rive, et sa couleur passe des tons vifs de l'or aux nuances argentées les plus douces. En ce moment, le regard, loin d'être ébloui par un reflet trop ardent, peut compter chaque vague d'ombre et de lumière. En effet, si le centre de la nappe d'eau est inondé de feux, elle se fond à ses extrémités par des tons harmonieux avec l'azur du lac, qui paraît là couvert comme d'une armure dont les écailles seraient presque alternativement obscures et éclatantes.

Je voudrais pouvoir vous peindre en ces pages les beautés ravissantes des lacs des Quatre-Cantons; celles tout aussi séduisantes, quoique moins sauvages, du Léman, et des autres lacs de la Suisse ; puis vous tracer une esquisse, aussi rapide que leurs eaux, des admirables cascades de la Staubbach, dans la vallée de Lauterbrünn, du Giesbach, et de cent autres merveilles du riche album de la très riche, de l'inépuisable nature.

Passant ensuite de la Suisse dans la belle Italie, quels tableaux ne vous mettrais-je pas sous les yeux en vous décrivant les rivages incomparables des lacs Majeur, de Côme et de Garde ; les magnificences des cascades de Terni, de Tivoli, l'antique Tibur des Romains.

Puis, franchissant les mers et conduisant notre trajectoire du vieux monde dans la jeune et opulente Amérique, je vous montrerais les aspects grandioses et sublimes des belles eaux des lacs Ontario, Michigan, etc. J'en passe, et des plus admirables. Nous verrions ensemble cet entassement de splendeurs et de phénomènes étranges que l'on nomme la cataracte du Niagara, les bouches de l'Amazone, les bords de l'Orénoque, et les cours d'eau des forêts vierges.

Mais, je vous l'ai dit : l'espace manque!

Je vous renvoie donc au *Livre d'or des grandes Curiosités du globe*. Et maintenant, je m'achemine avec vous vers les océans et les mers.

Quel autre genre de spectacle nous attend, en face de ces masses d'eaux entassées par la main de Dieu, et quelles inexprimables fureurs!

Nos Livres saints attestent que, dans l'origine, la mer couvrait d'abord la terre entière, et que c'est au troisième *jour* de la création seulement que le globe fut arraché du sein des eaux. Ils disent même que les eaux existaient avant les cieux et la terre. Le fait est que, de nos jours, les trois quarts de la surface de notre sphère étant couverts par les eaux, on peut considérer l'eau comme une enveloppe générale, qui est dominée sur quelques points par des boursoufflures du noyau solide, ce qui constitue les continents et les îles.

Or, on donne à cette enveloppe aqueuse le nom de mers, océans, ou bras de mer. Et, quand les eaux sont répandues sur la partie solide, elles prennent les noms de méditerranées.

Nous allons nous occuper des uns et des autres.

II. — Premières impressions en présence de la mer. — Phénomène de la vaporisation des eaux. — Gouttes d'eau changées en nuages. — Voyages des vapeurs salines. — Comment et pourquoi l'Océan est salé. — Singularités de la mer Morte. — Motifs qui ont fait prendre à l'eau une si grande place sur le globe. — Où la mer favorise les trois règnes de la nature. — Moyens faciles de communication par les mers. — Phénomène des marées. — Flux ou marée montante. — Reflux ou marée descendante. — Ce qu'on nomme mer étale, jusant, etc. — Les méditerranées sans flux ni reflux. — Causes des marées. — Etudes des anciens et découvertes des modernes. — Phosphorescence de l'Océan. — Spectacle incomparable. — Explication du prodige. — Mouvement intérieur des mers. — Courants d'eau chaude. — Le Gulf-Stream.— Courants d'eau froide. — Circulation impétueuse des eaux sous-marines.

La première fois que je vis la mer, l'océan, l'océan Atlantique s'il vous plaît! ce fut des hauteurs d'un petit village voisin de Saint-Nazaire. Ce jour-là, le soleil se levait radieux dans un ciel pur; toutes les barques de pêcheurs étaient au large, et l'on apercevait de loin leurs voiles blanches perler aux rayons du soleil.

En contemplant cet espace sans bornes, toujours mouvant, toujours scintillant, j'éprouvais ce sentiment vague et solennel de l'infini, que provoque toujours dans l'âme le spectacle de la mer.

De petites rides sur la nappe des eaux, nées je ne sais où, piquées d'une blanche lumière, venaient, cheminaient vers moi. Elles formaient bientôt entre elles un long bourrelet à la crinière bouillonnante et écumeuse. Puis le bourrelet devenait vague grondeuse, qui déferlait avec grand bruit sur les galets frémissants. Toute cette masse d'eau imposante, fougueuse, s'évanouissait soudain à mes pieds, se résolvant en mille bulles clapotantes et mousseuses comme l'eau de savon. Etranges phénomènes que cette pulsation, réglée par périodes sonorés de la mer sur la plage, et cette disparition subite, toujours au même niveau, de la vague tout-à-coup domptée et docile!

Vous comprenez que je veux vous entretenir d'abord de la *vaporisation des eaux de la mer*.

D'où vient cette lame. aux envoussures bleuâtres, couronnées d'argent ? Que vient-elle me dire et m'apprendre?

Enlevée sur les ailes des vents au plus haut des airs, à l'état de vapeur ténue, pure de tous les corps salins et organiques qui l'accompagnent, elle voyage pour la cent millionième fois sans doute, en vésicules légères, dans les grands nuages errants, vapeurs presque invisibles qui s'élèvent au-dessus de ma tête, et qui vont, infatigables pèlerins, visiter les froides régions du nord.

Là, l'enveloppe gazeuse de ces gouttes d'eau se contractera sous l'étreinte du froid, et elles reprendront leur ancienne forme liquide. Puis, déposées en perles de rosée, elles feront une petite halte sur les branches des sapins ou sur l'herbe des prés. Ou bien soudainement emprisonnées au contact des hautes cimes glacées, dans une robe de cristal, les voilà attachées pour longtemps aux filigranes de neige au flanc des rochers.

Libres de nouveau, chargées de quelques sels calcaires butinés en route, les voilà qui redescendent dans la verte vallée, où elles retrouvent des milliers de compagnes abattues par la pluie que les vents ont condensées. Toutes ensemble, elles regagnent, en se racontant sans doute leurs grands voyages, elles regagnent le torrent, puis la rivière, puis le fleuve, et enfin l'Océan. On y va reprendre la petite part de sel, donner la nourriture à des myriades d'êtres qui en vivent, pour recommencer bientôt une nouvelle fois ces pérégrinations circulaires et éternelles, tantôt océaniques, tantôt aériennes.

Telle est l'histoire d'une goutte d'eau.

Dans quel but ces voyages sans cesse répétés? Et ce sel déposé, puis repris et transporté ailleurs, d'où vient-il? Est-il enlevé aux couches salines du globe, ou bien au contraire la mer a-t-elle été salée de tout temps? Quelle est l'utilité de cette substance si profusément répandue? N'eût-il pas été préférable que l'eau des océans fût douce et limpide, au lieu d'être amère et salée? Ah! que de fois le matelot, entouré d'eau, ne s'est-il pas vu condamné à périr de soif, en pleine mer, par la plus ironique des privations!

Voici la réponse de la science :

Lorsque notre planète terre a touché à sa période de constitution, c'est-à-dire à l'époque où la croûte terrestre était d'une certaine épaisseur déjà, et solide, que la mer, la première mer, fut logée et casée

12

dans ses abîmes ; que la terre parut émergente ; et que le soleil éclaira
notre sphère; alors que commença à se produire la vie organique ru-
dimentaire manifestée par les premiers fossiles des terrains de transition, il est indubitable que l'eau des mers a dû se condenser et dissoudre toutes les masses considérables de sel ou chlorure de sodium exis-
tantes, et que ces dernières ont dû accompagner l'eau, aussitôt que, de
l'état de vapeur, elle a pris l'état liquide. La mer a donc été salée
aussitôt qu'elle s'est formée. Il en résulte que le sel des lacs salés, le
sel de la terre, le sel des mines tire son origine de la mer. Les salines
où des dépôts de sel se présentent à l'état de roche, comme dans les
mines de Bex, en Suisse, ne sont que les cristallisations formées par
le dessèchement complet d'une mer intérieure. De sorte que, s'il est
vrai que chaque jour l'Océan admet dans son sein des particules nouvelles de sel enlevées aux mines de la terre, il est tout aussi certain
que les eaux de la mer, ayant été de tout temps salées, les mines de
sel ne sont autre chose que le résultat des évaporations mêmes de la
mer, et qu'ainsi la mer ne fait que reprendre ce qui lui appartenait
jadis.

Certaines mers en effet sont actuellement encore à l'état d'évaporation plus ou moins avancée. Par exemple, la *mer Morte* ou *lac Asphaltite* est située à 401 mètres au-dessous du niveau de la Méditerranée,
avec laquelle elle communiquait autrefois. Une colonne d'eau immense
a donc été évaporée à sa surface. Eh bien ! si, bravant les fièvres, vous
osez vous baigner dans cette mer, vous aurez la plus grande peine à
plonger, tellement l'eau est dense, et vous en sortirez le corps couvert
de cristaux de sel évaporés par un soleil intolérable. D'ailleurs les
alentours de ce lac Asphaltite sont garnis de blocs de sel gemme énormes, qui témoignent de l'évaporation passée. C'est l'un de ces rochers
de sel que les fellahs désignent comme étant la femme de Loth pétri-
fiée, lors de la destruction de Sodome et de Gomorrhe.

Cette mer Morte, aux rives désolées, aux exhalaisons méphitiques,
ux fruits amers, est le spécimen éloquent d'une mer en travail avancé
d'évaporation, répandant le sel partout.

Donc le sel est partout, dans la mer d'abord, puis dans la terre, puis
dans les liquides et les tissus organiques, et jusque dans le sang humain, où cette combinaison plus ou moins pure de chlore et de sodium
est nécessaire pour conserver l'albumine à l'état de dissolution et où
elle intervient efficacement dans la transformation du sang veineux
en sang artériel.

Or, si la Providence a répandu de la sorte le sel partout et dans tous
les corps, c'est uniquement à cause de son principe conservateur et
éminemment purifiant.

Maintenant, pourquoi donc l'eau occupe-t-elle autant de place sur la surface de notre sphère ? Je vais vous l'apprendre.

L'eau est le grand dissolvant de la nature. Elle creuse les rochers les plus durs; comme je vous l'ai dit tout-à-l'heure, elle fond les sels des abîmes de la terre, ce qui la préserve de la corruption ; elle tient leurs atômes en suspension et les charrie partout, soit à l'intérieur, soit à la surface du globe, et ainsi elle devient l'agent de la formation des *trois règnes de la nature*. C'est par elle que s'opère la cristallisation des minéraux. Elle est le véhicule des principes qui fournissent la vie et l'accroissement de tous les corps organisés. On peut même dire qu'elle contient dans son sein et le *règne minéral*, et le *règne végétal*, et le *règne animal*, en germe et à l'état d'embryon. En effet, outre les poissons qu'elle fait naître et qu'elle nourrit, elle contient des sels, des germes de plantes, et des infusoires, animalcules microscopiques vivant dans les liquides.

Sans l'eau, sans les mers et les océans, la surface de la terre ne serait qu'un théâtre de mort, parce que toute vie, toute organisation seraient impossibles.

Si l'Océan se trouvait réduit à la moitié de ce qu'il est actuellement, il ne pourrait fournir que la moitié des vapeurs qui s'en exhalent, car ces vapeurs sont en raison de la superficie du bassin d'où elles s'élèvent et de la chaleur qui les produit. Dès lors la terre ne serait plus suffisamment arrosée. C'est donc par une admirable et divine prévision que le Créateur a rendu la mer assez vaste pour accomplir cette importante mission. Il en a fait le réservoir général des eaux d'où s'élèvent les vapeurs qui retombent en pluies, ou qui, lorsqu'elles se rassemblent au sommet des montagnes sous forme de nuages, les imprègnent de leur humidité et y deviennent les sources des ruisseaux, des rivières, des fleuves et des lacs. Si la mer occupait un espace plus resserré, les déserts et les contrées arides seraient beaucoup plus nombreux, parce qu'il tomberait beaucoup moins de pluie, et que moins de fleuves et de cours d'eau en vivifieraient la surface.

D'ailleurs, Dieu a-t-il voulu que les diverses et nombreuses contrées du globe se trouvassent indépendantes les unes des autres et séparées à jamais sans aucun moyen de communication ?

Non, certes! Bien au contraire, il a prétendu que tous les peuples de la terre eussent entre eux des relations étroites, et c'est pour les réunir, faciliter leurs rapports, les échanges de leurs produits et les mille objets de leur commerce et de leur industrie, qu'il a fait des océans le véhicule facile et commode qui soude l'une à l'autre les régions les plus opposées, les plus lointaines et les plus disparates.

Quelle est orgueilleuse et fière cette charmante goëlette; qu'il est ardent à la course ce brick élégant; avec quelle grâce elle porte son

)pavillon que lutine et caresse la brise celte svele frégate, que les feux naissants du jour innondent de lumière ! Voyez comme ils glissent sur la surface des eaux, poussés par un vent propice qui gonfle leurs voiles arrondies comme d'opulentes mamelles, ces cutters, sloops, avisos et steamers qui cinglent d'un hémisphère à l'autre, ou, portés sur les ailes de la vapeur, qui s'élancent d'un pôle à l'autre pôle, à travers latitudes et longitudes, se faisant les bazars des marchandises des continents, des archipels et des îles !

Quand le soleil monte à l'horizon et qu'il reflète son bouclier d'or sur le miroir étincelant des mers, comme ses feux se trouvent répétés par les mille facettes des lames mollement agitées sous le souffle des brises, et par les petites vagues dont il dore la crête et argente les blanches aigrettes !

Le soleil ! Mais le soleil, et surtout la lune, gouvernent les océans. C'est à l'attraction exercée par les astres sur les flots qu'est dû l'important phénomène des *marées*.

Quand les compagnons de Néarque, amiral de la flotte d'Alexandre-le-Grand, partis des côtes de la Méditerranée, qui n'a pas de marées, arrivèrent à l'embouchure de l'Indus, dans l'océan du Sud, rien n'excita leur étonnement comme le flux et le reflux des eaux.

En effet, le fier Océan est soumis à un autre prodige que celui de la vaporisation. La force mystérieuse qui lie la planète à la planète, la constellation à la constellation, qui rappelle la comète à son foyer central ; la force d'attraction, en un mot, exerce aussi son empire sur les eaux, et leur imprime un mouvement des plus rapides.

C'est ce que l'on nomme le *flux* ou *marée montante;* il dure six heures douze minutes.

Le *reflux* ou *marée descendante* dure le même temps.

Chaque jour on constate un retard de cinquante minutes environ sur le flux de la veille.

Mais après être parvenues à leur plus grande hauteur, les eaux océaniques restent quelques instants en repos. C'est le moment de la *haute* ou *pleine mer*, ou de la *marée haute*. On dit alors que la mer est *étale*.

Puis, lorsque les eaux sont arrivées à leur plus grande dépression, elles restent également quelque peu au repos. C'est alors la *basse mer, marée basse* ou *jusant.*

Il est de la plus grande importance pour les navigateurs de connaître, pour chaque port, l'instant de la pleine mer, car c'est souvent le *seul moment* où il y ait assez d'eau près des côtes et du port pour qu'on puisse arriver sans danger.

La Méditerranée, enclavée entre deux rivages relativement peu éloignés, donne moins de prise à l'attraction lunaire que l'Océan.

Aussi les marées sont-elles presque nulles sur nos côtes méridionales, tandis qu'elles sont excessivement fortes sur nos plages occidentales.

Il est à remarquer aussi que la mer ne répond pas instantanément à l'influence de la lune. Elle ne lui obéit qu'à regret, pour ainsi dire; et le flux n'atteint son maximum que longtemps après le passage de l'astre. Ce retard, de trois heures sur les côtes de la Gascogne, de neuf heures à Boulogne, de douze à Dunkerque, est dû probablement à la résistance qu'offre au mouvement des eaux leur frottement sur le fond de la mer et sur les plages.

Sur nos côtes, c'est au mont Saint-Michel et aux environs de Saint-Malo, que les marées sont plus considérables. Le flux y couvre plusieurs kilomètres de terrain, et s'avance avec une telle rapidité qu'un cheval au galop ne peut lutter de vitesse avec lui.

C'est cette invasion formidable de la mer sur les plages qui, à l'époque des grandes marées surtout, occasionne à l'embouchure de certains fleuves le phénomène du mascaret, de la barre, etc., dont je vous ai entretenus précédemment.

Le point de départ des marées est le centre de l'océan Pacifique. Voici comment s'opère ce mouvement formidable du liquide élément :

J'ai dit que la mer, pour subir le soulèvement causé par l'attraction et se livrer à l'ébranlement élastique que sollicite la lune, prend un certain temps. Ne faut-il pas qu'elle fasse appel aux eaux paresseuses, qu'elle stimule leur inertie, qu'elle attire les plus éloignées de son centre? D'ailleurs la rotation de notre planète terre, dont la rapidité terrifie l'imagination, déplace sans fin les points que doit soumettre l'attraction. Ce n'est pas tout encore. L'innombrable milice des flots, dans son action de soulèvement, n'éprouve-t-elle pas aussi une résistance qui semble devoir la dompter, à savoir les rivages, les caps, les promontoires, les détroits, la résistance des vents, la force des fleuves de mer ou courants, et l'arrivée imposante des cours d'eau qui, venant de haut et de loin, se précipitent dans le bassin de l'Océan avec une telle furie que leur mouvement d'ingurgitation se fait encore sentir à vingt-cinq et trente lieues de leur embouchure, comme cela a lieu de la part de l'Orénoque, le fleuve des Amazones, et d'autres encore?

Eh bien! malgré ce gigantesque déploiement d'obstacles et de forces opposées, entraînée à la remorque de la lune la vague du flux s'élance du milieu de l'océan Pacifique, ai-je dit, et, se mettant aussitôt en agissement, elle repousse toutes les barrières, jette l'écume aux rochers des îles et des caps, aux dunes des rivages, aux falaises des promontoires; elle rembarre les courants; elle replie les eaux des fleuves terrestres et des fleuves marins sur elles-mêmes; elle les ramasse, les roule en sens contraire. et les fait remonter leur cours.

Du milieu de l'océan Pacifique aux côtes de l'Amérique, le flot se précipite avec une vitesse de 120 milles à l'heure. Il court alors vers le septentrion, où, serrées de tous côtés, les vagues s'élèvent souvent à une hauteur de 120 pieds. Toutefois, au lieu d'atteindre rapidement tous les rivages, le flot du flux ne se fait sentir ici et là qu'après deux, trois, quatre et même huit heures après son départ du point central.

Dans l'espace d'un mois lunaire, si l'on note les hauteurs auxquelles la mer monte et descend chaque jour, on voit que les plus fortes marées ont lieu vers les nouvelles lunes et les pleines lunes, ou vers les *syzygies*, c'est-à-dire au moment où la lune, le soleil et la terre sont sur la même ligne droite, comme ceci :

SOLEIL,

LUNE,

TERRE,

car le soleil et la lune agissent alors simultanément sur notre planète.

On voit aussi que les plus faibles marées sont celles où les trois globes célestes sont en *quadrature*, c'est-à-dire placés à angle droit, de cette façon :

SOLEIL,

TERRE,   LUNE,

puisque l'action du soleil et de la lune est alors partagée, et, par conséquent, amoindrie et presque paralysée.

Cette période de hausse et de baisse suit exactement le mouvement de la lune dans son orbite et se reproduit à chaque lunaison.

De plus, on sait que l'orbite lunaire est elliptique, et que la distance de la lune à la terre varie à chaque instant. En effet, c'est un fait frappant que la hauteur totale de la marée est d'autant plus considérable que la lune est plus près de la terre. Ainsi, toutes choses égales d'ailleurs, les *marées périgées*, c'est-à-dire résultant du voisinage plus proche de la lune, surpassent les *marées apogées*, qui ont lieu la lune étant plus éloignée.

Une circonstance analogue a lieu aussi, eu égard à la distance de la terre au soleil. Ainsi, on a remarqué que les marées sont plus fortes en hiver qu'en été, le soleil étant, pendant l'hiver, plus près de notre planète.

Enfin une observation journalière, suivie pendant une année solaire, fera voir que les marées syzygies décroissent quand on approche des solstices, c'est-à-dire du moment où le soleil semble s'arrêter pour revenir sur ses pas, tandis qu'elles sont plus grandes vers les équinoxes, c'est-à-dire au moment du passage du soleil sur l'équateur. C'est là l'époque du flux extraordinaire connu sous le nom de *grandes malines* ou *vives eaux*, qui poussent sur les rivages d'effroyables masses de mer, et quelquefois envahissent le littoral, comme des torrents dévastateurs.

Tel fut le spectacle qui frappa d'étonnement et d'épouvante les matelots de Néarque, jusqu'alors étrangers au phénomène du flux et du reflux.

Mais les voyageurs apprirent ensuite à la science que ce même mouvement des vagues se reproduisait identiquement similaire, sur les grèves de la Bretagne et de l'Ecosse. Aussitôt on en chercha la cause.

Comme à proprement parler il n'y a que deux océans, l'océan Atlantique et l'océan Pacifique, on étudia sur ces deux points le phénomène en question, et chacun crut en avoir trouvé la cause.

D'abord les Grecs n'eurent qu'une faible idée des marées, car ils ne connaissaient guère que la Méditerranée, la mer Noire ou Pont-Euxin, la mer de Marmara, etc., qui subissent à peine l'influence de la lune et du soleil.

Diodore de Sicile en découvrit une trace légère dans la mer Rouge.

Aristote, qui avait été informé de ce phénomène par son élève Alexandre-le-Grand, approcha de la vérité en écrivant : « On dit qu'il y a de grandes élévations des eaux de la mer qui arrivent à des temps déterminés, sans doute *suivant les révolutions de la lune.* »

Apollonius de Tyane en fit honneur à des vents étranges soufflant tantôt *dessus*, tantôt *dessous* l'Océan.

Pluton en entrevit la cause dans une caverne où les flots s'engloutissaient, et d'où la respiration du monde les faisait rejaillir.

Après la conquête des Gaules, Strabon attribue les marées aux agitations du soleil et de la lune. On voit que les Romains étudiaient alors les côtes de notre Océan.

Pline l'Ancien pose le principe que les marées ont leur cause *in sole lunâque.*

Ces progrès dans les études, chez les anciens, ont leur côté fort curieux, aussi vous les placé-je sous les yeux pour vous faire voir que l'on reconnaît peu à peu l'agissement du soleil et de la lune.

Képler, qui eut un vague soupçon de la grande loi qui unit tous les corps célestes, proclame hautement l'attraction lunaire, comme la cause première des marées.

Galilée, qui vint ensuite, se prit à rire de la découverte de Képler. Il attribua les marées à un mouvement encore inconnu de la terre autour de son orbite.

Enfin, la vraie sagesse commença à pénétrer l'esprit humain. La terre fut dépouillée de l'*âme* qu'on lui prêtait ; les cieux n'eurent plus leurs prétendus *gnômes* ; les sphères ne possédèrent plus leur puissance vitale ; et la réunion des éléments ne constitua plus un être vivant. La Vérité sortait de son puits.

En effet, Newton démontra que le soleil et la lune attirent vers leurs centres les molécules élastiques de la terre, c'est-à-dire les eaux. Il prouva que l'élévation et l'abaissement des eaux océaniques proviennent de ce que tous ces molécules à la fois ne sont pas également attirés. La lune, à cause de sa proximité de la terre, eut l'agissement le plus fort, et devint ainsi la cause première des marées, phénomène résultant de la gravitation universelle.

J'ai dit que l'Océan est admirable à contempler pendant le jour. Combien n'est-il pas plus admirable encore à voir, lorsque tombe la nuit, alors que les dernières lueurs du soleil l'embrasent comme une gigantesque fournaise, et changent ses larges vagues en nappes de flammes éblouissantes qui brûlent le regard comme un incendie. Petit à petit elles s'effacent, s'amoindrissent, s'éteignent, et alors se lèvent, une à une, scintillent, brillent et se reflètent dans l'onde amortie, polie comme l'acier d'une armure, les splendides constellations des cieux.

Aussitôt se produit un autre phénomène, non moins merveilleux, celui de la *phosphorescence* des flots.

La première fois que je fus témoin de cette magnificence de la phosphorescence de la mer, je me trouvais à Naples et je naviguais dans une chaloupe au beau milieu de son incomparable golfe, entre le Pausilippe aux collines gracieuses et les côtes charmantes de Castellamare. Depuis le coucher du soleil et alors que le crépuscule étendait ses voiles, le golfe s'était soudain converti en une immense patère de punch, car la phosphorescence des vagues ressemble absolument à cette belle couleur de l'alcool en combustion. Chaque crête de flot s'illuminait d'une vive clarté bleuâtre, qui s'éteignait après l'affaissement de la lame, mais pour se reproduire incontinent. Ces flammes magiques surgissaient sans fin sous chaque pulsation des avirons d'innombrables barques qui sillonnaient la mer, et le sillage de chaque embarcation devenait une longue traînée lumineuse. De tous les points du golfe, les moindres rides des flots se teignaient de ces lueurs étincelantes. Chaque lame devenait un long rouleau d'un éclat scintillant. Les aigrettes des petites vagues se transformaient en un panache de diamants.

Du rivage le spectacle était plus ravissant encore. Toutes les franges des grèves étaient en feu. Chaque vague, le plus léger flot, le moindre remous, en frappant les galets, ou en s'évasant sur le sable, semblait pétiller comme la pluie d'or qui jaillit d'une fusée de feu d'artifice et lançait çà et là des éclairs furtifs du plus charmant effet. Quelquefois, c'était une nappe immense qui s'avançait, se déployant comme une lave incandescente. Parfois aussi, l'onde se convertissait en un reptile fluet qui se tordait, s'allongeait, bondissait, jouait follement à la surface de la plaine liquide, puis se perdait dans l'épaisseur des ténèbres. Il suffisait du plus léger canot sillonnant la rade pour provoquer autour de lui une illumination subite et laisser à sa suite une longue écharpe flamboyante. Une simple poignée de sable jetée dans la mer faisait luire et étinceler toute la surface environnante. Si l'on agitait les cailloux de la rive, chacun d'eux prenait l'éclat des perles. Quant aux baigneurs qui s'ébattaient sous le ressac, ils semblaient de feu; l'eau qui jaillissait sous leurs étreintes paraissait être des poignées d'opales, de rubis et de topazes, et les gouttes d'eau qui glissaient de leurs membres se changeaient en autant de paillettes d'argent.

J'ai revu ce phénomène sur la mer Adriatique, sur la mer du Nord, à Venise, à Amsterdam, à Ostende, comme à Naples, et chaque fois mon impression a été celle de l'enthousiasme e de la plus suave jouissance.

Or, un jour que le capitaine Ross explorait les mers arctiques, en jetant la sonde à une profondeur de 6,000 pieds, il ramena nombre d'animalcules vivants, appelés *infusoires*, sur lesquels les savants se prirent à méditer et à réfléchir. Ils découvrirent alors que ce sont ces animalcules microscopiques, dont l'eau des océans est peuplée à une profondeur qui surpasse la mesure de nos plus hautes montagnes, qui, en montant à la surface des mers, étincellent dans chaque vague et projettent au loin des nappes et des sillons de feu, d'où la phosphorescence de la mer.

On sait maintenant que ces infusoires ont leurs stations distinctes et leurs moyens de locomotion. Ils voyagent fort au loin et très rapidement. Des courants inconnus les portent par grandes masses du pôle à l'équateur. Et comme leur décomposition fait des eaux océaniques un fluide nutritif pour les colosses des mers, baleines et cachalots sont obligés de voyager pour les trouver.

Ainsi donc, ce phénomène de la phosphorescence des flots n'est pas dû à l'état électrique des eaux, ainsi que l'avaient cru certains physiciens; il appartient à la présence de myriades d'infusoires qui présentent à la simple vue l'apparence de très petits œufs de poisson. Plus on agite l'eau de mer et plus ces petits êtres semblent s'irriter et devenir phosphorescents. Avec une bouteille d'eau de mer prise quand les vagues sont en feu, on peut ensuite, en l'agitant, reproduire le phénomène. Si l'on dépose la bouteille dans de l'eau chaude à trente-neuf degrés, les effets lumineux augmentent d'intensité. Si l'on continue à élever la température, l'infusoire meurt au quarante-unième degré.

D'autre part, le refroidissement de la bouteille au moyen du chlorydrate d'ammoniaque, semble surexciter aussi le phénomène lumineux.

D'où l'on conclut que la mer peut se montrer phosphorescente par les plus grands froids.

Les infusoires répandent encore une lueur très brillante quand on verse de l'alcool dans l'eau de mer.

Soustrait pendant plusieurs jours à la lumière, l'animalcule conserve encore sa faculté phosphorescente.

L'électricité agit également très vivement sur ces petits êtres et excite leur lumière.

Nous avons étudié le mouvement extérieur des océans, à savoir les marées. Mais la mer, dans ses entrailles, subit d'autres agitations extrêmes, celles que lui impriment les *courants* qui la traversent en tout sens, les *fleuves marins* qui la sillonnent plus ou moins profondément.

Naviguons un instant à travers l'océan Atlantique. En approchant du golfe du Mexique, nous remarquerons bientôt que la mer change de couleur. Elle est du plus beau bleu. En effet, nous pénétrons dans le*Gulf-Stream*. L'eau paraît animée d'une vitesseplus grande; en outre, elle est moins salée. Le thermomètre accuse enfin une température de l'eau plus élevée que celle de l'air.

Qu'est-ce donc que ce Gulf-Stream?

Le Gulf-Stream est un beau fleuve d'eau chaude qui coule au milieu de l'océan, *avec un volume d'eau plus grand que tous les fleuves de notre sphère réunis.* Il a près de cinq kilomètres de profondeur, plus de neuf kilomètres et demi de largeur et plus de sept kilomètres de vitesse *à l'heure.*

Ce fleuve d'eau chaude vient du golfe du Mexique, où il naît. Il est doué, là, d'une température égale à celle du sang humain, — trente-six degrés. — Il coule vers les régions froides, dispersant partout la chaleur qu'il a emmagasinée sous l'équateur, son pays d'origine, distribuant des climats doux et tempérés à nos continents d'Europe, — à la France et à l'Angleterre surtout, — fournissant la vie à des myriades d'êtres qui pullulent dans ses eaux chaudes et pleines de vitalité.

Mais notre courte navigation dans le golfe du Mexique est à sa fin. La nuit tombe; elle est sombre et silencieuse; les étoiles brillent au ciel. Voyez comme la ligne qui sépare le courant d'eau chaude du Gulf-Stream du reste de l'Océan est nette, claire et phosphorescente! La chaleur qu'il contient est plus grande, dit-on, que celle qui sortirait d'un torrent de fonte incandescente de même volume, vomie par d'immenses et innombrables hauts fourneaux!

Nous avons, à n'en pas douter, des preuves nombreuses de circulations diverses, multiples, complexes de la mer, tout au fond, comme à sa surface. De ces mouvements de l'Océan naissent ceux de l'atmosphère, car cette circulation océanique, due à des différences de température et de salure, produit des évaporations variables, dont les mouvements de l'atmosphère sont la conséquence.

De là ces voyages de la goutte d'eau dont je vous ai entretenus. De là ces précipitations plus ou moins abondantes de pluie, de neige, de rosée, de grêle, etc. De là non-seulement l'assainissement de l'air que nous respirons, mais encore tous les phénomènes climatologiques et météorologiques des diverses parties de la terre. Si cette évaporation, au lieu de s'exercer sur l'eau salée, se faisait sur de l'eau douce, combien elle serait colossale et exagérée !

Faisons actuellement une autre expédition maritime, et, cette fois, transportons-nous au centre du grand océan Pacifique ou mer équinoxiale. Supposons-nous sur un navire colossal, large comme une île, et pourvu de mâts gigantesques dont les enfléchures monteraient à une hauteur prodigieuse.

De la plus élevée de ces enfléchures considérons l'hémisphère septentrional.

Sur les côtes occidentales de l'Amérique, sur les îles basaltiques de l'Océanie, sur les rivages de l'orient de l'Asie et des autres îles qui leur font cortége, le tout disposé en un immense amphithéâtre, nous compterons *trois cents volcans en ignition*. Oui, trois cents phares merveilleux, allumés par la main de Dieu, éclairent les vagues de ce grand océan de leurs feux activés sans relâche. Voilà une illumination grandiose digne du Créateur des mondes, que vous en semble ?... Or, si les entrailles du globe recèlent un si grand nombre d'épouvantables fournaises enfouies sous les mers, et combinant leur action avec les flammes du soleil qui dardent sur nos têtes, car n'oubliez pas que nous sommes, là aussi, sous l'équateur ! n'est-il pas facile de comprendre que, feu dessus, feu dessous, il doit sourdre de l'océan Equinoxial d'autres courants d'eau chaude, d'eau brûlante, qui, chassés par l'agissement de la dilatation, s'élancent, chargés de salure, jusqu'aux deux pôles, dont ils vont réchauffer les eaux glacées, lesquels pôles renvoient en échange vers les bassins brûlants de l'équateur des masses d'eaux froides, douces par conséquent, qui s'y caléfient, bouillonnent bientôt, et retournent ensuite à leur point de départ ?...

Donc il est bien démontré que ces courants horizontaux, embranchements du Gulf-Stream, existent et remplissent ainsi la mission qui leur est confiée par la nature. Il est bien démontré que, dans le sein de l'Océan, règne la plus grande activité, la plus grande impétuosité : courants verticaux de masses d'eaux se plaçant par ordre de température et de salure à différents niveaux ; courants verticaux de vapeurs légères, purs de sel, gagnant les cieux et formant les nuages, et même courants verticaux déterminés par le brassage énergique des glaçons remontant à la surface.

Mais ce n'est pas tout. Des courants horizontaux superficiels d'eaux légères, d'eaux peu salées ; puis des courants horizontaux sous-marins d'eaux lourdes, froides et salines, se produisent aussi nécessairement pour satisfaire à cet équilibre intangible, inaccessible.

Circulation admirable et providentielle, que l'on peut comparer à la circulation du sang dans les veines et qui fait que la mer est sans cesse animée d'un mouvement mystérieux, indépendant de celui que lui donnent les marées, et qui mélange les couches diversement salées, diversement tempérées et diversement agitées !

Enfin il est une dernière cause produisant d'autres courants, qui, joints aux précédents, y déterminent une agitation sans fin, y entretiennent la pureté des eaux, mais aussi, trop souvent, y produisent une perturbation effrayante dont le marin est trop fréquemment aussi la déplorable victime. Vous avez compris que je veux parler des vents.

C'est vous dire qu'il sera question dans le chapitre suivant des tempêtes, ouragans, et coups de mer....

III. — Preuve de l'existence des courants sous-marins. — Respiration de la mer. — La tempête et l'ouragan. — Où le doigt de Dieu rétablit le calme. — Le mouvement, âme de la nature. — Ressac et remous. — L'homme de mer. — Profondeurs diverses de l'Océan. — Montagnes, prairies, plaines et vallées de la mer. — Convexité de la terre reconnue de la haute mer. — Vue des continents. — Aspects des îles. — Iles nombreuses formées par les coraux. — Ce qu'est le corail. — Les infiniment petits de l'Océan. — Infusoires et polypes. — Comment naissent certaines îles. — Bancs et poussières de foraminifères. — Ce qu'on nomme zoophytes. — Les spongiaires ou éponges. — Prosophytes et diatomées. — Annélides, etc. — Descente dans les abîmes de l'Océan.

En 1712, un brick hollandais fut attaqué, puis coulé par un corsaire barbaresque, en face de Ceuta, dans le détroit de Gibraltar. Ce navire disparut complètement. Mais il fut ensuite retrouvé sous les eaux, le long des côtes du Maroc, dans l'Atlantique.

Voilà un fait qui prouve évidemment l'existence des courants sous-marins parallèles et cependant en sens contraire du courant de la surface des mers, car, dans la Méditerranée, les eaux légères pénètrent de l'océan Atlantique, par le même détroit de Gibraltar, qui en est le canal de communication.

Quelles rumeurs résultent de ce mouvement grandiose des eaux océaniques ! Aussi, avant de voir la mer, on l'entend, on devine sa présence. Un murmure lointain, un brisement sourd, une sorte de violente respiration uniforme frappe l'oreille. Tous les bruits se taisent devant cette clameur imposante, quand on approche d'un rivage. Puis, lorsqu'on est en face de l'Océan, et que l'œil s'égare sur son im-

mensité, une note, une seule note, mais formidable, alternative, solennelle, vous berce de son oscillation régulière. Vous tremblez presque; une certaine terreur s'empare de vous. En effet, vous avez devant vous l'élément qui asphyxie, qui étouffe, l'élément qui tue le
plus vite, l'élément opaque et lourd. Les animaux même s'effraient
en présence de la mer : ils reculent, ils se troublent. Le chien aboie,
il hurle; le cheval frissonne; le bœuf ne consent qu'à grand'peine à
tremper son sabot dans les vagues qui déferlent. L'homme voit dans
l'Océan la nuit de l'abîme; il songe aux hôtes effrayants, aux terribles
animaux qu'il recèle dans ses profondeurs. Aux monstres réels qui
habitent la mer, son imagination en adjoint de chimériques. Ces nappes d'eau qui se succèdent, se superposent, se confondent, éveillent
en lui un inexprimable effroi, et l'image de l'infini détourne ses pen-
sées ordinaires pour les porter vers des conceptions fabuleuses. Aussi
toutes les contrées maritimes ont leurs légendes et leurs contes fantastiques : le peuple croit à des sirènes douées d'un pouvoir magique
qui attirent le matelot dans leurs grottes de cristal; à des rois, à des
fées aquatiques qui habitent des palais argentés; à des animaux d'une
forme épouvantable qui se montrent comme des spectres dans ces régions ténébreuses, à des dragons qui s'y déroulent sur un espace dé-
mesuré. C'est que la mer frappe fort; elle soulève vigoureusement;
elle aide l'homme dans ses mouvements, mais aussi elle le maîtrise. Il
sent qu'il n'est qu'un hochet pour la vague; car elle berce, puis elle
brise et déchire. Et cependant, l'eau du rivage n'est que débonnaire,
encore; elle se traîne mollement sur le galet; le flot est languissant....

Mais que le vent se prenne à souffler, aussitôt les vagues se dressent fières et écumantes; elles commencent à déferler avec impétuosité; la colère leur vient; la rage succède à la colère. Les voici qui
battent les dunes et les falaises; elles roulent sur la grève en écu-
mant; elles frappent les récifs et les écueils de coups secs et mats.
Puis, s'irritant de plus en plus, s'excitant à la fureur, s'animant par
degrés, elles donnent enfin le signal de la tempête. On dirait alors
que Dieu les châtie sous le fouet dont il arme son bras redoutable, qu'il
couvre la mer de son souffle formidable et qu'elle regimbe contre
l'aiguillon qui la presse. Elle creuse les promontoires sous sa dent aiguë; elle mord les rochers et veut ébranler leurs bases sous ses étreintes; elle en engloutit les caps; elle blanchit les crêtes des falaises en
leur livrant de terribles attaques; elle arrondit la verte crinière de
ses longues lames pour les pousser comme à l'assaut; elle fait trembler les dunes et semble rouler le tonnerre dans le fracas de son
exorbitante furie. L'âpreté des roches, les angles cassants des côtes,
leurs pics, leurs pointes, leurs creux, imposent à l'ouragan des sauts,
des bonds, des efforts inimaginables et des géhennes sans nom. Le flot

grince, brame, mugit, pousse des hurlements insensés, semble jeter d'exécrables baisers aux laves qui l'arrêtent et la brisent. Ce n'est plus du bruit, ce n'est plus un roulement affreux, mais ce sont des clameurs discordantes, des sifflements féroces, des foudres qui se répercutent avec une rage inouïe. Oui, sous la pression de l'ouragan, l'Océan rugit comme si toutes les bêtes féroces des mondes rugissaient à la fois : les flots se dressent comme se dressèrent les Titans quand ils voulurent escalader le ciel. Des vallées se creusent, des gouffres s'entrouvrent, d'immenses abîmes se montrent béants; puis, tout-à-coup, des montagnes les remplacent, de gigantesques trombes prennent leur essor, et, s'élevant à une hauteur prodigieuse, poursuivent l'éclair qui jaillit de la nue, comme pour l'éteindre et ensevelir ses feux dans leurs flancs humides. Oui, sous la véhémente étreinte de l'ouragan déchaîné, l'élément perfide pleure et gémit : ses soupirs et ses plaintes se mêlent aux foudres qui grondent.... Mais, à la voix du maître qui commande, bientôt l'Océan se couche, ainsi qu'un esclave que la torture a dompté.

Celui qui, tout-à-l'heure, a livré la tempête, les vents et la rafale à leur amour de destruction, de la même main tempère la violence qui les anime. Il parle, et soudain la mer reprend son calme et sa placidité. Peu à peu, elle étouffe ses cris, elle essuie son écume, et, sous le souffle de tièdes brises, polie comme le fer d'une armure, elle réfléchit dans ses eaux ou l'orbe de feu du soleil et ses rayons empourprés, ou le disque d'argent de la lune et les innombrables diamants de l'éther.

Certes! Dieu est grand, adorable, sur terre; mais il est puissant, terrible, redoutable, sur la profondeur des abîmes de l'Océan.....

Gardez-vous de croire, du reste, que les *tempêtes* n'aient pas un but d'utilité dans la création! Elles sont au contraire d'un immense avantage. Le mouvement est l'âme de toute la nature. Il y entretient l'ordre et en prévient la destruction. L'univers, en effet, est gouverné par les mêmes lois que l'homme. La santé n'exige-t-elle pas l'agitation et le mélange des humeurs?... Il en est ainsi du monde. Pour que l'air ne devienne pas nuisible à la terre et aux animaux, il faut qu'il soit dans un mouvement incessant. Réceptacle où tous les écoulements de la terre vont se perdre, et où tant de masses animales et végétales sont en dissolution, la mer serait-elle exceptée de la loi générale? Non. Elle doit avoir son agissement, et il ne lui suffit pas des marées et des courants pour secouer et purifier l'entassement de ses eaux. Il n'y a donc que les tempêtes qui puissent concourir à cet effet salutaire.

C'est vrai : des tempêtes précipitent dans l'abîme des vaisseaux richement chargés, et nombre de cruels naufrages ont lieu. L'*ouragan* détruit l'espérance du cultivateur, dévaste des provinces, répand de toutes parts l'épouvante, l'horreur et la désolation. Mais est-il rien dans la nature qui n'ait des inconvénients et qui ne puisse devenir funeste à certains égards, et compterons-nous le soleil parmi les fléaux de notre globe, parce que sa position nous ferme, pendant quelques mois, le sein de la terre, et qu'en d'autres saisons sa chaleur brûle nos grains et dessèche nos champs?

Eh bien! mes amis, ces mystérieuses terreurs, cet effroi involontaire que, à première vue, l'Océan nous inspire, s'effacent bientôt et disparaissent lorsque, après une attention plus sérieuse et un examen plus continu, nous reconnaissons sa grandeur et son inexprimable beauté. Peu à peu, en regard de la mer, toute créature, quelque vulgaire qu'elle soit, sent son impression première se fondre insensiblement en une extase sans fin, et porte son âme vers Dieu pour l'adorer et pour l'aimer dans son œuvre. Le bruit seul de la mer, soit qu'elle clapote sur la marge de la grève, soit qu'elle s'élance contre les parois des dunes, rappelle à son esprit la sublime expression de l'Écriture : *Magnas elationes maris*. Quelle harmonie dans le ressac et quel doux murmure dans le remous des galets! Aussi, quelle tendre affection le marin ressent pour l'Océan. Pour lui, la mer est une amie, capricieuse parfois, mais toujours chérie. Il l'appelle la *mer jolie*, la *commère*, la *grande tasse*, le *plancher des hommes*. C'est qu'ils savent qu'elle est toujours prête à bercer ses enfants et qu'elle les console par un sourire après les avoir contraints à faire de ses vagues l'arène de l'énergie et du courage, car la vie du navigateur est une lutte constante.

D'ailleurs, sur cette immense étendue de l'onde, où aucune limite ne se montre à lui, où il est seul sous le regard du ciel, il apprend à connaître Dieu, et cet homme de mer, si farouche en apparence, a le cœur ouvert à la foi. Il éprouve alors un noble sentiment que la terre ne peut lui inspirer, et qui, en dépit de toutes les fatigues et de toutes les souffrances, lui fait déserter la jouissance et le far-niente du port pour le ramener aux périls de l'Océan. Il sait qu'il est là sous la protection d'une main suprême qui le dirige et le soutient. Aussi le navire est pour lui sa chaumière, les mâts les tourelles de son église. La cloche du vaisseau lui parle du Seigneur aussi bien et aussi haut que le bourdon d'une cathédrale. Vienne l'heure de la lutte, un naufrage, un coup de vent, un grain, un ras-de-marée, un abordage, n'importe quel cri d'alarme et de détresse, il y répond aussitôt : Présent!...

On pensait généralement, à une certaine époque où l'homme était moins instruit que de nos jours, on pensait qu'il devait exister un rapport de configuration physique entre les *profondeurs de l'Océan* et la hauteur des montagnes. Aussi Dupetit-Thouars, Ross et quelques autres navigateurs essayèrent-ils de sonder les abîmes de la mer, les uns avec un fil de soie ou de chanvre, les autres avec la sonde ordinaire, sorte de tube en fer creux, en forme d'éteignoir d'un diamètre de quinze à vingt pouces, rempli de suif, qui, en touchant le fond de la mer, en saisissait les galets, le sable, la vase, l'empreinte en un mot, et les ramenait ensuite sur le pont du navire, avec des plantes, des madrépores, etc. Mais ces expériences démontraient que, dans les grandes profondeurs, les sous-courants des hautes mers entraînaient la ligne, etc.

Alors on imagina de fabriquer une sonde avec des fils solides supportant un boulet de canon. Cette combinaison, en apparence facile à trouver, était presque un trait de génie, car, outre la simplicité, les éléments de la sonde devenaient toujours faciles à trouver et pouvaient être mis en œuvre à toute heure.

Les nouvelles tentatives dépassèrent alors les espérances.

Ainsi le lieutenant Walsh, du schooner des Etats-Unis *le Tancy*, rapporta qu'il avait atteint jusqu'à 34,000 pieds, sans toucher encore le fond de l'Océan.

Un autre lieutenant du brick américain *le Dolphin*, M. Berrymann, descendit la sonde jusqu'à 39,000, sans toucher le sol.

Le capitaine Denham, du vaisseau anglais *le Hérald*, arriva jusqu'à 46,000 pieds, dans l'océan Atlantique du sud.

Enfin le capitaine Parker, de la frégate des Etats-Unis *le Congress*, dévida 50,000 pieds sans rencontrer d'obstacle.

Bref, on en vint à acquérir la certitude d'abord que la profondeur des mers est très variable. Ainsi on trouva que :

La Baltique, entre les côtes d'Allemagne et de Suède, ne compte que 120 pieds anglais de profondeur;

L'Adriatique, entre Venise et Trieste, 130 pieds;

La plus grande profondeur de la Manche, entre la France et l'Angleterre, n'excède pas 300 pieds, tandis que la partie sud-ouest de l'Irlande en mesure plus de 2,000;

Les mers du sud de l'Europe sont beaucoup plus profondes que les intérieures. Ainsi, dans la partie la plus resserrée du détroit de Gibraltar, la profondeur des eaux n'est que de 1,000 pieds environ, tandis que, un peu plus à l'est, elle est de 3,000.

Sur les côtes d'Espagne, on mesure à peu près 6,000 pieds.

A 250 milles sud du Nantucket, la sonde se perd à 7,800 pieds.

D'après quelques navigateurs, les plus grandes profondeurs se trouvent dans les mers du sud. Ainsi, au cap de Bonne-Espérance, on compte 16,000 pieds, et à l'ouest de l'île Sainte-Hélène, 27,000.

Le docteur Yung estime à 25,000 pieds les abîmes moyens de l'océan Atlantique;

Et à 20,000 ceux de l'océan Pacifique.

On acquit également la certitude que le fond des océans offre des inégalités comme la surface de la terre, et qu'il y existe de profondes vallées, analogues à celles qui traversent nos Alpes et nos Pyrénées.

Certaines îles ne sont même que les sommets de quelques hautes montagnes sous-marines.

Oui, de même que la surface des terres possède des plaines, se creuse en vallons, se hérisse de collines et de montagnes, de même la profondeur des mers ne produit pas une superficie plane, mais elle aussi déploie de vastes plaines, des prairies, se capitonne de bocages de plantes marines, a des vallées, et sur nombre de points dresse ses montagnes, dont beaucoup ont plus d'altitude que les montagnes terrestres.

Les plus récentes découvertes démontrent que c'est bien la terre qui change souvent de forme, et que l'empire des eaux est stable. L'Océan garde toujours un même niveau. Sur la terre, au contraire, les continents se modifient; il se produit des exhaussements et des affaissements de terrain, des îles émergent de l'abîme, d'autres s'y engloutissent.

Parmi les contrées ainsi en décadence, on peut bien mettre en première ligne la Nouvelle-Hollande, dont les Anglais envahisseurs ont fait l'Australie. Loin d'être une région jeune et neuve, la Nouvelle-Hollande, avec sa flore étrange et sa faune bizarre, n'est plus qu'une vieille île décrépite que l'Océan dévore chaque jour et qu'il ensevelit petit à petit.

Certes! l'Océan est une merveille comme les cieux, car, comme eux, il représente l'infini. Aussi, quand on est debout sur le pont d'un navire qui sillonne la nappe des eaux, et que l'œil se porte sur les vagues qui se déroulent à perte de vue, se soulèvent, s'affaissent, se relèvent encore pour retomber de nouveau, on demeure en extase. Eaux et cieux ne font qu'un. C'est alors surtout qu'on est frappé de la convexité de la terre, car il devient parfaitement remarquable combien cette masse liquide, élastique, grandiose, est arrondie telle qu'une incommensurable coupole de bronze. Cette perspective infinie, qui compte les lieues par centaines, qui semble ne devoir jamais avoir une fin, élève l'âme, agrandit l'esprit, frappe l'imagination et ouvre le cœur à l'enthousiasme. On se trouve là comme seul en présence de la nature, et l'on croit entrevoir Dieu planant sur les eaux, tel qu'au jour de la création.

Mais, soudain, qu'il émerge dans l'embrun de l'horizon une île quelconque, semblable à un léger nuage d'abord, puis se transformant peu à peu en une nef de verdure, d'où jaillit un morne, un piton, une simple mais gracieuse colline, oh! en ce moment béni, avec quelle joie on revoit la terre, et que cette île paraît belle!

En effet, l'apparition des continents, de la haute mer, a quelque

13

chose qui charme et vous procure la plus douce émotion ; mais la vue d'une île émergeant des flots est véritablement magique.

J'ai dit que telle des montagnes qui surgit du fond de l'abîme des mers atteint le niveau des eaux et fait surgir à leur surface le plateau de leur sommet, forme ainsi une *île* plus ou moins grande, plus ou moins pittoresque.

Tel de ces mornes, qui érige sa tête au-dessus des vagues, compose un *îlot*, un *récif*, un *écueil*, ou simplement des *brisants*.

Vous verrez plus loin, dans ces pages, qu'il se trouve dans la mer une curieuse production, demi-animale et demi-végétale, que l'on nomme *corail*. Ce sont des animaux microscopiques, blancs, mous, diaphanes, qui vivent attachés l'un à l'autre. Ils forment ainsi des massifs, parfois énormes, que l'on nomme *polypiers*. Mais par la superposition constamment répétée de ces entassements de polypes, et des étages nouveaux succédant à d'autres étages, à un moment donné, les surfaces de ces immenses agglomérations sortent de l'eau, à la superficie des océans, et alors elles forment des îles, des *îles à coraux* ou *attoles*. Ces éminences sous-marines ne s'élèvent au-dessus des vagues que de quelques pieds, car elles demandent à être incessamment baignées par les flots pour s'accroître. En effet, dans ces conditions, les zoophytes dits polypes, pouvant prendre à la mer la chaux et la silice qui s'y trouvent à l'état de sels solubles, s'en emparent, et s'empâtant de cette matière, élargissent les îles de leur création, et les disposent pour en faire la demeure de l'homme.

Chose prodigieuse ! nombre d'îles sont le produit de déjections volcaniques et doivent naissance au feu ! Et nombre d'autres îles sont le résultat d'entassements aqueux, et doivent leur origine à l'eau !

En émergeant de la surface de la mer, ces îles forment généralement des couronnes de corail d'une vaste circonférence. Alors, dans le vide qu'elles présentent à leur centre, l'eau qui y séjourne compose un lac aux ondes calmes et paisibles, jusqu'à ce que ce milieu se solidifiant à son tour, se couvre peu à peu de détritus, de poussière, de mille fragments sans nom. Enfin il verdit, se couvre de plantes, produit des arbres, des forêts et toute cette admirable végétation qui est l'œuvre de longues années, de siècles même, et que développent les chaleurs des tropiques et de l'équateur.

Ces îles à coraux sont très nombreuses dans l'Océanie. Il est très facile de les reconnaître, car elles ont beaucoup moins d'élévation que les autres, ne sont pas montagneuses comme les îles volcaniques ou les îles qui ne sont que les cimes de montagnes sous-marines ; et, vues à distance, elles offrent l'apparence de vastes cônes de paille renversés.

Il est telle de ces îles de l'Océanie, Vanikoro par exemple, qui, en outre des îlots constituant son archipel, se trouve enveloppée de toutes parts d'une ceinture ce fortifications naturelles de coraux, avec des passes ou entrées dans les eaux calmes qui entourent ces îles, réservées par la nature ou produites par la main de l'homme. Ces couronnes de récifs sont peu dangereuses pour les pirogues des sauvages qui habitent ces îles, mais ce sont de véritables récifs pour les vaisseaux navigateurs qui s'en approchent sans les précautions voulues. C'est contre de tels écueils, les coraux de Vanikoro, que vinrent échouer et périr les navires de La Pérouse, dans sa fameuse expédition autour du monde, en 1789.

Ainsi donc admirez avec moi ce travail des *infiniment petits!*

Le corail, ai-je dit, est le résultat de l'agglomération des polypes. Les polypes sont des animaux *rayonnés aquatiques*, presque tous marins, ordinairement très petits, mais alors aggrégés, soudés en partie, et vivant d'une vie commune. Leur corps est gélatineux et de forme cylindrique ou conique. Leur bouche est entourée de nombreux filets mobiles appelés *tentacules*, en petit ce que possè e en grand la pieuvre. On les nomme *polypes*, c'est-à-dire *à plusieurs pieds*, à cause de ces tentacules, que les anciens prenaient pour autant de pieds.

On les a pris aussi pour les fleurs d'une plante marine, ce qui leur a fait donner le nom de *zoophytes* ou animaux-plantes.

Le nombre et la force de ces tentacules varient chez les polypes. Le corps est souvent sans autre viscère que sa propre cavité, souvent aussi avec un estomac visible, duquel pendent des vaisseaux creusés dans la substance du corps.

Les polypes aggrégés se construisent une demeure commune, tantôt cornée, tantôt pierreuse, mais toujours solide, à laquelle on donne le nom de *polypier.*

Jugez de l'incommensurable quantité des polypiers et des énormes entassements qu'ils peuvent produire, puisque les amas des animalcules dits polypes contribuent, dans l'océan Pacifique, à l'augmentation des récifs et des écueils, d'une part, et de l'autre, à la formation de très nombreuses îles, et des plus considérables par leur variété et leur étendue.

Ces étranges zoophytes vivent captifs sur le polypier fixé au fond de la mer et couvert de petites loges où est enfermé leur abdomen, c'est-à-dire la partie de leur corps qui contient les organes destinés aux fonctions vitales. Ce polypier, appelé *corail,* présente la forme d'un petit arbrisseau sans feuilles, mais très branchu, de cinquante à soixante centimètres de longueur sur une épaisseur de trois à quatre centimètres. Il est couvert d'une écorce gélatino-calcaire, qui, à l'état frais, s'enlève aisément; et il est enveloppé d'une membrane vasculaire qui lie les uns aux autres tous les individus d'un même pied, et fait que la nourriture de l'un profite à tous les autres. L'axe central est d'un rouge vif, et possède la dureté du marbre. Je n'ai pas besoin de vous dire que c'est cette matière que l'on emploie à faire des bijoux, etc., spécialement sur les côtes de la Sicile, de Naples, de la Grèce et de la Barbarie, où l'on pêche beaucoup le corail.

De hardis plongeurs vont les arracher ou les couper à la main au fond de la mer. Le plus souvent on recueille le corail en promenant au fond de l'eau, au moyen d'une corde, une sorte de filet appelé *salabre,* que l'on maintient ouvert par une croix de bois, et qui est retenu au fond par une grosse pierre ou un boulet.

L'analyse démontre que le corail ne contient que du carbonate de chaux uni à un peu de gélatine.

Combien ces infiniment petits révèlent l'étonnante et merveilleuse puissance de l'architecte de l'univers!

Il en est de même des *infusoires,* dont je vous ai déjà dit quelques mots, et le savant allemand Ehrenberg vient de démontrer qu'il en existe tout un monde. En effet, paraît-il, le nombre des infusoires défie toutes les formules possibles de la numération.

Ces infusoires forment des bancs qui gênent la navigation, qui obstruent les golfes et les détroits, et qui comblent les ports, témoin le port d'Alexandrie, qu'ils finiront par rendre impraticable. On les trouve mêlés à du sable recueilli par la sonde à une profondeur de plus de 5,000 mètres. Quelques grammes de ce sable contiennent jusqu'à 400,000 infusoires!

Le sous-sol terrestre s'en trouve littéralement composé.

Elles pullulent dans les matières qui composent le sol de l'époque carbonifère de notre globe, la première où la science constate les traces de la vie. On les y rencontre sous une forme unique, qui toutefois n'exclut pas une organisation compliquée, et on les appelle *fusulines cylindriques.*

Leur nom vulgaire est *foraminières.*

Les seuls dépôts tertiaires des environs de Vienne en fournissent 228 espèces distinctes.

Certaines couches de pierres de taille et la craie blanche, depuis la Champagne jusqu'à l'Angleterre, ne sont guère autre chose qu'un immense amas de foraminières.

Les formes des infusoires observées sur le littoral de la Baltique diffèrent en partie de celles des infusoires de la mer du nord. Du reste, ces êtres se retrouvent dans tous les climats.

La ville de Berlin repose sur une tourbe argileuse pour ainsi dire vivante. A sept mètres au-dessous de la cité et à deux mètres et demi au-dessus du niveau de la Sprée, cette tourbe se trouve remplie d'organismes vivants, et l'on en a même rencontré jusqu'à vingt mètres plus bas. La respiration de ces petits êtres ne peut donc se faire que par l'intermédiaire de l'eau qui imprègne la tour e. Leurs mouvements sont plus lents que ceux des espèces qui vivent à la surface du sol.

On les retrouve en Amérique, autour des îles de l'Océanie, à la Terre de Feu, dans les alluvions du Rhin, du Nil, du Gange, etc.

On les observe sur les Alpes, à des hauteurs de 3,600 mètres, et sur l'Himalaya, à une altitude de 6,000 mètres.

La sonde en ramène du fond des mers du Kamschatka, où ils gisent à 5,000 mètres. Comment des êtres organisés peuvent-ils résister à une telle pression d'eau? Ils y résistent cependant, parce qu'ils ne renferment point de cavités remplies de substances gazeuses. Les liquides qui constituent leur organisation se maintiennent en équilibre avec le liquide dans lequel ils vivent.

L'atmosphère contient aussi des myriades de ces êtres microscopiques qui, sans doute, reçoivent de la nature la triste et terrible mission d'apporter avec eux des épidémies. Transportés avec l'air par les vents, ils se confondent avec le souffle que nous respirons, qu'ils n'empoisonnent que trop souvent.

Ehrenberg a examiné un grand nombre de ces poussières aériennes, entre autres celles tombées à Lyon pendant un ouragan, le 17 octobre 1846, et il évalue le poids total de cette poussière à 360,000 kil., et celui des organismes qu'elle contenait au huitième, par conséquent à 45,000 kilogrammes. Ces poussières provenaient de l'Amérique.

J'ai dit en son lieu que les volcans rejettent des cendres regorgeant de foraminières.

Le sol et les eaux pullulent également de spongiaires et de prosophytes.

Les *spongiaires* ou *éponges* forment l'intermédiaire entre les animaux et les végétaux. On reconnaît leurs traces aux spicules, sortes d'aiguilles calcaires, derniers débris de ces êtres que l'action du temps n'ait point détruits.

La sonde en ramène du fond de la mer de corail, dans l'océan Indien, par 3,600 mètres de profondeur, et beaucoup de dépôts anciens en contiennent.

Les agates, dites *mousseuses*, d'Oberstein, dans le Palatinat, celles de Sicile, et quelques jaspes de l'Inde, doivent à la présence d'éponges la particularité qui leur vaut leur nom.

Le tripoli de Bohême, la craie blanche regorgent de spongiaires et de spicules.

Les *prosophytes* constituent le règne végétal microscopique et abondent dans toutes les eaux douces et salées. On donne le nom de *diatomées* aux prosophytes les plus caractéristiques. On trouve ces diatomées dans l'eau douce et salée, ai-je dit; mais les espèces particulières de l'une ne se rencontrent jamais dans l'autre. Les eaux saumâtres en contiennent aussi de très nombreuses, de très variées, surtout dans les marais exposés à l'envahissement des eaux salées. Les pierres et les cailloux des torrents qui descendent des montagnes, les rochers des rapides, et les lagunes de l'embouchure des rivières, les fossés situés le long des chemins, les citernes et les puits regorgent de prosophytes.

Dans les régions polaires antarctiques, ces petits êtres deviennent surtout apparents quand ils sont enveloppés dans la glace nouvellement formée. Entraînés dans la mer sur les glaçons, ils se revêtent alors de teintes ocracées. Un dépôt vaseux, principalement formé de dépouilles siliceuses de diatomées, découvert le long des côtes de la Terre de Victoria, se prolonge de manière à recouvrir les pentes sous-marines du mont Erebus, volcan actif qui s'élève à 3,769 mètres au-dessus de ces régions glacées.

En présence des phénomènes de ces infiniment petits, l'imagination de l'homme, prise de vertige, ne se sent-elle pas confondue?

A l'occasion de ces magnificences des mers, je pourrais vous mettre en présence d'un *aquarium*, sorte de prison transparente contenant les hôtes des océans, et dénomination empruntée aux Romains, qui s'occupaient avec le plus grand intérêt de tout ce qui se rapportait aux habitants des eaux. Je vous montrerais particulièrement l'aquarium du Jardin d'Acclimatation de Paris, vaste bâtiment de cinquante mètres de longueur, bâti et peint à fresque d'après le modèle des aquariums trouvés à Herculanum, l'une de ces villes ensevelies par l'éruption du Vésuve l'an 79 après Jésus-Christ. Sur l'un des côtés, je vous ferais voir quatorze réservoirs contenant chacun mille litres d'eau douce ou d'eau de mer. Vous reconnaîtriez alors que trois parois de ces réservoirs sont en ardoise d'Angers, tandis que la quatrième, celle qui vous ferait face, est formée par une belle glace sans tain de Saint-Gobain, et qui laisse passer la lumière dont est inondée l'aquarium. Cette lumière, venant d'en haut, est dirigée de telle sorte que, en traversant l'eau, elle éclaire et met en relief le fond des réservoirs. Ceux-ci sont décorés, comme une mise en scène théâtrale en miniature, de petits rochers, de minuscules végétations aquatiques, à travers lesquels les poissons nagent, vont et viennent, en un mot prennent leurs ébats en toute liberté.

Dans les quatre premiers réservoirs, vous auriez sous les yeux les poissons et les mollusques d'eau douce : saumons, truites, brochets, carpes, ombres-chevaliers, barbeaux, aloses, brêmes, écrevisses, moules de rivières et divers coquillages.

Dans les dix réservoirs suivants, vous trouveriez les poissons de mer : turbots et soles, harengs et limandes, etc., et tous ces animaux de l'Océan que peu d'hommes ont vu vivants, qu'aucune peinture ne saurait représenter, et qu'il faut contempler pour s'en faire une idée.

Par exemple, parmi les zoophytes : les anémones, que vous prendriez pour des fleurs, de véritables fleurs aux plus brillantes corolles ; les polypes ou coraux, les ursins, les étoiles, les hérissons, etc.

Parmi les annélides : les serpules, les sabelles ;

Parmi les crustacés : les crabes de diverses sortes, les homards, et le singulier Bernard-l'Ermite qui, né sans coquille, s'empare de la première carapace venue qu'il trouve à sa convenance.

Les mollusques de mer vous apparaîtraient représentés par un banc d'huîtres à l'état de nature et par de très nombreux coquillages univalves et bivalves qui paraissent attachés aux rochers, et dont néanmoins on peut saisir les mouvements et étudier les agissements, si on a la patience de les observer pendant un certain temps.

Impossible de se trouver en présence d'un spectacle plus varié, plus curieux, plus pittoresque, qui donne autant à réfléchir et qui révèle mieux la bizarre et inépuisable fécondité de la puissance créatrice de Dieu. Certes ! vous n'y verriez ni baleines, ni cachalots, ni requins, ni crocodiles, etc., ces monstrueux dominateurs des mers.

Mais au lieu d'un aquarium fait par la main de l'homme, chers lecteurs, je préfère vous donner l'agréable surprise de vous faire pénétrer dans le grand aquarium créé par la main de l'artisan des mondes, c'est-à-dire dans les abîmes de l'Océan lui-même.

Avant de terminer ces premiers entretiens, et avant de les continuer dans le *Livre d'or des grandes Curiosités du globe*, je vous convie à suivre mon ami Varnier, le capitaine de frégate, que vous connaissez déjà, et à entreprendre avec cet infatigable explorateur des merveilles des mers le plus intéressant et le plus rare des voyages, un voyage sous-marin...

Prêtez donc l'oreille au récit de tout ce qu'il a vu sous les eaux océaniques, car, dès ce moment, je lui cède la parole :

— Tout en naviguant et en dirigeant la manœuvre de mon vaisseau, me dit-il un jour que je le questionnais sur la flore de l'Océan, je me livrais à des recherches pour trouver le meilleur moyen de descendre dans les profondeurs de la mer. Dans mon projet d'une exploration sous les eaux, rien ne m'effrayait : ni l'idée des vagues monstrueuses se fermant sur la tête du plongeur, comme un affreux tombeau ; ni la crainte de l'asphyxie dans ces souterrains inconnus, mystérieux, où l'air peut subitement manquer à la poitrine ; ni la pensée de rencontrer de ces léviathans dont Jonas fut victime, ou au moins de ces dangereux squales dont une morsure peut donner la mort. Je voulais voir et connaître, et la curiosité qui fermentait dans mon âme ne me laissoit ni paix ni trève.

LES EAUX.

J'inventai donc un appareil. C'était une sorte de guérite en fer, très lourde afin que le mouvement des eaux ne la fît pas osciller, dans laquelle on pouvait rester debout ou assis. Debout ou assis, les parois de fer de ce kiosque étaient munies de larges vitres de cristal qui permettaient de voir parfaitement au-dehors. La porte fermait avec une précision telle que pas une goutte d'eau ne pouvait suinter par les jointures. Cette solide enveloppe, destinée à me garantir contre tout danger, reposait sur un parquet de fer d'une grande épaisseur dont le poids devait contribuer à la maintenir dans une perpendicularité parfaite. Une chaîne était adaptée aux quatre angles de l'appareil et se rattachait à un câble de laiton d'un développement considérable, qui, enroulé sur le pont de ma frégate à un cabestan colossal, devait se dérouler dans l'abîme et m'y descendre enclos dans ma guérite de cristal et de fer. On y avait adapté un fil correspondant à une sonnette fixée au grand mât et qui me mettait en communication avec mon équipage. Enfin, un tuyau de gutta-percha, conducteur de l'air, descendait et remontait avec moi, pour entretenir la vie, à laquelle je ne prétendais pas dire encore adieu.

Je choisis un jour des plus purs et des plus calmes. La mer était lisse comme un lac d'huile. Je me revêtis d'une sorte de sarrau en caoutchouc ; je recommandai mon entreprise à Dieu, et je m'enfermai résolument dans ma guérite, bien approvisionnée de vivres, d'excellent vin et de liqueurs. J'avais même des armes, une lampe, le moyen de l'allumer et d'avoir du feu. Le vaisseau était en panne : à peine subissait-il un léger roulis. Mes officiers et tous les matelots étaient présents, conduisant et opérant les manœuvres nécessaires. On me souhaita bon voyage ! après quoi je donnai le signal du départ...

IV. — Ce qu'on voit à 20,000 pieds sous les eaux. — Les poissons des premières couches. — La lumière du jour dans la mer. — Courants sous-marins. — Absence complète d'habitants dans les eaux médianes. — Arrivée au fond de l'Océan. — Spectacle étrange. — Aspects pittoresques. — Splendides fleurs vivantes. — Où le mouvement des poissons-plantes dénonce la vie. — Anémones. — Isabelles. — Sèches, etc. — Sources d'eau douce sourdant du sol sous-marin. — Couleurs des eaux océaniques. — Pourquoi les épithètes de Vermeille, Rouge, Jaune, Blanche, etc., données à certaines mers. — Où l'on retrouve le corail. — Merveilleuses architectures de corail. — Arceaux et galeries. — Poisson-soleil. — Poisson-lune. — Poisson-étoile. — Rose vivante en pleine éclosion. — Epaves de naufrages. — La vie et la mort. — Forêts des mers. — Jardins de fucus. — Huîtres et perles. — Le nautille. — La nuit sous les eaux. — Retour sur la surface de l'Océan. — Adieu et au revoir !

— Impossible de voir une mer plus admirable que celle du Pacifique sous les latitudes où nous nous trouvions, continue notre brave capitaine Varnier.

Quand le soleil s'enfuit et se cache, le soir, derrière les côtes de la Chine; quand le ciel endormi ne brille plus qu'à la clarté des étoiles; quand l'horizon se perd dans les brumes de la nuit ; quand tout est calme dans l'espace et sur l'immense nappe liquide, la mer s'illumine. Les diamants, les perles bleues jaillissent en gerbes étincelantes sous l'étrave du navire, et son gouvernail laisse derrière lui un long sillage phosphorescent plein de mystérieuses merveilles.

C'était après une nuit semblable que, frais et dispos de corps, l'esprit réfléchi et maître de soi, je quittais mes compagnons de navigation; je saluais le soleil levant, l'azur du ciel au retour du jour, et je m'abandonnais à la grâce de Dieu pour... aller vers l'inconnu !...

D'abord mon cœur se prend à battre, une fois que je me vois sous les eaux et que j'entends leur murmure au-dessus de ma tête. Mes tempes sont comme flagellées par des coups précipités. Ma poitrine est oppressée, comme si l'air lui fait défaut; et cependant des jets d'air pur m'arrivent sans interruption. Mais, peu à peu, je me fais à cette nouvelle poitrine, et je me remets de mon émotion première.

J'avais donné ordre que l'on ne me fît descendre que lentement. De cette façon, j'ai le temps d'observer, et j'entrevois, en effet, allant et venant, des poissons de toutes les formes, de toutes les teintes et de toutes les grandeurs. Ils me semblent fort étonnés de la présence de mon appareil, et il y en a même d'assez impertinents, un loup de mer, un requin et une énorme lune surtout, pour s'approcher curieusement de mon kiosque et me regarder audacieusement. Je leur fais ma plus laide grimace, et d'autant mieux que je ne suis pas absolument sans une certaine peur. Je dois avouer qu'ils se montrent fort peu sensibles à mon impolitesse et qu'ils me tournent le dos comme à un intrus que l'on dédaigne. D'ailleurs le nombre de ces curieux personnages diminue bientôt, et après avoir traversé quelques légions de soles, de poissons volants, et de véritables bancs de bars, de limandes, etc., je ne rencontre plus que des retardataires opérant en vrais flâneurs leurs pérégrinations dans l'immense royaume de l'Océan.

Jusque-là je passe au travers de couches d'eau qui me semblent assez fraîches, car, ayant ménagé une sorte de trappe microscopique par laquelle je puis passer un doigt, cela me suffit pour connaître la température des courants.

La lumière du jour me suit dans mon mouvement de descente. Elle est très légèrement laiteuse, mais sa douce transparence me permet de voir assez au large, en face et sur les côtés de mon appareil. L'Océan forme ainsi comme un brouillard lumineux que certaines ombres sillonnent de distance en distance, nuages aériens peut-être, peut-être aussi de monstrueux cétacés; je ne saurais le dire.

Ce qui me frappe le plus, c'est une sorte de cadence colossale, un sourd murmure régulier, monotone et lent, sans doute le balancement de la masse des eaux dans son bassin, la respiration de la mer, enfin. Toutefois, cette voix grave, solennelle, grandiose, m'étreint d'un indéfinissable saisissement, et les réflexions les plus étranges me passent par la tête.

— Si la chaîne de bronze qui me rattache aux humains venait à se rompre.... pensais-je, et si je me trouvais à tout jamais séparé de la terre, qu'il fallût périr seul, cruellement, dans ce vaste cimetière qui a nom : l'Océan!

Pour me réconforter, je bois un verre d'une liqueur généreuse qui ne tarde pas à me ragaillardir le cœur...

Cependant ma cabine descend toujours, et l'on veille sur moi à la surface des eaux, car l'air m'arrive sans interruption; et même il y a un moment où je crois que par le conduit en caoutchouc on me parle à l'aide d'un porte-voix. J'ai su plus tard que je ne m'étais pas trompé.

Me voici traversant un violent courant sous-marin; en effet, mon logis mobile subit presque tout-à-coup d'étranges balancements et de frénétiques oscillations. Puis, après quelques minutes, c'est au beau milieu d'un fleuve d'eau brûlante que je passe. Cette fois, je n'ai pas besoin de glisser mon doigt par la petite trappe pour m'en assurer, car aux parois de fer de la machine, je ressens une chaleur qui m'en donne un avis suffisant. J'étouffe quelque peu, et je crains alors que cette eau bouillante ne fasse éclater mes vitres de cristal. Je me demande même si je ne vais pas être cuit à l'étuvée... Grâce à Dieu! ce mauvais quart d'heure s'achève, et je me retrouve dans des couches d'eau tempérée, puis d'autres plus fraîches encore.

Je dois avoir atteint alors une certaine profondeur. Plus de poissons depuis longtemps déjà. Absence complète d'habitants, solitude absolue, immense désert de l'Océan. Mais dans cette solitude, dans ce désert, je jouis toujours de la lumière. Seulement le grand jour est remplacé par un crépuscule où persiste une teinte unique, couleur rougeâtre, de ce rouge léger, uniforme, transparent toujours, qui permet de tout voir à certaine distance.

Enfin j'entrevois, comme dans une brume, des apparences fantastiques qui font que je me lève subitement pour mieux regarder.... Jugez de mon étonnement!... je suis au fond de l'Océan; mon appareil touche le sol sous-marin, je me trouve à peu près à 20,000 pieds sous les eaux, car le docteur Yung a calculé cette profondeur pour les abimes de l'océan Pacifique.

Quel étrange spectacle s'offre alors à mon impatiente et fébrile observation!

Figurez-vous que je suis en face de chaînes de montagnes accidentées, rocheuses ici, là couvertes de végétations marines; et mon appareil, sur un signal que je transmets au-dehors, s'arrête précisément au milieu d'une plaine ondulée, aux horizons bizarres, indescriptibles, entourée de prairies et de déserts sablonneux.

Ici et là surgissent d'épaisses forêts de fucus, avec leurs clairières dentelées; et, sur les marges des plaines, s'étalent de véritables oasis, des jardins en fleurs. Enfin, dans l'immense pourtour qui enveloppe ma station, se déploient de charmantes perspectives. Certes, le tableau n'a rien des aspects que présente la terre, éclairée par le soleil, baignée d'air et de lumière. Mais, dans cette pénombre des eaux qui entoure et qui couvre les paysages sous-marins, on admire cependant la variété des formes, l'élégance des sites, et la beauté des mille créations qui les décorent. Je puis même affirmer que la terre, à sa surface, ne peut faire voir des herbes, des plantes, des magnificences végétales plus fines, plus déliées, plus délicates, découpées avec plus d'art et de grâce que les richesses et les splendides productions marines qui m'apparaissent : lichens, mousses, fleurs, feuilles, corolles, pétales, étamines, troncs, ramures, le tout d'une ténuité, d'un port, d'un effet que l'imagination ne peut deviner. Mes yeux sont émerveillés, et mon extase grandit encore quand, à l'aide d'une sorte de harpon, je puis m'emparer de quelques-uns de ces spécimens de la flore et de la faune sous-marines, je les étudie au microscope, et y découvre des beautés en miniature qui me semblent incomparables.

Bientôt, après avoir satisfait d'abord mon ardente curiosité du tableau général de l'ensemble, sur un nouveau signal, je me fais porter un peu partout dans cette plaine des profondeurs de l'Océan, afin d'en connaître et d'en juger les innombrables détails.

Alors, à chaque mouvement, je rencontre des méandrinas et des astrœas magnifiques opposant leurs masses épaisses aux calices feuillus des épanouissements des autres plantes appelées explanaria.

Puis, des madrépores aux ramifications complexes, aux doigts étendus, tantôt se dressent en troncs assemblés, et tantôt projettent élégamment dans l'espace leurs rameaux enlacés.

Partout la couleur éblouit, étincelle, se reflète. Les verts les plus vifs et les plus tendres, comme aussi les plus sombres, se joignent et se confondent avec les jaunes les plus variés et les bruns les plus transparents. Les pourpres de tous les tons, les rouges de toutes les nuances passent harmonieusement jusqu'aux bleus les plus prononcés, et aussi les plus vaporeux, les plus légers.

Les millépores rose et or, ou teints comme le fruit savoureux du pêcher, s'élancent des végétaux qui leur tiennent lieu de tiges, et se parent des perles nacrées des *rétipores*, courant autour d'eux en festons d'ivoire capricieux.

Près de la vague sourde qui mollement les berce, les gorgones agitent leurs éventails jaunes et lilas, plus artistement travaillés qu'un tissu de filigrane.

Le sable de la plaine est jonché de hérissons et d'étoiles de mer, aux formes bizarres que leur nom révèle.

Les flustras, comme de véritables feuilles, et les escharas, comme des mousses et des lichens, adhèrent à des roches, pendant que les palétices couleur de safran, vertes et tachées de rouge, se cramponnent sur leurs assises.

Pareilles à des fleurs gigantesques d'inimaginables cactus, et peintes des tons les plus vifs, des couronnes armées de tentacules, des anémones élégantes, ornent fièrement les granits des collines ébranlées par les tempêtes sous-marines ; ou bien, plus modestes, d'autres fleurs vivantes consentent à émailler le fond des eaux d'un tapis qui ressemble à un semis de renoncules.

O prodige ! afin d'animer ces paysages, ces parterres et ces plaines, le colibri de l'Océan, charmant petit poisson vêtu de minium, de cobalt, d'or et d'émeraude, folâtre et s'ébat joyeusement sous les bocages de ces régions océaniques.

Légères comme les sylphes des liquides abîmes doivent être, les fragiles clochettes bleues ou blanches des physaties flottent au milieu de ce monde enchanté. L'isabelle violette, verte, luisante de mille reflets d'or, y dispute sa proie à la coquette orangée, noire et mouchetée de vermillon. Les bandes de mer, rampantes ainsi que des serpents, moirées telles que rubans d'argent glacés de rose et de bleu, traversent rapidement les clairières et disparaissent sous les massifs.

Puis, voici venir la sèche fabuleuse, drapée des couleurs de l'arc-en-ciel qui luciolent ici et là sur son corps. Elle va, elle vient, elle paraît et disparaît ; elle se joint aux groupes des autres poissons, hôtes de ces bas-fonds merveilleux, les quitte pour les croiser en tout sens et les abandonner ensuite. Sa course vagabonde, surprenante, imprévue, est indescriptible, tant elle est fulgurante de vélocité, et tant elle lance d'inimaginables effets de lumière et d'ombre.

Or, n'oubliez pas que toutes les fleurs des parterres que j'ai nommées plus haut sont, elles aussi, vivantes et animées. Et si elles ne s'agitent pas comme la sèche, les étoiles de mer, les hérissons, etc., elles s'entr'ouvrent, elles se balancent, elles se secouent légèrement, et témoignent de leur vie organique par une infinité de légers mouvements et de charmantes petites et coquettes manières.

Les échinodermes, les physalies, les polypes et les mollusques de toutes espèces pullulent autour de moi. On les voit reposer ici sur des sables blancs, là diaprer les rugosités des roches et leurs escarpements abruptes, ailleurs disputer la place déjà occupée, se mouvoir sans relâche, ramper pour vivre aux dépens du premier venu, ainsi que les parasites terrestres, nager sur le sol ou plonger dans les vallées, tandis que les masses végétales, au milieu desquelles ces étranges créatures résident, sont comparativement de dimensions très inférieures à celles de leurs habitants.

Cette singularité provient de la loi, également valable sur terre et dans les eaux, qui veut que le règne animal, mieux adapté aux circonstances extérieures, étende ses variétés sur de plus vastes espaces que le règne végétal. C'est ainsi que les mers polaires abondent en baleines, en phoques, en oiseaux aquatiques, en multitudes innombrables d'êtres inférieurs, et qu'on les rencontre même dans les latitudes où l'eau refroidie ne nourrit plus la sève des herbes marines, où toute trace de végétation a disparu depuis longtemps, enfouie sous des glaces éternelles. C'est aussi la raison qui fait que la vie végétale s'éteint bien avant la vie animale dans les directions de la mer perpendiculaires à l'horizon, et que, à partir de ces profondeurs où le plus faible rayon de lumière est incapable de pénétrer jusqu'au sol, la sonde amène à la surface des milliers d'infusoires, ces animalcules vivants dont le nombre incalculable surprend l'explorateur et le savant.

Quelle n'est pas ma surprise, quel n'est pas mon étonnement de reconnaître que les parterres et les fleurs des abîmes océaniques sont arrosés par des sources d'eau douce, fraîche et limpide. Oui, je vois sourdre de terre des fontaines qui, jaillissant de leur secret bassin dans le vaste réservoir d'eau salée, sont faciles à deviner à la pulsation de leurs gros bouillons s'élançant du sol, et formant incontinent un courant dont les sinuosités, sous les eaux lourdes et salées de la mer, se remarquent et se distinguent parfaitement grâce à leur limpidité blanchâtre.

Sachez, du reste, mes chers lecteurs, que l'eau du ruisseau que vous regardez avec plaisir caracoler sur son lit de mousse et babiller sur les cailloux, n'est pas plus limpide cependant que celle de l'Océan. En effet, les eaux de la mer sont d'une telle transparence que souvent, à sa surface même, on découvre le fond de son lit. Seulement ses teintes varient à chaque rayon de soleil, à chaque nuage qui passe, et ses nuances les plus constantes lui viennent soit des plantes, soit des infusoires qu'elle recèle dans son sein.

Sur la *mer Arctique*, par exemple, une large bande, d'une couleur olivâtre foncée, passe en droite ligne à travers des eaux de l'outre-mer le plus pur.

Sur la *côte d'Arabie* s'étend une ligne verte, si distincte, que j'ai pu voir une fois mon navire flotter en même temps sur la limite précise de l'eau bleue, ordinaire à la mer, et de cette eau très verte.

La *mer Vermeille* de Californie tire son nom de la teinte particulière des infusoires qui s'agitent dans ses eaux.

La couleur de la *mer Rouge* passe de la nuance délicate de l'œillet à l'éclat de la pourpre, selon que ses légions d'animalcules se meuvent par bandes plus ou moins compactes.

Quant à la *mer Jaune*, en Chine, un consul de France, M. Mollien, afin de juger de la nature des eaux, puisa une certaine quantité du liquide coloré de jaune, qui lui a valu son nom, et le laissa reposer. Le limon que ce liquide déposa fut étudié au microscope, et on constata qu'il contenait une agglomération de petites algues, les unes oscillaria, les autres trichodesmium-erythrœum, qui se trouvent spécialement dans les mers du Sud.

Enfin, des masses de monadines et de zoophytes minuscules teignent les eaux des Maldives, etc., de leur couleur sombre, tandis que d'autres petits animaux blancs donnent la couleur blanche à la *mer Blanche* et au *golfe de Guinée*.

Après un assez long examen des curiosités sous-marines dont je viens de parler, je donne le signal à mes gens de faire courir des bordées à ma frégate, lentement, et dans toutes les directions, afin que je puisse ainsi voyager au fond des eaux et étudier d'autres points des abîmes de l'Océan.

Mes ordres sont compris et exécutés. Ma bonne étoile permet même que l'on me fasse longer une étroite vallée qui, bientôt, débouche sur une autre plaine, que me cachaient de très hautes montagnes.

Je me trouve alors en face de bans de corail de plus de quarante milles de longueur. Sur tout ce long parcours se présente à mes yeux un spectacle dont toute la magnificence efface les tableaux les plus admirables de la nature. L'eau est d'une telle pureté que je puis voir jusqu'à 300 pieds devant moi. Le fond varie beaucoup ; mais il est quelquefois aussi uni que des dalles de marbre.

C'est sur ce superbe sol que je commence à voir s'élever des colonnes de corail qui se dressent comme des stalagmites roses, depuis dix pieds jusqu'à cent, sur un diamètre de un à dix. Le sommet de ces aiguilles supporte des milliers d'aiguilles, portant chacune d'autres milliers d'aiguilles plus fines, qui donnent l'idée d'un jet d'eau rose surpris par le froid et instantanément congelé. Quelquefois ces colonnes vont s'arrondissant vers le sol et forment de longues séries d'arches, sur cinq ou six rangs.

En plongeant l'œil sous ces arcades profondes, en mesurant leur élévation, je me crois en présence d'une antique cathédrale élevée par la foi, et, malgré ce que je sais déjà du merveilleux travail des polypiers marins de ces parages, il me semble que je me trouve sur un sol anciennement habité par l'homme et envahi depuis par la mer à la suite de quelque convulsion du globe, tant la régularité des lignes, la légèreté des colonnes, la solidité des voûtes, me plongent dans la stupéfaction et troublent mes idées et mes sens. En effet, pour compléter l'illusion, çà et là les voûtes sont ouvertes et paraissent effondrées comme par l'œuvre du temps. Ailleurs, des piliers rapprochés s'élèvent fièrement au-dessus des arcades, et mon imagination y place tout naturellement la tour ou le clocher d'un temple.

Du reste, ces édifices de corail ont aussi leurs crevasses, et dans chacune de ces crevasses les plantes marines, comme autant d'arbrisseaux, de buissons ou de graminées, y ont jeté leurs racines. Toute cette végétation, grâce à la lumière qui lui arrive, est faiblement nuancée de teintes bien pâles sans doute, mais fort variées. Aucune plante n'a de rapport avec les plantes que j'ai observées en-dehors de ce merveilleux petit monde, et fort peu se ressemblent entre elles. Une des plus remarquables a la forme d'un éventail : sur chaque nervure la couleur est assez accentuée et se fond ensuite en teintes irisées, mais fort douces.

Au milieu de cette architecture rose se jouent une infinité de poissons, aussi variés de formes et de couleurs que la scène l'est elle-même. Beaucoup de ces poissons se détachent sur ces roches colorées, comme des lames d'argent; d'autres y paraissent au contraire ainsi que des taches brunâtres. Il en est, tel que le dauphin aux couleurs changeantes, qui font miroiter milles nuances différentes. J'en ai vu qui avaient la tête faite comme l'écureuil; d'autres qui avaient celle du chat, du chien, et il est une espèce fort petite qui ressemble au terrier. Tous ces poissons aux formes bizarres, poisson-soleil, étoile de mer, petit requin argenté, pelle-bleue, pelle-blanche, globe de feu, etc., pullulent autour de mon observatoire.

De ces êtres des eaux qui ressemblent aux plantes et, comme elles, restent immobiles, sans jamais quitter la roche où ils sont attachés, dans cet endroit de mon excursion, je ne trouve qu'une rose en pleine éclosion.

— Vit-elle réellement? me demandai-je, tant est complète l'illusion.

Oui, certes, elle vit, et cette rose est un petit être poisson, car je la touche à l'aide d'une baguette, et aussitôt elle se referme en présence du danger qui la menace.

Je rencontre fréquemment le poisson-ruban. Il mesure depuis cinq pouces jusqu'à trois pieds de long. Rien n'est curieux comme ce poisson plat, qui mérite bien son nom. Ses yeux sont très larges et sont saillants comme ceux de la grenouille.

Je remarque une espèce de poissons qui est mouchetée ainsi que le léopard. Chose étrange! ces poissons se construisent des demeures à la façon des castors. Ils y pondent, et les mâles ou les femelles se tiennent sur leurs œufs et les surveillent jusqu'à complète éclosion.

Je vois aussi un assez grand nombre de tortues vertes; quelques-unes mesurent cinq pieds de long.

Hélas! il me faudrait un jour entier pour peindre l'étonnante vision qui m'entoure, et je ne puis que la dessiner à grands traits!

Je suis porté ensuite au beau milieu d'une prairie d'algues et de fucus, de varechs et de plantes marines quasi arborescentes, mais que ponctuent, en tous sens, comme des squelettes de géants. Je ne puis facilement me rendre compte de ce spectacle nouveau. Mais peu à peu je reconnais des navires de tous les âges et de tous les peuples, victimes sans doute ou de cruels naufrages, ou du terrible sort de la lutte dans de grandes batailles. Ces reliques de la navigation ont-elles été apportées là par des courants qui les y ont successivement déposées? qui pourrait le dire? Toujours est-il que comme l'eau, l'eau de mer surtout, conserve parfaitement le bois, je puis contempler, émergeant de la vase, des échantillons de toutes les formes de vaisseaux, disloqués, il est vrai, mais cependant très reconnaissables, des nations anciennes, et même des peuples modernes. Ainsi, dans ce pêle-mêle confus, j'avise des canges égyptiennes, des trirèmes grecques, des galères romaines, des balanques carthaginoises, des caravelles espagnoles, des goëlettes françaises, des balancelles italiennes, des bricks anglais, des steamers américains, des felouques indiennes, des jonques chinoises, et jusqu'à des pirogues des sauvages de l'Océanie. Là aussi, sont épars des canons précipités dans les vagues aux heures de la détresse, des trésors peut-être, en tout cas des cargaisons innombrables. La mer est-elle inhospitalière sur le point où se trouve en ce moment ma frégate? Je préfère supposer que, ainsi que je l'ai dit, ce sont des courants sous-marins qui ont fait de cette prairie de fucus un immense bazar souterrain de la navigation des temps passés et présents.

Ainsi donc l'Océan est un gigantesque réceptacle des débris et des épaves arrachés à l'industrie, au commerce et aux luttes de la terre? Il est bien aussi un vaste charnier, un ossuaire lugubre de tous les êtres qui le peuplent depuis le jour où Dieu créa le monde.

Certes, si la vie s'y produit de la façon la plus charmante par ses paysages, ses fleurs-poissons, ses plantes et ses géants, la mort, elle aussi, a établi son grand dortoir dans les régions inférieures. Quel cimetière que celui de la mer! Dans ses entrailles gisent des millions et des millions de cadavres humains, de tous les rivages et de tous les climats, squelettes d'infortunés matelots et de hardis navigateurs, engloutis par les tempêtes, ou précipités dans la profondeur des eaux par le choc des combats, squelettes décharnés par la dent vorace des monstres de l'abîme. Ils y reposent côte à côte avec la colossale carapace des tortues, l'énorme charpente osseuse des léviathans, baleines, cachalots, cétacés de tous les noms, de toutes les statures, entassés par la mort depuis l'origine des âges.

Et puis, sous le voile humide des eaux, tandis que des myriades d'infusoires y composent des bancs, que les polypes y créent des arbres, des palais, des pyramides, des montagnes et des îles, toutes choses dont l'imagination s'effraie, d'autres légions des habitants de ce royaume agité vont et viennent, passent en silence, mais chassent devant eux d'autres légions de leurs congénères. Ainsi je suis témoin que, comme sur notre terre, les quadrupèdes, les reptiles et les oiseaux, dans la mer les poissons ne vivent que par la destruction. Je rencontre des loups de mer, des tigres, des lions, qui avec l'âge ont reçu des proportions colossales, et je les vois dévorer des générations entières d'autres poissons. La terrible pieuvre, les méduses, etc., déploient leurs tentacules et leurs filets, pour surprendre les stupides radiaires. Le poisson à épée, le léopard poursuivent l'éléphant et le rhinocéros marins, pendant qu'un rongeur parasite s'attache à la graisse du thon, tel qu'un vampire. Pas une trève, pas un moment de paix! Seulement, sous les eaux, la bataille se donne en silence. Nul cri de guerre! point d'accent de triomphe! Le combat s'engage et se termine dans un solennel mystère. Parfois, à la surface des eaux, on devine un de ces engagements formidables, au sang dont elles se teignent. Parfois aussi, un cétacé mourant apparaît au grand jour, un moment, un seul, mais rentre aussitôt dans l'abîme, et le calme renaît là où la lutte a été incomparable.

Cependant, sur mon signal, on continue à me promener à travers ce domaine de surprises, d'étonnantes réalités et d'enchantements sans nom. On me fait pénétrer ainsi dans une forêt qui couvre les rampes abruptes d'une chaîne de collines. Mais je vois bientôt que ces collines se convertissent en une montagne d'une telle hauteur que quand l'on placerait le Sinaï sur les plateaux du Dawala-Ghiri, la plus haute cime de l'Himalaya, ces monts superposés n'égaleraient pas celui dont les hauteurs et les dentelures capricieuses s'offrent à mon regard. Il est entouré, capitonné, surmonté de rochers fantastiques, de nombreux récifs, d'écueils, et couvert de forêts.

Quand j'aborde les clairières de celle dont la disposition me convie à l'étudier, je reconnais que la végétation des *fucus* forme à elle seule les forêts des mers. Seulement, ces fucus sont de différentes espèces. A peine me trouvé-je à leur portée que je demeure frappé du luxe et de la bizarrerie de ces arbres de l'Océan. Ce ne sont en réalité que des branchages gélatineux, recouverts d'une sorte de cuir lustré, et divisés par rameaux irréguliers se terminant en feuilles très effilées. Il est tel de ces fucus qui compte 800, 1,000 et 1,500 pieds de hauteur. La plupart des forêts qu'ils composent couvrent un grand espace et apparaissent comme de grands bois émergeant des profondeurs de l'horizon. D'autres fois, couchés sur le sol, ils offrent l'aspect de vertes prairies flottant sous le sombre azur des eaux. Il en est même que l'homme de mer entrevoit de la surface des flots, et d'autres aussi qui montent jusqu'au sommet des vagues, de manière à obstruer le passage des navires.

On dirait alors un jardin flottant, un jardin s'éloignant de deux cents à trois cents milles de pourtour et occupant vingt-cinq degrés de latitude. Ce fut un semblable jardin de fucus que Christophe Colomb employa trois mortelles semaines à franchir lorsqu'il allait découvrir le Nouveau-Monde, croyant se rendre au Cathay, c'est-à-dire en Chine.

Mais à la base de ces formidables fucus, je remarque, ainsi que les mousses et les plantes silvestres dans nos bois de la terre, une foule d'autres végétaux, de larges lichens poreux, des herbes empourprées, des algues touffues dont les rameaux déliés sont constamment agités comme par des brises insaisissables.

Toute cette flore et cette faune, en grandissant pêle-mêle dans un désordre apparent, entrelacent ici leurs ramures, là s'arrondissent en berceaux, et ouvrent ainsi de longues avenues de feuillages. Elles ressemblent souvent à des fourrés impénétrables. Souvent aussi, s'étendent entre elles de longs intervalles où de plus petites plantes présentent la perspective de plantes-bandes d'œillets, selon les différents effets de la lumière tamisée par la mer.

En vérité, rien ne me paraît plus curieux que l'aspect de ces massifs de fucus avec leurs mystérieuses galeries de feuillages, avec leurs panaches d'or et de pourpre flottant à la merci des eaux. Aussi, les scènes que j'ai sous les yeux ressemblent-elles à des rêves. Joignez à cela que cette prodigieuse végétation est animée par des phalanges de mollusques aux couleurs diaprées, par des coquillages sans nombre privés de leurs hôtes et depuis longtemps, et enfin par des myriades de poissons aux écailles luisantes et reflétant tous les jeux de lumière.

Je vous avoue que je ne suis pas toujours sans terreur, nonobstant mes jouissances. De temps à autre, en effet, me vient la visite de quelque monstre dont le regard, à travers mes vitres de cristal, n'est pas des plus paternes. Heureusement, tel qu'un dilettante dans sa loge confortable de l'Opéra, je me prélasse dans ma cabine et j'assiste au plus intéressant des spectacles.

C'est dans ces forêts sous-marines, sur les talus inaccessibles de ces incommensurables montagnes, et au milieu de ces vertes prairies qu'ont lieu les pirateries des tyrans des eaux. En outre, il s'y opère sans relâche d'immenses migrations d'une zone à une autre zone. L'eau n'est-elle pas le véritable élément du mouvement et de l'action?

Parmi tous les animaux, il n'est pas une espèce qui voyage autant et aussi régulièrement que le poisson. Nulle part on ne distingue mieux l'étroite corrélation qui existe entre les besoins de l'homme et les ressources que lui donne une prévoyante Providence. Ainsi, tantôt isolément, tantôt par bandes, les poissons errent continuellement à l'aventure. Le délicat maquereau se dirige vers le sud; la fine et élégante sardine de la Méditerranée, au printemps, prend son essor vers l'ouest, puis retourne vers l'est. L'esturgeon des mers du nord gagne les larges rivières de notre continent; on le rencontre dans le Rhin jusqu'au-dessous de Strasbourg. Des masses triangulaires de saumons remontent les fleuves septentrionaux, en légions tellement serrées que, parfois, ils arrêtent le cours de l'eau. Avant leur arrivée, des millions de harengs ont abandonné ces mêmes cours d'eau; mais on ne sait d'où ils sortent. Au printemps, ils apparaissent tels que des îles flottantes de deux et trois milles de largeur, de vingt à trente milles de longueur. Ils forment des bancs si serrés, si compactes, que souvent ni la sonde ni le harpon ne peuvent les pénétrer. Ce que les oiseaux de proie et les requins en dévorent, personne ne peut le dire; ce qui en périt sur les côtes est incalculable; et cependant on en sale encore plus de mille millions pour la consommation de l'hiver. Autrefois, les premiers harengs, qui apparaissaient dans les eaux de la Hollande, étaient payés au poids de l'or. J'ai vu un noble Japonais dépenser un million de ducats pour se procurer quelques poissons, parce qu'il plaisait au taïcoun d'en manger en plein hiver, alors que le poisson a déserté les côtes.

La mer, ainsi que je vous l'ai dit déjà, donne asile aux animaux les plus prodigieux, des baleines six fois grosses et longues comme des éléphants; des tortues qui pèsent plus de mille livres, et d'autres géants de la forme la plus fantastique et la plus effrayante.

Autour des îles de l'océan Glacial arctique, chaque année, l'on capture un nombre infini de morses et de phoques.

Ailleurs, du sein des vagues écumeuses de l'Océan s'élèvent des oiseaux monstrueux dont l'homme n'a jamais vu les repaires et dont la progéniture est élevée sur des plages inconnues.

Sur d'autres rivages encore, ceux de l'Afrique, ce sont d'épouvantables amphibies qui veillent sur leurs domaines aquatiques; et malheur à l'imprudent qui franchit sans précaution ces dangereux parages! Il devient alors trop souvent la proie de ces formidables ennemis. Vous comprenez que je veux parler du crocodile.

Le caïman, qui est le crocodile de l'Amérique, n'est pas moins terrible, ni moins dangereux que le premier.

Je ne parle ici ni de l'hippopotame, ni d'autres colosses, dont je ne puis tenir compte isolément.

Combien sont étranges certaines des créatures de l'Océan! Beaucoup d'entre elles sont comme assoupies au fond de leur transparente demeure. Puis, au moment où vous pouvez même les supposer mortes, soudain elles se meuvent, et semblables à des îlots mobiles, elles se lèvent et glissent comme l'éclair à l'approche d'un danger.

Par exemple, voici qu'un requin affamé s'avance lentement, traîtreusement... ses regards vitreux, tout de plomb, épient une proie. Le chien de mer qui, le premier, aperçoit ce redoutable ennemi, se hâte de chercher un refuge sous la forêt.

Mais, le drame change. L'huître qui se promenait en nageant, ici et là, à la vue du requin, ferme subitement sa coquille et se laisse tomber sur le sable. La tortue cache sa tête et ses pieds sous sa carapace. Le petit poisson disparaît entre les rameaux des plantes. Le homard se retire sous leurs racines. Seul, le morse se tourne vers le vorace pirate et le brave avec ses dents aiguës. L'un et l'autre cherchent à combattre de préférence dans la forêt. Mais bientôt l'agile requin, en se tournant sur le dos, parvient à blesser son adversaire. Le morse essaie de se retirer dans l'épaisseur des fucus pour y cacher son agonie. Hélas! aveuglé par le sang qui coule de sa plaie, affolé de douleur, il ne peut se dégager des plantes au milieu desquelles il s'est jeté, et il devient alors la nourriture de son implacable ennemi.

Plus loin, je suis témoin d'une scène toute différente. Il s'agit d'un banc d'huîtres, dont rien ne trouble la douce quiétude. Endormis en apparence dans leurs coquilles, ces voluptueux mollusques vivent pourtant d'une vie épicurienne. Etrangers aux rumeurs de leur monde, à ses anxiétés, à ses joies, indifférents à ses tempêtes et à ses passions, ils se concentrent en eux-mêmes et savourent tranquillement leurs jouissances sensuelles. L'Océan entretient leur satisfaction sans qu'ils aient besoin de se mouvoir; ils reçoivent leur nourriture du flot qui les baigne. Chaque parcelle d'eau qui entre en contact avec leurs ouïes délicates y renouvelle l'air et rafraîchit leur sang transparent, en le fortifiant...

— Ainsi parle mon brave capitaine de frégate, l'ami Varnier, chers lecteurs, et je l'écoute avec un intérêt toujours croissant. Mais, ici, je suis obligé de l'interrompre pour vous dire que ce serait l'endroit propice pour vous parler des perles, cette magnifique création des mers.

Car vous savez que la *perle*, cette substance globuleuse, d'un blanc nacré, argentin, mat et chatoyant, d'une très grande dureté, se forme dans l'intérieur de plusieurs espèces de coquillages, et notamment dans l'huître dite *perlière*. Elle est le produit d'une activité anormale dans ce travail secrétoire qui donne naissance à la *nacre*. Elle est secrétée de même que la nacre par le manteau, mais dans une anfrac-

tuosité où elle forme une secrétion isolée. Cependant je me contente-
rai de vous signaler cette magnificence qui constitue l'opulence orientale, puisque les plus belles perles viennent de l'Orient.

Mais, dans mon LIVRE D'OR DES GRANDES CURIOSITÉS DU GLOBE
vous trouverez *la perle et la pêche de la perle*, car il est bon que
vous admiriez, avec moi, les richesses secrètes, les trésors sans nombre que la main du Créateur des mondes a semés partout, aussi bien
dans les abîmes des mers que dans les entrailles de la terre; richesses
et trésors que l'homme frôle constamment dans ses pérégrinations,
souvent sans les découvrir, à moins qu'il n'ait l'œil bien ouvert et très
attentif.

— J'ai dit, continue le capitaine Varnier, j'ai dit que chaque rayon
de lumière qui tombe sur le cristal de l'Océan pénètre dans son intérieur. Mais, en outre, les cavités des mers ont leurs couleurs lumineuses.

De jour, çà et là, j'avais vu des poissons avec leurs écailles d'argent
et d'or, de pourpre et d'azur : clochettes phosphorescentes, clochettes
blanches, clochettes bleues de la méduse flottant à travers d'autres
fleurs vivantes d'un rouge cramoisi; nautile, l'argonaute des anciens,
déployant ses voiles ainsi qu'un petit navire; et rien ne m'avait autant
charmé que la vue de ce nautile animé, cinglant comme une péniche
minuscule, toutes voiles dehors; et enfin toutes sortes de petites
créatures gélatineuses errant parmi les algues vertes des prairies sous-
marines.

Mais voici que le jour, ce long jour d'explorations incomparables,
s'éteint sur la terre, et les profondeurs de la mer deviennent petit à
petit sombres et noires. Alors, quand la nuit a jeté son manteau sur
l'Océan, une nouvelle, une mystérieuse clarté se répand peu à peu, à
son tour, dans les plaines et sur les rampes rocheuses des montagnes
et des collines du royaume fantastique des eaux océaniques. Çà et là,
des flammes s'allument; des étoiles scintillent de côté et d'autre, et de
leurs vives lueurs elles imprègnent les vagues un moment obscurcies.
Partout se produit une merveilleuse illumination. Ainsi, à un sillon de
feu, je reconnais le jeu des dauphins dans l'immensité des lames; à un
autre éclair lumineux, les bonds capricieux des marsouins; tandis que
des millions d'étincelles éblouissantes, qui ne sont autres que des
crustacés microscopiques, dansent et sautillent dans l'obscurité qu'elles
éclairent. Les gorgones qui, dans le jour, aiment à se parer de cinabre, deviennent alors verdâtres, phosphorescentes et lumineuses.
Chaque retraite luit; chaque saillie rayonne. Les déserts qui, le soleil
aux cieux, sont ternes et indifférents à l'œil, la nuit tombée dardent
des gerbes splendides qui révèlent que ces solitudes apparentes, elles
aussi, sont habitées. Et, pour couronner les prestiges de cette nuit fas-

cinatrice de la profondeur de l'Océan, je vois se promener majestueusement la Phœbé marine, la lune de mer.

La lune de mer, comme l'astre argenté des nuits terrestres, offre un
disque complet et rutilant. Elle est suffisamment large et lumineuse
pour remplir ses hautes fonctions. Les savants la connaissent et l'ad-
mirent. Ce poisson, de six pieds de diamètre, est baptisé par eux du
nom de *orthagoriscus-mola*. J'ajoute que l'orthagoriscus-mola n'est pas
la seule lune des abîmes; j'en ai vu plusieurs, et toutes semblaient
vivre en très bonne intelligence.

Et les étoiles de mer! ces étoiles, absolument semblables à celles
que les écoliers tracent à l'aide de leur compas, larges de douze,
quinze et vingt pouces, sont vigoureusement poursuivies par les lunes,
qui prétendent les éloigner d'elles.

De là, grande rivalité, guerre acharnée!

Je veux me rendre utile en arrêtant, à l'aide de ma baguette, le
désordre du firmament océanique, et je fais une telle peur à une grosse
pleine lune, que ce fut elle, et non les étoiles, qui dut s'enfuir bien au
loin.

Je dois signaler aussi un poisson, le plus rare et le plus beau du
globe, qui a nom soldado ou holocentre. Il est diapré de rouge vif et
de blanc, avec des raies longitudinales dorées de chaque côté. Son
appellation de holocentre est tirée des mots grecs *holos* et *kentron*, qui
veulent dire entièrement épineux. Les défenses dont il est armé lui
ont valu sans doute la dénomination de *soldado*, mot espagnol qui
signifie soldat.

Ce magnifique poisson se rencontre le plus fréquemment dans les
Indes Orientales, en Afrique, dans l'archipel des Antilles, mais fort
peu en Europe. La délicatesse de sa chair est telle que les tables asia-
tiques les plus somptueuses se le disputent sur les marchés à des prix
très élevés. Cette chair est blanche, parfumée d'algues marines, et
d'un goût exquis.

La nature a doué l'holocentre d'une faculté digestive si prodigieuse
qu'on le voit nager, par une mer calme, à deux mètres au-dessous de
la surface de l'eau, la gueule toujours béante, et engloutir, en se
transportant avec rapidité, des quantités considérables de poissons qui
vivent en société, et dont il poursuit sans cesse les légions. Il habite
généralement les grandes profondeurs de la mer, mais sa gloutonnerie
le porte quelquefois à la surface, où le pêcheur habile le harponne ou
le prend à l'aide d'une ligne à hameçon.

L'holocentre est à peu près gros comme un brochet moyen.

Notez que toutes ces scènes magiques ne se produisent pas dans un
morne silence. En effet, comme un grandiose accompagnement d'or-
chestre gigantesque, j'entends résonner, chanter, gémir et s'accentuer

les soupirs du vieil Océan. Ils s'unissent aux longs accords de la terre et des airs, et se confondent en une même voix s'élevant comme un concert de louanges éternelles vers le Très-Haut, souverain de l'univers !

Enfin, saturé de jouissances, épuisé de fatigue, je dis adieu aux brillantes astéries qui promènent leurs reflets blafards à l'entour de mon appareil, et donnant le signal qui doit me rappeler à la surface de la mer, je suis bientôt rendu à la vie de l'atmosphère supérieur, parmi tout mon équipage, qui me félicite, écoute volontiers mes récits, et me trouve heureux de le revoir...

— Tels sont les derniers mots de mon ami Varnier, le savant et intrépide capitaine de frégate.

Pour moi, je tiens encore à vous adresser quelques mots, chers et bienveillants lecteurs.

D'abord je veux vous faire connaître quels sont les parages que fréquentent de préférence les différentes espèces d'animaux.

Par exemple, c'est dans l'Atlantique, près des bancs de Terre-Neuve, que vivent les monstrueux cétacés que nous appelons baleines. Traquées par les harponneurs, elles se réfugient vers le pôle nord, dont les glaces flottantes, hautes et larges comme des villages, servent de navires à des bandes d'ours blancs qui naviguent ainsi en quête de leur curée.

Dans les parages orientaux, les bas-fonds de la mer sont la résidence de ces mollusques qui fournissent ces grosses perles nacrées qui pendent aux oreilles des sultanes et font les délices et l'ornement des grandes dames de notre beau monde.

Les forêts de corail dont j'ai parlé étendent leurs innombrables rameaux plus particulièrement sur les côtes de Barbarie.

Des milliers de milliers de harengs encombrent le voisinage du Sund, du Grand-Belt et du Petit-Belt, au point d'y entraver la navigation.

Dans l'océan Austral mugissent les morses, les phoques ou veaux marins. Ils ont adopté spécialement les eaux de Kerguélen, et les environs de l'île de la Désolation, qu'ils font retentir de leurs affreux cris d'amour.

C'est dans cette mer que croît la *gigantesque*, plante marine à laquelle sa prodigieuse hauteur a valu son nom.

Les brillantes dorades se jouent dans les eaux de la zone torride, et les vaches et les lions marins ne se fourvoient que rarement au-delà du 50e parallèle.

Dans les mers de l'Amérique septentrionale, des troupeaux de tortues paissent des prairies marines sous le cristal des flots.

L'Océan est plein de merveilles, nous l'avons prouvé. Si pendant six mois, aux pôles, le soleil, suspendu sur l'horizon, resplendit dans ses eaux, pendant les six autres mois, la nuit les couvre ou de ses ténèbres, ou de son crépuscule. Mais alors, par intervalles, de magnifiques aurores boréales les réjouissent et les illuminent du jet de leurs rayons mystérieux.

Aussi, étonnez-vous donc de ce qui a lieu : l'Esquimau chérit sa merveilleuse patrie au point qu'il meurt de tristesse dans nos contrées de délices.

Certes, c'est avec raison, d'autre part, que les poètes ont appelé la mer l'élément perfide, l'élément infidèle ! Eh bien ! cependant, malgré tout, le matelot ne peut voir sans amour ses vagues harmonieuses se dérouler en plis de cristal sur la molle arène. Attiré par les sirènes, tout aussi dangereuses que celles chantées par Homère, il oublie sa femme, ses enfants, sa famille, sa patrie, et s'embarque, le cœur battant de joie, alors même que le fatal grain noir se montre au firmament.

Et pourtant, voici que l'équilibre de l'atmosphère se rompt, les vents roulent en montagnes menaçantes les eaux tout-à-l'heure si paisibles et si caressantes. Hélas ! trop souvent c'est en vain qu'il tend les bras vers la rive ; c'est en vain qu'il appelle à son secours Dieu et les hommes.... L'abîme, furieux et sourd, l'engloutit pour jamais !

Bien plus sage fut le berger traficant du bon La Fontaine :

> Et comme, un jour, les vents retenant leur haleine
> Laissaient paisiblement aborder les vaisseaux :
> — Vous voulez de l'argent, ô mesdames les eaux,
> Dit-il; adressez-vous, je vous prie, a quelque autre,
> Ma foi, vous n'aurez pas le nôtre !

Ensuite, je croirais ne pas vous livrer mon travail bien complet, si je ne vous parlais de la télégraphie sous-marine.

Déjà, dans ce livre, nous avons parlé de la découverte sublime, admirable, à jamais merveilleuse, dont est si riche et si fier notre XIXᵉ siècle, de cette découverte qui change la face du globe ; rend nulles les distances; met en communication les citoyens des contrées les plus opposées; leur permet d'échanger instantanément leurs idées, leurs produits, leurs vœux ; simplifie et facilite l'exécution des grands travaux de l'humanité ; par son application aux sciences et aux arts, rapproche le génie de la créature de la puissance du Créateur ; en un mot, met aux mains de l'homme, en quelque sorte, la foudre et le tonnerre, l'air et le feu, les éléments réunis...

J'ai nommé l'électricité, ce mystérieux et véhément fluide qui se répand dans l'espace et peut faire le tour de notre sphère aussi vite que la parole le dit.

Mais je n'ai pas traité de l'électricité appliquée à des câbles en métal enveloppés de gutta-percha et immergés dans les profondeurs de l'Océan, pour lier et mettre en rapport les continents les uns avec les autres, et, tout éloignés qu'ils soient, leur transmettre instantanément des nouvelles des événements qui se passent à des milliers de lieues, alors même que ces événements ne sont pas encore accomplis par le dénoûment terminal.

Cela s'explique, quand on se rappelle que l'électricité parcourt 180,000 kilomètres par..... seconde!...

Or, l'émission de dépêches par l'électricité porte le nom de télégraphie électrique, généralement parlant.

Employée par mer, sous le lit des eaux, à l'aide d'un câble métallique qui s'étend d'un monde à l'autre, cette même émission de correspondances prend le nom de télégraphie électrique sous-marine.

La télégraphie électrique se compose essentiellement de quatre parties :

1° Une pile, appelée pile galvanique, pile voltaïque, car c'est un appareil inventé par Volta, qui sert à développer le courant électrique par le contact de certains métaux ou d'autres corps éprouvant une action chimique. La pile la plus simple se compose de disques de cuivre et de zinc superposés, et séparés par une rondelle de drap humide en couples ou éléments de deux disques chaque. On empile dans le même ordre autant de disques que l'on veut, et l'on a ainsi une pile à colonnes, dont les deux extrémités sont, d'un côté, un disque de zinc qu'on appelle pôle positif, et de l'autre un disque de cuivre qui reçoit le nom de pôle négatif. On établit le courant en réunissant les deux pôles par un fil conducteur.

2° Un fil conducteur qui transmet le fluide électrique, évidemment en métal, car les métaux sont les meilleurs conducteurs de l'électricité que l'on connaisse.

3° Un appareil manipulateur, placé à la station qui envoie la dépêche;

Et 4° un appareil récepteur, placé à la station qui la reçoit.

Le courant vient agir sur un électro-aimant, — fer doux transformé en aimant au moyen du courant électrique, — disposé dans le récepteur en regard d'une petite lame de fer doux faisant fonction de levier.

Que la personne qui tient l'appareil manipulateur fasse passer le courant ou l'interrompe à volonté, aussitôt l'électro-aimant de l'appareil récepteur s'aimante ou se désaimante alternativement, et, par là, il communique au levier de fer doux un mouvement de va-et-vient. Ce levier agit à son tour sur un mouvement d'horlogerie composé d'une roue dentée dont l'axe porte une aiguille qui se meut sur un cadran extérieur, sur lequel sont tracées vingt-six divisions contenant les vingt-cinq lettres de l'alphabet, plus la croix du manipulateur.

La transmission entre les deux appareils a lieu au moyen de fils de fer réunis en un câble gros plus ou moins, selon les fatigues qu'il aura plus ou moins à subir au fond de l'Océan. On préserve ce métal conducteur de l'humidité par un enduit ou un fourreau de gutta-percha, et, tant qu'il est à terre, hors de l'eau, on le suspend à des poteaux en bois, en l'isolant au moyen de poulies en porcelaines ou en verre, pour que le fluide ne s'égare pas.

C'est ainsi que, en 1850, un télégraphe sous-marin a relié la France à l'Angleterre, par Calais et Douvres.

La France est reliée de même à l'Afrique, par un câble électrique mettant Marseille et Alger en communication.

L'Angleterre a ensuite établi un câble entre l'Islande et le Nouveau-Monde.

Et, tout récemment, la France s'est rattachée à l'Amérique par un câble transatlantique.

Mais quelle longueur de câble est nécessaire pour lier ainsi un continent à un autre continent? Douze, quinze cents lieues de câble, deux mille lieues de câble, câble métallique au moins aussi fort, sinon plus, qu'un doigt de la main, cela effraie l'imagination! Quand enfin ce câble est terminé, après que l'on a choisi avec un soin tout particulier les fils qui doivent le composer, et qu'on a soudé avec une scrupuleuse et très méthodique attention les bouts de câble qui doivent en former un seul d'un développement aussi énorme qu'il a été dit, on enroule ce câble pour le placer sur un navire dont l'équipage, habitué à cette manœuvre, déroule peu à peu l'énorme entassement de métal replié sur lui-même.

Vous avez entendu parler plus d'une fois de ce gigantesque vaisseau anglais le *Léviathan*, devenu ensuite le *Great-Eastern*. Ce colosse des mers n'ayant jamais pu être employé que très difficilement comme bâtiment de voyage, on lui a fait subir une transformation qui a fait de sa cale immense de non moins immenses cuves dans lesquelles sont déposés les enroulements du câble. C'est ce *Great-Eastern* qui a installé les câbles transatlantiques de l'Angleterre, et c'est lui qui a servi à poser notre câble franco-américain.

Combien de péripéties dans la pose de ces câbles! Il suffit d'une paillette dans le métal, pourtant bien choisi, pour faire rompre le câble. Et quand il se rompt, ce qui arrive trop souvent encore, combien de recherches pour retrouver l'extrémité brisée que la mer a engloutie avec une cruelle rapidité!

Mais enfin le succès répond à toutes les espérances et aux énergiques efforts des hommes.

Aussi, quelle gloire pour le génie dont Dieu a bien voulu douer l'humanité !...

C'en est fait, à cette heure, chers lecteurs; voilà clos nos longs entretiens sur les Cieux, la Terre et les Eaux.

Néanmoins, avant de terminer, ajoutons ceci :

Une lente transformation s'opère sur notre globe; cela est de toute évidence.

Il y a eu un temps où l'Atlantide, grande portion de continent que Platon, Hérodote, Diodore et d'autres historiens placent entre l'Europe et l'Amérique, n'était pas encore submergée.

Toute la partie continentale entre l'Afrique et le midi de l'Asie n'avait pas encore été envahie par les eaux, et Madagascar, les Seychelles, l'Australie, Bornéo, les Philippines, le Japon et la Chine formaient un grand plateau continu dont les cimes seules émergent maintenant sous forme d'îles nombreuses.

D'autre part, ce que gagnent ici les mers, elles le perdent là. Par exemple, dans la partie du sud de l'Amérique méridionale, la Patagonie, le sol est rongé, envahi par les eaux de l'Océan, et cette pointe du Nouveau-Monde tend à disparaître.

Au contraire, la côte du New-Brunswick et de l'île du Prince-Edouard s'élèvent; le New-Jersey et les côtes de l'est américain montent de même. Il adviendra de cette tendance du nord de l'Amérique à s'élever ainsi, que ces mouvements amèneront à la longue de grands changements.

Le continent américain s'avancera vers le pôle boréal, et la baie d'Hudson deviendra une fertile vallée contenant cependant encore plusieurs lacs.

Les rivages de Terre-Neuve se trouveront à sec et seront réunis au continent, ainsi que le banc de Saint-Georges et les bancs de sable voisins.

Les îles Bahama, avec tous leurs écueils et bancs de sable, formeront ensemble une grande île qui sera presque un nouveau continent.

Le Delta du Mississipi s'avancera à cent cinquante milles anglais plus loin dans le golfe, et le cours de toutes les rivières qui descendent vers la côte s'allongera considérablement.

Les steamers traverseront alors l'océan Atlantique en quatre jours.

Telles sont les prévisions de la science appuyées sur ces faits de transformation qui s'accomplissent chaque jour.

Assurément j'aurais encore bien des enseignements à vous donner sur une matière aussi ample, aussi riche, aussi grande. Mais toutes choses ont leur fin, et je m'arrête... de par Messieurs mes Editeurs !

Cependant, comme je tiens à rendre aussi complète que possible la science de la nature dont j'ai essayé de vous faire pénétrer les mystères, je vous rappelle, pour la dernière fois, que le *Livre d'or des grandes Curiosités du Globe* vous instruira d'abord, et vous intéressera ensuite, peut-être autant, sinon plus, que mon travail sur les Cieux, la Terre et les Eaux dont voici les dernières lignes :

Si j'ai eu le malheur de vous ennuyer, pardon !

Mais, si j'ai eu la bonne fortune de vous apprendre quelque chose et de vous plaire, merci, mille fois merci !

QUATRIÈME PARTIE.

OU L'ON DÉVOILE LES SECRETS DE L'UNIVERS.

I. — Ce qu'on entend par *Univers*. — Signification du mot *Monde*. — Revue des quatre éléments. — Comment le feu est celui des éléments qui joue le rôle principal dans les cieux, sur la terre, et au sein des eaux. — Qu'est-ce que le feu ? — Du *feu céleste* et du *feu terrestre*. — Du feu considéré comme l'un des principes de la nature universelle. — Du feu dans ses rapports avec la cosmologie et la physiologie des êtres animés. — Du feu au point de vue de la lumière, du calorique, de l'électricité, de la température, de la combustion, des volcans, etc. — Le *feu artificiel* et le *feu artiste*. — Comment le feu est répandu dans l'univers entier. — Où le feu se montre dans la neige, au sein des cailloux, dans le bois, en tout objet. — C'était avec raison que les anciens philosophes admettaient le feu comme premier principe. — Pourquoi l'univers doit périr par le feu. — L'homme *abrégé du monde*. — Comment il est démontré que, au début de la création, l'atmosphère était tout en feu. — Le feu âme de l'univers. — Les merveilles de la *lumière*. — Grotte d'azur, à Caprée.

Eh bien ! non, je ne vous fais pas encore mes adieux, cher lecteur : je sens en moi trop de choses à vous dire. Nous avons besoin de nous mettre une fois de plus en communication pour mieux développer certains éclaircissements des problèmes des cieux, de la terre et des eaux.

De combien de mystères les cieux, la terre et les eaux ne sont-ils pas le théâtre, en effet?

Or, qui dit mystères dit secrets cachés! Ce sont ces secrets cachés qu'il nous faut étudier ensemble, afin d'en tirer tous les enseignements utiles.

Nous avons parlé des quatre éléments : le feu, l'air, l'eau et l terre, par exemple. A merveille! mais sur le premier de ces éléments, le feu, combien de développements nous vous devons encore!

A ce que je vous ai appris déjà, ne dois-je pas joindre, en quelque sorte, comme les *pièces justificatives* de mes leçons!

Veuillez donc m'écouter à nouveau, me prêter même une oreille attentive, et enregistrer dans votre intelligence et votre mémoire les intéressantes explications qui suivent.

Je donne le titre de *Secrets de l'Univers* à cette quatrième partie de notre ouvrage. Sachez donc d'abord ce qu'on nomme Univers, et la différence qui existe entre ces deux expressions : Monde et Univers.

Qui dit *Univers*, applique le mot à l'ensemble des cieux, de la terre et des eaux, à leurs rapports, à leurs harmonies, aux lois qui les gouvernent, à la magnificence qui résulte de leur accord.

Qui dit *Monde*, ne vise qu'aux choses qui composent notre planète : le *monde primitif* pour la terre à son origine, le *monde visible* pour exprimer la surface de notre globe, et, pour ses entrailles cachées aux regards, le *monde souterrain*.

Univers dit donc bien plus que monde, puisqu'il évoque l'ensemble des corps célestes, la nature entière considérée dans tous ses mouvements, ses aspects, ses métamorphoses, et les êtres matériels susceptibles d'occuper la pensée humaine. Tandis que monde signifie les parties générales de nos deux hémisphères, l'Ancien-Monde, le Nouveau-Monde, etc.

Cette explication préliminaire donnée, cherchons à entr'ouvrir le livre des secrets de l'univers, en parlant spécialement du feu, l'élément par excellence, puisqu'il est le moteur, l'animateur, le conservateur de l'univers.

En effet, de tous les principes connus, est-il un agent qui se montre plus puissant et plus admirable que le feu?

C'est lui qui resplendit dans les rayons éblouissants de la lumière; qui enflamme tous les corps combustibles; qui oxyde ou calcine les autres; qui détonne dans la foudre et les phénomènes électriques.

N'est-ce pas lui qui ébranle la terre dans les éruptions de volcans, qui fait mugir les tempêtes et les trombes du grand Océan; qui lance les météores, tels que les étoiles filantes et les aérolithes brillants; qui s'étend et se développe, vers les pôles, en aurores boréales ou australes; en un mot, qui remplit l'univers?

Exhaler dans l'infini des cieux la chevelure ardente des comètes; déployer dans l'immensité de la voie lactée et de l'empyrée tout entier ces éléments nébuleux des soleils qui se forment ou qui se dissolvent pour constituer et détruire les mondes, soit que, plus douce et plus tempérée, la tiède chaleur des zéphyrs vienne, au retour du printemps, épanouir les fleurs; soit que, plus accumulés dans les longs jours de l'été, les feux de la canicule dorent les moissons et mûrissent les fruits de l'automne ; soit que l'art allume en hiver nos foyers, qu'il emploie le calorique dans les forges et les usines pour assouplir les métaux à nos besoins; soit que, fulminant avec énergie dans la poudre à canon et la dynamite, les machines à vapeur et les gaz, l'homme fasse voler en éclats les rochers ou traverse le vaste Océan, tel est le rôle du feu ! Le feu est le dominateur mobile de tout et partout.

Prométhée, dérobant la flamme céleste, a conquis le génie et l'empire de la terre, d'après la mythologie. En réalité, par cet agent, le feu, l'homme s'est civilisé, il s'est rendu l'arbitre suprême de tous les êtres. N'est-ce pas là, dites-le-moi, comme une participation de Dieu même ?

Ce mot feu dérive du mot latin *focus*, foyer, ou du verbe grec *phogô*, je brûle, ou encore de *fire*, des langues du Nord. Chacun de ces mots a pour racine le substantif *pur* ou *ur* des langues sémitiques, et tous ils ont pour objectif de rendre la splendeur du soleil, aussi bien que cette nature active et créatrice qui anime l'univers, selon les peuples adorateurs des astres et du feu.

Avant que les sciences physiques aient su distinguer la lumière, le calorique, l'électricité, tous ces principes, sous la dénomination commune de *feu*, étaient considérés par les anciens comme la source première de la vie et du mouvement de l'univers, le symbole visible de la divinité.

Elevant ses regards vers l'astre du jour, l'homme de la nature crut y découvrir son origine, avec celle de toutes les créatures, écloses sous sa vivifiante chaleur. Tels furent les Mages, les Sabéens et les Nabathéens de la Chaldée : tels se montrèrent les anciens Parsis ignicoles, dont on retrouve, encore aujourd'hui, les descendants parmi les Guèbres de la Perse et les doux Banians de l'Inde, chez lesquels sont conservées des traditions du culte de Mithra.

Babylone, Suse, Ecbatane, et tant d'autres cités magnifiques, appelèrent dans leurs temples les peuples à l'adoration des astres, et les Mages représentèrent sous la forme d'obélisques et de pyramides l'image de la flamme qui remonte vers les cieux, comme à son origine.

De là naquit pareillement le culte de Vesta, chez les Romains, comme celui de Pthah, chez les Egyptiens.

De là ces emblèmes du soleil sous celui de Bacchus vainqueur des Indes dans sa course triomphale, et les douze travaux d'Hercule, tirés des douze mois de l'année.

De là le blond Phœbus, ou Apollon aux cheveux d'or, traversant les cieux sur un char enflammé, ainsi que nous le représentent les Grecs.

Jusque dans l'hémisphère du Nouveau-Monde, les temples des Péruviens, à Cuzco, avec leurs vierges innombrables, étaient consacrés au feu.

Les Natchez, eux aussi, ces sauvages des solitudes de l'Amérique, se disaient descendus par leurs caciques de l'astre générateur, le soleil.

C'est que nul phénomène physique ne peut représenter plus magnifiquement que le soleil la toute-puissance suprême et la majesté de Dieu, soit pour le culte, soit pour le gouvernement des peuples. *L'éclat du feu vient de celui de Dieu, et le soleil n'est qu'un pâle reflet de la majesté du Créateur des mondes...* dit le Zend-Avesta, de Zoroastre.

En contemplant l'ensemble de l'univers dans ce qu'il nous est donné de connaître, le principe igné, le feu, soit comme lumière, soit comme calorique, libre ou à l'état caché, paraît être l'un des plus généralement répandus dans toute la nature. En effet, si nous promenons nos télescopes dans l'immensité des espaces célestes, qu'y voyons-nous, sinon des soleils innombrables qui peuplent l'empyrée ou qui forment ce que le poète latin Lucrèce appelait *Flammantia lumina mundi?*

Herschell n'a pu découvrir dans ces incommensurables régions de l'infini que des astres de plus en plus lointains, la poussière nébuleuse dont ils se constituent ou peut-être se décomposent.

Il est évident d'ailleurs que les rayons de tous ces astres sont lancés, en se croisant en tout sens et sans intermission, à travers les plaines sans limites des régions célestes, avec leurs émissions calorifiques, et peut-être aussi l'électricité universelle, qui pénètrent tous ces espaces. Aussi le poète a-t-il eu raison de dire : *Le feu se cache en tout lieu ; il embrasse tous les objets ; il donne naissance à toutes choses, il les renouvelle, il les divise, il les consume et en même temps les nourrit.*

Le fait est démontré par la science : tous les fluides aériformes n'obtiennent l'état que nous signalons que par le calorique dont leurs molécules sont pénétrées, et qui les tient ainsi à distance entre elles.

Il est donc indubitable qu'un feu caché subsiste dans tous les corps de la nature, dans la *neige* même, qui, pouvant être plus froide encore sous zéro, contient donc plusieurs degrés de calorique, parce que nous ne connaissons pas le terme du froid absolu, ni l'absence de toute chaleur.

En effet, prenez les cailloux les plus froids, par le choc vous en tirerez de vives étincelles.

Vous ferez même rougir jusqu'à l'incandescence une barre de fer, à force de la battre sous des marteaux.

De deux morceaux de bois, frottés l'un contre l'autre avec violence, les sauvages font jaillir le feu.

Il y a donc du calorique, c'est-à-dire un fluide excessivement subtil, invisible, élastique, qui produit sur nos organes les impressions d'où résulte la sensation de chaleur, et qui se meut sous forme de rayons, à la façon de la lumière; il y a, dis-je, du calorique, combiné et à l'état latent, dans l'intérieur de toutes les substances de cet univers, quoiqu'on ne puisse pas le mesurer; en un mot, il y a du feu.

Aussi peut-on dire que ce n'était pas une philosophie précisément absurde, la philosophie ou l'étude des choses de la nature des anciens physiciens, admettant le feu comme premier principe de l'univers. D'après eux, Dieu ou le feu, essence de toute action et de toute vie, par son développement dans la nature, s'affaiblit progressivement. Sa substance, se condensant de plus en plus à mesure qu'il s'éteint, devient successivement air, puis eau, puis terre, laquelle n'est en dernier lieu que scorie et que cendre, et tombée à l'état le plus inerte, comme à l'étage le plus inférieur. En effet, l'eau ou la mer est située à la surface de la masse terrestre. L'air ou l'atmosphère enveloppe ces deux éléments comburés, et, dans les hauteurs, la zone du feu ou l'empyrée embrasse le contour céleste du monde. Mais par la continuité de l'action du feu, il doit arriver que l'air et l'eau, à leur tour, seront consumés et évaporés. Alors l'univers tombant dans une dessiccation complète, et le feu agissant sans cesse, il doit finir par embraser un jour de nouveau l'univers, et l'engloutir dans cet incendie général, l'ecpyrose tant célébrée par les prophètes de l'avenir.

De sorte que, après avoir, une première fois, péri dans le déluge universel, ou par l'eau, notre globe, qui voit constamment diminuer ses mers et ses eaux, sera finalement la proie du feu.

Nos livres saints le disent, il n'y a pas à s'y méprendre.

Et, en-dehors de nos saintes Écritures, Ovide, Sénèque, Cicéron, Lactance, Minutius-Félix, chez les anciens, annoncent aussi, à leur manière, la future déflagration de l'univers.

Selon cette philosophie primitive, d'origine orientale, il y a deux espèces de feu :

Le feu artificiel, qui n'est autre que celui du foyer, lequel consume, brûle et désorganise tous les corps, en les réduisant en cendres;

Et le feu artiste ou vivifiant de la nature, qui développe au contraire toutes les créatures, les fait accroître et multiplier, à chaque printemps, féconde les germes de tous les végétaux, comme il suscite la génération des animaux.

15

De même que le feu solaire, après avoir fait épanouir les fleurs, mûrit les fruits, ainsi, nous disent ces philosophes des temps passés, ainsi le soleil, distribuant la flamme de la vie, est imprégné de la vitalité même qui en émane.

D'après eux, cet univers est un vaste corps animé, embrasé d'intelligence, de sentiment et de raison, d'où nous extrayons la nôtre, comme les animaux et les autres êtres organisés en tirent leurs forces en rapport avec leur constitution.

Donc, d'après eux toujours, notre âme est une parcelle de cette flamme intellectuelle qui organise tout, élément igné dont la subtilité pénètre dans nos nerfs et se concentre au cerveau, citadelle de la vie, zone éthérée du microcosme, c'est-à-dire du *monde en petit*, du *monde en abrégé* qui compose l'homme.

Ainsi, dans leur système, le cerveau représente le soleil, dont les irradiations régissent notre machine, comme le soleil est le cerveau de notre monde, puisque ses rayons envoient l'éther pur de la vie dans le sein des fleurs, dans le corps des animaux, et jusque dans les profonds abîmes des Océans, que vont habiter les poissons.

Par la même cause, les esprits des gens des régions brûlantes et des hommes du Midi sont ardents et ingénieux, tandis qu'ils s'épaississent sous les brumes obscures et nébuleuses de l'atmosphère du septentrion.

Dans le cours de cet ouvrage, nous avons démontré que l'origine de notre sphère n'était autre que celle d'un liquide incandescent, puis ensuite détrempé dans les eaux.

Telles sont les deux origines *vulcanienne* ou par le feu, et *neptunienne* ou par les eaux, qui ont signalé la création du monde.

En d'autres termes, la terre a été un soleil que les eaux ont éteint.

Mais ce soleil n'est éteint qu'à sa surface. Il s'est encroûté de ses cendres par une extinction graduelle, mais il conserve tout son feu dans son centre. Ainsi, les expériences prouvent que la chaleur augmente à mesure qu'on descend plus profondément dans les mines et dans les excavations.

L'origine des sources thermales, celles des déjections volcaniques attestent un foyer central, et l'on ne peut expliquer certaines formations de roches qu'en les supposant dues à une coulée, comme les laves, les basaltes, ou à toute autre fusion ignée.

Il en est de même des fusions, des sublimations, des ramifications des veines des métaux, qui ne peuvent être dues qu'à l'action des feux souterrains.

La plupart des matériaux composant l'écorce de notre globe ne sont que des éléments *comburés*, c'est-à-dire sur lesquels le feu a agi, comme les terres, les pierres à l'état d'oxydes et d'acides diverse-

ment associés ou combinés. Humphry Davy en concluait qu'ils avaient
dû brûler par le contact, soit de l'oxygène atmosphérique, soit par
celui de l'eau, qui est elle-même de l'oxyde d'hydrogène. Or, ces
états n'ont pu se produire sans une combustion antérieure, et, selon
ce grand chimiste, les volcans puisent encore dans les entrailles de
notre globe les éléments combustibles qui entretiennent leurs feux
depuis tant de siècles.

Donc, un feu central immense, grandiose, inimaginable, dont les
volcans ne sont que les cheminées de dégagement, occupe le sein de
notre énorme sphère, et ce feu n'est plus que le résidu de cet incendie qui fut jadis la Terre-Soleil.

Et si, par la pensée, nous remontons aux âges primitifs de notre
planète, dont les ossements d'animaux antédiluviens nous affirment
les étonnantes révolutions, nous y trouverons encore les témoignages
authentiques de son origine du feu, et de sa chaleur primordiale.

En effet, lorsqu'aux rives glacées de la Léna, du Vilhoui, et sur
les rivages des mers polaires de la Haute-Sibérie, on recueille aujourd'hui ces innombrables dents de mammouths, de mastodontes,
d'éléphants; lorsque des îles, à l'embouchure de ces fleuves, sont
pétries de leurs énormes ossements; lorsqu'on a trouvé, encroûtés
dans les glaçons, des têtes et des pieds de rhinocéros, avec leurs
poils, leur chair, à tel point que des chiens les ont mangées, et que
ces débris récents d'un monde si vieux ont pu être, tout récemment,
déposés au cabinet d'Histoire naturelle de Saint-Pétersbourg, qui
pourrait se défendre de croire à l'existence d'une température plus
élevée jadis que celle d'aujourd'hui dans ces rigoureuses contrées?

En vain notre savant Cuvier supposait-il que des éléphants *velus*,
d'espèce particulière, avaient pu supporter le froid de la Sibérie.
Mais alors, qui aurait donné à ces gigantesques herbivores une pro-
vende suffisante, sous les neiges épaisses d'un si affreux climat, pendant huit mois d'hiver? Et comment expliquer les immenses dépôts
de fougères, de tiges de palmiers ou d'autres végétaux de nos zones
torridéennes, également enfouis, soit dans les mêmes régions, soit au
Groënland et dans les îles voisines?

D'ailleurs, les ossements pélasgiques des sauriens et de bon nombre de reptiles, retrouvés en Angleterre, en France, et sur d'autres
points, dans les terrains diluviens, n'attestent-ils pas que ces animaux
de quatre-vingts à cent pieds de développement, comme les téléosau-
res, sillonnant la fange immense qui couvrait alors les continents,
n'étaient-ils pas produits par une température ardente et féconde?

Nous pouvons présenter les mêmes arguments, à l'endroit de plusieurs autres de ces animaux antédiluviens, dont les yeux énormes
étaient couverts de paupières osseuses comme de larges boucliers, et

qui avaient des mâchoires plus longues que les gavials du Gange, un cou de dix pieds d'extension, et de vastes ailes de peau pour s'élever dans les airs, avec des griffes de léopard pour s'accrocher aux objets environnants, tels que les ptérodactyles.

Quand on contemple l'ossature effrayante de ces monstres, et jusqu'à la structure informe des indolents mégalonyx, plus gros que les hippopotames, et dont les larges ongles pouvaient déraciner les arbres, comme leurs dents étaient capables d'en broyer les troncs ligneux ; lorsque les mousses mêmes de la famille des lycopodiacées et les fougères, ainsi que nous l'avons vu dans notre examen du sein de la terre, s'élançaient en tiges magnifiques de plus de cent pieds de hauteur, telles qu'on les retrouve dans les mines, on est bien obligé de convenir qu'il fallait une chaleur et une richesse de production dont les plus heureux climats de la zone torride nous offrent à peine, aujourd'hui, une bien faible image.

C'étaient donc des productions d'une nature exubérante, puisque ces animaux à sang glacé, ces herbes, ne peuvent prendre des dimensions aussi gigantesques qu'à l'aide d'une puissance vivifiante de chaleur, d'une chaleur incandescente tout-à-fait exceptionnelle.

Chez tous les êtres organisés, la vie ne se développe, la croissance ne s'opère que par ce feu interne du centre de la terre, générateur et conservateur, qui garantit même jusqu'à un certain degré les animaux et les végétaux de la rigueur des hivers. Ainsi, on a vu des crapauds, des insectes et autres races à sang froid presque congelés, raides d'inertie glaciale, et des plantes dont la sève était de même gelée : mais, quand ils survivent, il faut qu'un reste de chaleur vitale subsiste encore, car rien n'est plus ennemi de la puissance nerveuse et animatrice, rien n'éteint plus l'existence que le froid. N'en faisons-nous pas nous-mêmes la triste expérience ? De quoi sommes-nous capables quand nous subissons le froid ? La nature entière pâtit de l'absence de la chaleur. Voyez, en effet, combien la vie se multiplie par la chaleur sur toutes les terres tropicales : mais voyez aussi quelles affreuses solitudes désolent les régions polaires !

Donc le feu est l'âme de l'univers. Ainsi l'amour se ranime au printemps; ainsi la végétation reparaît plus belle et plus énergique que jamais sous les rayons d'un brûlant soleil; ainsi tout renaît pour se consumer dans cet ardent foyer des existences.

Maintenant, cher lecteur, maintenant que nous avons démontré comme quoi le feu est l'âme des cieux, la puissance originelle de la fécondation de la terre et la vie des eaux, nous allons nous écarter des hauteurs de la science, pour entrer dans le détail des merveilles produites sur notre globe par l'action du feu, feu qui enveloppa notre sphère, à son origine, de ses flammes gigantesques, et feu souterrain du foyer central permanent, dont les volcans sont les grandioses et admirables vomitoires, et en quelque sorte les soupapes de sûreté.

Je commence la série de tableaux didactiques de ces éblouissantes magnificences, par vous peindre certains effets de la *lumière*, dont la cause est le feu, effets dont ensuite viendra tout naturellement l'explication nette et précise.

Vous savez que le golfe de Naples est sans contredit l'un des plus admirables paysages qu'il soit donné à l'homme de voir. Tout au plus peut-on lui comparer la rade de Rio-Janeiro, dans le Nouveau-Monde, et les abords de Constantinople, dans l'Ancien. Dans les profondeurs de la brume de mer, dont la plaine azurée sert de premier plan, apparaissent les îles de Procida et d'Ischia, bleuies par la distance et découpant sur les cieux la silhouette de leurs lignes harmonieuses. Au centre des limites de l'horizon s'estompe le cap Misène, où l'empereur de farouche mémoire, Tibère, devait être étouffé par son fils adoptif Caligula. Et, sur la gauche, émerge des flots la tant fameuse île de Caprée, théâtre de ses orgies impériales. Puis, tout à l'entour du golfe, s'arrondit jusqu'à Naples, bâtie en amphithéâtre à l'extrémité, une côte charmante, chargée de villages et de végétations plantureuses. C'est Sorrente, Castellamare, Torre del Greeco, Torre dell' Annunziata, Résina ou Herculanum, Pompeï, d'un côté de la large tache blanche, qui est Naples, et, de l'autre, la chaîne du Pausilippe, Pouzzoles, Baïa, etc. Au-dessus de toutes ces beautés, se dresse l'imposant Vésuve, le gardien des flots et le phare de ces rivages.

Or, j'étais à Naples il y a quelques années.

Un matin, alors que la mer étincelle sous les feux du soleil, et que l'immense zone des côtes nage dans une brume d'or de l'effet le plus splendide, je vois sur le port un bateau à vapeur, qui a nom la *Comète*, chauffer et se préparer à tourner le cap vers l'île de Caprée, aujourd'hui Capri. Je m'empresse de prendre place sur le pont du paquebot, et nous voici, une trentaine de voyageurs peut-être, cinglant vers cette île fameuse, qui se montre à nu, avec ses formes désordonnées, ses roches capricieuses, ses audacieux promontoires, ses anses ténébreuses, et enfin ses villes et ses maisons endormies sous les palmiers de ses plateaux.

Vue de loin, cette île présente la forme d'une chèvre accroupie, mais levant la tête. De là son nom de *Capra*, chèvre. Le dos, c'est la montagne de Solaro, située au sud-ouest, et qui n'a pas moins de dix-huit cents mètres d'altitude. La tête, c'est le promontoire qui regarde le cap Campanella, non loin de Castellamare et de Sorrente, en face de la mer de Sicile, et sur lequel se trouvent les ruines du repaire

dans lequel l'infâme Tibère abritait sa tyrannie, ses horribles cruau-
tés et ses inexprimables débauches.

A l'approche de Caprée, nous reconnaissons que cette île serait
inabordable, si la nature n'y avait creusé deux anses où les barques
peuvent atterrir et mettre à l'ancre.

Mais avant de prendre gîte dans le port, notre steamer la *Comète*
s'empresse d'aller faire escale à la portée de la Grotte d'Azur.

Qu'est-ce que la *Grotte d'Azur ?*

Il y a peu d'années encore, des touristes anglais, réunis à un peintre de Berlin, se baignaient à l'abri des rochers à pic de l'île de
Caprée, lorsque l'un d'eux, voyant le rocher percé à sa base et à fleur
d'eau, ses compagnons et lui s'avisèrent de pénétrer dans la cavité
par ce mystérieux orifice. Quel ne fut pas leur étonnement, une fois
leurs yeux familiarisés avec l'obscurité transparente du lieu, de se
trouver dans une grotte longue de cent quatre-vingts palmes, large
de douze, haute et profonde de soixante-dix, dont pas un objet, eau,
air, parois, voûte, aspérités, tout était du plus beau bleu d'azur, tout
était nuancé du plus délicieux outremer.

C'était le palais d'une ondine, un palais de turquoises creusé au-
dessus d'un lac de saphir.

Quelle divinité des mers devait donc résider dans ce séjour féerique,
inconnu jusque-là ?

La nouveauté, la magnificence de ce phénomène frappa nos touristes d'admiration, et la Grotte d'Azur fut bientôt célébrée par toutes
les bouches. Accoururent de tous les points de notre Europe les
amateurs d'une nature merveilleuse.

J'accours aussi, moi, suivi des trente passagers de la *Comète*, et
nous voici en présence de l'orifice mystérieux, presque toujours
caché par la vague. Ne vous effrayez pas si l'entrée de cette grotte
semble une poterne de l'Erèbe ! On nous fait descendre dans une
barque plate, très-effilée, dans laquelle on doit se coucher pour franchir le goulet : cela seul produit déjà une émotion assez originale.
Mais tout-à-coup la voûte se relève, et les spectateurs se redressent.

On est aussitôt en pleine féerie.

L'eau profonde, limpide et calme à permettre de voir tous les détails de son lit, teinte d'une nuance de bleu de ciel incomparable,
projette ses reflets sur la voûte de calcaire blanc, et lui donne une
couleur azurée qui tremble à chaque frisson de la surface humide
En effet, tout est bleu, la mer, la barque, les rochers. Chose étrange !
un matelot se dépouille de tous ses vêtements et se jette dans le bassin, et voici que son corps nous apparaît blanc comme de l'argent
mat, avec des ombres de velours bleuissant aux creux que dessine le
jeu de ses muscles. Ses épaules, son cou, sa tête, tout au contraire,

se montrent d'un noir cuivré. On dirait une statue d'albâtre surmontée d'une tête de bronze florentin. Les gouttelettes que le matelot fait jaillir en nageant, les globules qui se forment à l'entour de lui, font l'effet de perles éclairées par une lumière bleuâtre. Que le ciel se couvre un moment, la couleur alors est moins intense : que le nuage s'envole, et, dans toute la grotte, il se fait comme un feu d'artifice azuré, semant sur les pierres humides des étincelles d'un bleu lumineux, que l'on ne se lasse point de suivre dans leurs évolutions, d'un œil ravi, charmé, non moins qu'étonné.

Une légende, la plus vraie de toutes, je me figure, dit que c'est un pêcheur capriote, Angelo Ferrara, qui fit la découverte de cette grotte. Eh bien! peu importe que ce soit Angelo Ferrara, les Anglais ou meinher Kapideh, qui aient doté le monde curieux de cette magnificence de nature, je puis dire que c'est la plus admirable merveille que j'aie jamais vue.

Pour jouir du phénomène, il faut choisir un temps calme, car si la mer est un peu forte, les vagues fermeraient l'entrée de cette grotte mystérieuse.

On nous raconte, à son endroit, un drame qui donne un certain frisson. Des voyageurs, accompagnés de leurs femmes et de leurs enfants, venus dans la Grotte d'Azur par le plus beau temps du monde, y furent surpris par une tempête subite. L'orifice, fermé par le déchaînement des vagues, ne permit plus de sortir. Hélas! cette tempête dura quatre jours, et, pendant ces quatre jours, hommes, femmes et enfants ayant tout au plus quelques friandises pour toute nourriture, secoués par le remous des flots dans leur frêle esquif, glacés par le froid, frissonnants de terreur, devaient périr, si la Providence ne leur eût envoyé à la fin et le calme et un sauveur qu'ils couvrirent de bénédictions et de ducats...

Telle est la Grotte d'Azur.

Maintenant, l'explication du phénomène, n'est-ce pas?

Voici : l'eau s'élève dans le passage de l'orifice presque jusqu'à la clé de voûte, de sorte que la *lumière* pénètre dans l'intérieur de la grotte par cet étroit vestibule, *mais en traversant l'eau qui la remplit.* Or, la lumière blanche est composée de la réunion de sept rayons principaux diversement colorés. Elle se décompose dans l'eau et change de direction en pénétrant dans un milieu dense, de sorte que l'angle que font les divers rayons avec la direction primitive de la lumière n'est plus le même. Les rayons bleus, étant les plus réfrangibles, arrivent seuls dans l'eau de l'intérieur de la caverne, laquelle, par réflexion de ses parois, est bleue, teinte et éclairée tout entière de leurs plus charmants reflets.

Ainsi, la mer est profondément pénétrée par la lumière à l'entrée de la grotte, sans doute à cause de la disposition particulière de cette entrée. Elle est comme saturée de cette lumière, et la répand en nappes d'azur jusqu'aux derniers replis de la voûte. Ce qui tend à le prouver, c'est que les corps plongés dans cette eau deviennent blancs à l'instant même. Et la voûte, de calcaire blanchâtre, se trouve nuancée de bleu, comme si un foyer lumineux, placé au-dessous d'elle, lui envoyait ses rayons à travers un cristal d'azur.

Qu'est-ce donc que la lumière?

C'est un agent subtil qui pénètre et se répand partout, qui fait la splendeur du jour, et qui procure à l'homme de si vives et de si profondes jouissances. La lumière est aussi nécessaire à sa santé et à celle des animaux, qu'elle est indispensable à la végétation des plantes. Elle joue le plus grand rôle dans presque tous les phénomènes de la nature; et, chaque jour, à mesure que le domaine de la science s'étend et s'enrichit, on découvre l'action immédiate qu'elle exerce dans les combinaisons de la matière morte, et dans les mouvements de celle qui végète ou qui s'organise.

Transportée à travers l'espace, avec la chaleur, elle active en tous lieux la vie et la joie. Sans elle, l'homme s'étiole et végète. Sans elle, les plantes pâlissent et ne poussent que des rejetons grêles et sans consistance.

C'est la lumière qui nous fait juger nettement de la forme des corps, dont le toucher ne peut nous donner qu'une idée confuse. C'est elle qui nous indique la présence des corps placés hors de notre atteinte et qui nous fait apprécier leurs distances et leurs situations. Sans elle, nous ne pourrions avoir du mouvement qu'une perception indécise, et nous ne pourrions jouir de ces mille phénomènes de coloration que la nature présente si riches et si variés.

La lumière affecte le plus parfait de nos organes, celui qui nous procure le plus de sensations, et qui nous fournit les notions les plus complètes, la vue.

Pour l'ouïe, pour le toucher, pour le goût, pour l'odorat, tout est plus ou moins vague et confus. Mais pour la vue, tout est exact, géométrique, susceptible de mesures précises.

La lumière est donc la cause de la visibilité.

Les corps en état d'ignition, tels que le soleil, les étoiles, la flamme, et qui répandent de la lumière autour d'eux, sont dits *lumineux* par eux-mêmes. On appelle *opaques* ou *éclairés* ceux qui ne font que recevoir, réfléchir la lumière.

La lumière pénètre à travers tous les gaz, à travers la plupart des liquides et même à travers certains corps solides. Les corps qui laissent ainsi passer la lumière s'appellent *transparents*, ou dans certains cas, *translucides*, par opposition aux corps opaques qui la retiennent et l'empêchent de parvenir à nos regards.

La science qui s'occupe de la lumière porte le nom d'*optique*, du mot *ops*, œil, puisque c'est le regard qui jouit de la lumière.

La direction que suit la lumière en se propageant se nomme *rayon*.

On appelle *pinceau* la réunion de plusieurs rayons voisins.

Faisceau est la dénomination d'une réunion de plusieurs pinceaux voisins ou séparés.

Le rayon suit une ligne droite dans tous les milieux transparents de même nature. Mais quand la lumière vient rencontrer une surface polie, elle est renvoyée suivant une autre direction. Ce phénomène porte alors le nom de *réflexion*.

La partie de l'optique qui s'occupe de la réflexion reçoit le nom de *catoptrique*, du mot *catoptron*, miroir.

Lorsqu'un rayon de lumière passe d'un milieu transparent dans un autre, il éprouve un changement de direction et se propage dans le second milieu suivant une ligne droite qui n'est plus la même que celle de sa propagation dans le premier milieu. Cela se nomme *réfraction* ou changement de direction.

Exemple de ce qui précède :

Je revenais, un jour, le long de la Seine, vers Paris, lorsque mes yeux se portant sur l'eau très-limpide du fleuve, je fus fort étonné de voir dans ses profondeurs un homme vêtu en commissionnaire, la pipe à la bouche, un bâton au bras et une lettre à la main, semblant marcher sous les eaux. Cette vision était tellement bizarre, que je fis arrêter quelques passants, qui ne furent pas moins étonnés que moi. Un batelier fut appelé et alla droit au commissionnaire, qu'il harponna avec son croc. Le noyé, — c'en était un, — n'était pas debout, comme il semblait, mais il était couché. Ce qui faisait l'illusion, c'était la *réfraction* produite par le rayon lumineux qui mettait debout le pauvre commissionnaire, à tout jamais couché pour avoir trop caressé la dive bouteille.

Dioptrique est le nom donné à la partie de l'optique dont la réfraction devient l'objet.

Nous avons dit ailleurs, dans cet ouvrage, que la lumière se propage avec une vitesse de trente-deux myriamètres par seconde.

Elle vient du soleil à la terre en huit minutes treize secondes.

Deux hypothèses ont été émises sur la nature de la lumière.

L'une, dite des *ondulations* ou des *vibrations,* suppose l'univers rempli d'un fluide excessivement subtil et élastique appelé *éther*, dont les ondulations, déterminées par l'action des corps visibles, agissent sur l'œil, de même que les ondulations de l'air, déterminées par l'action des corps sonores, agissent sur l'oreille. Dans ce système, la cause de la visibilité, la lumière, est un mouvement de vibration excité dans l'éther par les corps visibles, et qui, propagé de proche en proche, dans toutes les directions, se modifie d'après la nature des résistances qu'il éprouve.

L'autre système, connu sous la dénomination de *système de l'émission*, admet que la lumière est une matière propre, un fluide extrêmement subtil, émanant des corps lumineux, et dont les molécules sont lancées en ligne droite par ces corps, avec une très-grande vitesse et dans tous les sens.

Cette théorie est la moins acceptable.

Enfin, la lumière exerce sur les corps inorganiques, avons-nous dit, une puissante action chimique, et c'est de cette influence dont on a tiré parti pour créer la *photographie*. Ainsi, avant même que Talbot, Niepce et Daguerre eussent trouvé le dernier mot de cette superbe découverte, la nature avait donné une première leçon de photographie, de la manière suivante :

Un seigneur danois partit de Copenhague dans son carrosse avec sa femme et une fille de chambre, le 17 janvier 1744. Après avoir couru tout le jour les glaces fermées, ils arrivèrent à Corseur, et le soir même on mit le carrosse, dont les glaces étaient toujours fermées, dans le navire où il devait traverser le Belt le lendemain. Quand les voyageurs entrèrent dans leur carrosse pour partir, ils remarquèrent que les glaces étaient couvertes de gelée blanche, comme cela arrive souvent en hiver aux vitres des maisons.

Mais, ce qu'il y a de singulier, c'est que sur cette légère couche de glace on découvrait un paysage parfaitement dessiné, comme pourrait être une estampe. Ce seigneur, s'étant douté que ce paysage pouvait ressembler à celui des environs, vit, en l'examinant de plus près, qu'il n'y avait pas un trait dans le dessin en glace qui ne répondît aux objets situés entre la ville de Corseur et le rivage, les pieux du môle, les bergeries, les buttes du voisinage. C'étaient les formes, les proportions, en un mot, tout ce qu'aurait pu être l'image dans une chambre obscure, excepté la couleur.

Le voyageur se ressouvint alors d'avoir ouï raconter à M. de Korff, envoyé de Russie à Copenhague, qu'étant à Pétershorff, dans l'antichambre de l'impératrice, il avait vu l'allée d'arbres qui est vis-à-vis dessinée par la gelée sur les vitres.

Depuis l'observation du Corseur, on a appris qu'un des officiers de la maison du roi avait vu sur les vitres du château les rames et les antennes des bâtiments qui étaient à cent pas de là dans le canal.

Une autre personne avait aussi reconnu la tour, le faîte et le toit de l'église du Holm, qui est plus loin encore.

C'est d'après ces faits que le savant M. Gramm a composé l'article des mémoires de la Société royale de Copenhague, intitulé : *Images formées naturellement sur les vitres gelées.*

Deux savants étrangers, consultés sur le fait de Corseur, l'ont attribué, l'un tout-à-fait, l'autre en partie à la force de l'imagination des observateurs, qui leur a tracé des ressemblances dont cette aculté de leur âme a presque fait tous les frais.

Le dernier de ces deux savants a pourtant eu recours à une hypothèse physique pour rendre raison de ce phénomène.

M. Gramm est persuadé qu'on ne peut former aucun doute raisonnable sur la réalité du fait; il s'attache à en développer la possibilité et il augure qu'il pourrait bien en être *comme de l'électricité, qui, après avoir été si longtemps négligée par les physiciens, est devenue un des plus grands objets de leur attention.*

Maintenant, cher lecteur, nous allons entrer dans un autre ordre d'idées, et, sans quitter le grand élément du feu, nous allons traiter des merveilles de la chaleur, de la combustion, etc.

II. — Chaleur. — Sources de la chaleur ou calorique. — Effets physiques qu'elle produit dans les corps. — Dilatation. — Thermomètre. — Fusion. — Vapeur. — Ebullition. — Chaleur rayonnante. — Chaleur latente. — Chaleur animale. — Ce qu'on nomme combustion. — Combustion spontanée. — Phénomènes et solution des mystères de la nature. — Puissance éruptive. — Les dykes. — Où l'on rencontre des dykes. — Mines de Bex. — Descente à douze cents pieds dans les entrailles de la terre. — Mines du Cap. — Incomparables magnificences des cavernes de Mammouth-Cave. — Visite à ces merveilles du Kentucky. — Huit lieues de spectacles féeriques. — La Rotonde. — L'église gothique créée par la nature. — Girandoles de pierres précieuses. — Nefs de cristallisations. — Avenues sans rivales. — Chambre des Revenants. — Ce qui s'y passe. — Chapelle, dômes et coupoles. — La chaise du diable sur un abîme insondable. — Drame lugubre. — La mer Morte dans les limbes des cavernes. — Où l'on voit le Styx. — La vigne de Marthe. — Le Puits-Terrible. — Où l'on défie de signaler, dans le monde entier, de plus admirables splendeurs qu'à Mammouth-Cave.

On donne le nom de *chaleur* ou *calorique* à l'agent qui, dans la nature, est la cause des sensations de chaud ou de froid que nous éprouvons.

Les principales sources de la chaleur sont :

L'*insolation* ou l'exposition immédiate des objets aux rayons du soleil.

Puis, la *percussion,* c'est-à-dire une action violente exercée, sur des métaux, par exemple, action qui amène une barre de fer à devenir rouge et à développer ainsi le calorique qui est en elle, comme nous l'avons dit.

Le *frottement,* lequel détermine l'électricité, agent inconnu, cause des phénomènes d'attraction et de répulsion que présentent certaines substances, telles que l'ambre, qui lui a donné son nom, *electron*, parce que c'est dans cette matière que l'on reconnut les premiers phénomènes électriques, ainsi qu'il a été expliqué dans cet ouvrage, page 142, puis le verre, la soie, la résine, etc.

Les *décharges électriques*, soit l'explosion produite par la combinaison des deux électricités, positive et négative, dont vous pouvez vous rafraîchir le souvenir à la même page 142.

La *compression des gaz*, réduits par violence à un moindre volume.

Et enfin les *combinaisons chimiques*, c'est-à-dire l'union de deux ou plusieurs corps, simples ou composés, laquelle union a pour résultat la formation d'un nouveau corps.

Dans beaucoup de cas, le calorique suit les mêmes lois que la lumière, ce qui fait admettre généralement que la chaleur n'est qu'une des modifications de la substance impondérable qui remplit l'espace, l'infini, et que l'on nomme *éther*, avons-nous dit.

Quant aux sources du *froid*, elles résident principalement dans les changements d'état des corps, aussi bien que dans la vaporisation, la fusion, etc.

Il y a deux sortes de froid :

Le *froid naturel*, qui n'est autre que celui des régions polaires;

Et le froid dit alors *froid artificiel*, que l'on peut produire par le contact, par exemple, en enveloppant un corps quelconque de substances plus froides qui lui enlèvent son calorique.

Au rang des sources du froid, on peut placer aussi la *raréfaction* de l'air, ou, si vous voulez, la diminution de sa quantité;

L'*évaporation*, phénomène par lequel un liquide, exposé à l'air ou placé dans le vide, se dissipe peu à peu de lui-même et finit par passer entièrement à l'état de vapeur;

La *liquéfaction*, c'est-à-dire la transformation d'une matière solide ou d'un gaz en liquide;

Et enfin les *mélanges réfrigérants*.

A propos de la chaleur, la physique, science qui s'occupe des *agents*, c'est-à-dire des forces qui imprègnent les corps de la nature, la physique étudie :

1° Les effets que le calorique produit dans les corps, à savoir :

La *dilatation* ou grossissement de leur volume;

Leur *densité*, soit leur changement d'état ou passage de l'état solide à l'état liquide, et de l'état liquide à l'état de *fusion*, d'*ébullition*, de *vapeur*.

2° La *propagation de la chaleur*, au contact, ou à distance, ce que l'on nomme *chaleur rayonnante*, laquelle, émanant d'un corps, passe au. travers de certains corps, appelés *diathermes*, comme la lumière passe à travers les corps *diaphanes*.

Ainsi, une partie de la chaleur du soleil traverse, comme la lumière, toute l'étendue de l'atmosphère, sans en être absorbée : de même, le feu du foyer nous 'échauffe à distance, sans que la chaleur qu'il émet soit absorbée par les couches d'air qui nous en séparent.

D'après quoi on dit des *rayons calorifiques* ou *rayons de chaleur*, comme on dit des *rayons lumineux* ou des *rayons de lumière*.

Ce pouvoir rayonnant, appelé aussi *pouvoir émissif* existe dans tous les corps indistinctement : il se manifeste dans un morceau de glace comme dans un fer rouge. On démontre cette continuelle action du pouvoir émissif en disposant, en présence l'un de l'autre, à cinq ou six mètres de distance, deux grands miroirs sphériques ou paraboliques de cuivre poli, de manière que leurs axes soient coïncidants; au foyer du premier on met du charbon allumé, au foyer du second un morceau d'amadou. Celui-ci s'enflamme alors comme s'il était en contact avec le premier.

Il y a aussi la *chaleur latente*, du mot *latere*, être caché. Il s'agit là d'une quantité de chaleur que les corps absorbent ou dégagent, au moment où ils se transforment et changent d'état, sans que leur température subisse aucune variation apparente.

Ainsi l'eau, en se congelant, dégage, pendant sa solidification, toute la chaleur qu'elle possède.

Puis, au moment de la fusion, c'est-à-dire quand elle fond, elle reprend et absorbe en elle la chaleur latente qu'elle avait auparavant.

Enfin, jusque chez les animaux, on retrouve la chaleur dite *calorique animal*.

Aussi distingue-t-on les *animaux à sang chaud*, mammifères ou oiseaux, qui ont une température propre ;

Et les *animaux à sang froid*, poissons, reptiles, etc., dont la température diffère peu de celle du milieu ambiant.

Chez l'homme, la température moyenne est de trente-sept degrés centigrades.

Mais quelquefois cette température s'échauffe jusqu'à donner la mort au corps humain, par l'effet d'un feu dont la nature et l'origine sont encore inconnus. Cet accident, assez rare, est surtout observé chez des individus d'un âge avancé, d'un grand embonpoint et dont les tissus sont comme imprégnés d'alcool par un long abus des liqueurs spiritueuses. Le corps brûle avec une flamme bleuâtre, que l'eau active souvent au lieu de l'éteindre, et ne laisse qu'un résidu de cendres.

Ce phénomène est désigné sous l'appellation de *combustion spontanée*.

La chaleur provient du soleil, assurément. L'astre du jour, intarissable foyer, source de lumière et de calorique, échauffe l'atmosphère et dispense partout les dons généreux dont ses amoncellements de combustion le rendent si riche.

Mais, dans les desseins du Créateur et par les soins de sa divine providence, la chaleur provient aussi du feu central de notre sphère, lequel fait parvenir et monter jusqu'à nous ses bienfaisants effets.

Ainsi, feu sur nos têtes, feu sous nos pieds.

Feu fécondant la surface de la terre, feu fécondant le sein de la même terre, dans les métaux qu'il met en fusion et qu'il répand par filons, tout en donnant à l'enveloppe terrestre la puissance productive à l'endroit de la végétation.

Telle est la combustion, l'incandescence des fournaises du centre de notre globe, que les mers, certaines mers, l'eau du golfe de Naples, par exemple, sont chaudes et bouillonnent dans les bassins sous lesquels brûlent les feux intérieurs, et le sol que, dans le voisinage, on foule aux pieds, devient un foyer de chaleur, ainsi que je vous en donnerai la preuve tout-à-l'heure, par le récit de certaines excursions.

Le fait est que la *combustion*, du mot *comburere*, brûler, n'est autre que l'activité des feux souterrains exhalant, jusqu'à la surface de notre planète, la véhémence d'ardeurs ignées de son colossal incendie perpétuellement alimenté par les matières terrestres emmagasinées dans les entrailles du globe, et qui ne tarissent pas plus que celles qui, depuis tant de siècles, alimentent notre soleil.

Sur ce, cher lecteur, veuillez me suivre dans les intéressantes excursions dans le domaine de la chaleur, et par conséquent de la combustion de certaines parties moins épaisses de l'enveloppe terreuse de quelques-unes de nos régions sublunaires, et étudions ensemble les merveilleux effets de cette combustion grandiose qui fit, jadis, aux temps primitifs, un soleil de notre sphère, et y imprima à tout jamais des traces de son passage par les éruptions de basalte et autres matières, par les gigantesques cavités connues sous la dénomination de grottes et cavernes, et aussi par les étranges phénomènes de chaleur qui se produisent au fur et à mesure que l'on descend plus ou moins profondément dans les entrailles de la terre.

Dans le chapitre II de la seconde partie de cet ouvrage, pages 74, 75, 76, etc., à l'occasion des éruptions volcaniques, et des granits, porphyres, basaltes, etc., qui en ont été comme les médailles commémoratives, je vous ai fait le tableau de la Chaussée des Géants, en Irlande, et de la célèbre Grotte de Fingal, etc.; mais à l'endroit de ces phénomènes éruptifs, je ne vous ai rien dit des *dykes*.

Je vais réparer cette omission, l'occasion m'en étant offerte par la direction que je prends, à travers notre Auvergne, si riche en volcans éteints, et dont les coulées de lave semblent pourtant d'hier, si admirablement capitonnée de mille merveilles d'une nature aux horizons tourmentés, pour vous conduire en Suisse, la patrie des soulèvements volcaniques par excellence, puisqu'elle est hérissée partout de montagnes formidables.

Je cheminais à pied dans cette pittoresque Auvergne, un jour, quand je me trouvai en face d'une rampe tortueuse qui suivait les ressauts d'une montagne et s'enfonçait dans les profondeurs inondées de lumière d'une chaude vallée. Les croupes de ces hauteurs étaient revêtues d'un manteau de feuillages variés, où le pâle bouleau frissonnait à côté du hêtre élégant et du sapin grandiose.

Tout-à-coup, au détour d'un angle de la vallée, je vois émerger, du tapis nuancé de roches écaillées et de verdure, un colosse nageant dans l'éther et présentant des formes étranges.

C'était un *dyke*.

Ce dyke est une scorie de quelque cent pieds de haut, dressée au bord d'un torrent, et si mince, si poreuse, d'aspect si fragile, qu'elle semble prête à tomber en poussière. Elle est pourtant là depuis des siècles dont l'homme ignore le chiffre, et quand on touche les fines aspérités de ce géant de cendres et de charbon, on s'aperçoit qu'il a une résistance et une dureté presque métalliques.

Les dykes sont nombreux dans la partie de l'Auvergne où je me trouvais, et dans le Velay. Ce sont de véritables monuments de la puissance des matières volcaniques vomies à l'état liquide à l'époque des grandes déjections du feu central de la terre.

Le travail des eaux courantes a rejeté ici et là les autres matières entassées primitivement à la base de ce dyke que je venais de découvrir, et cette splendeur de nature, soit cône, soit tour, soit masse carrée ou anguleuse, est restée debout, gagnant en profondeur de siècle en siècle, à mesure que l'érosion dépouillait sa base. Aussi les paysans du voisinage disent-ils que les grosses pierres poussent toujours. On ne sait pas ce qu'il faudrait de siècles encore pour mettre à découvert les racines incommensurables de ces étranges édifices volcaniques, déjà si imposants, et encore si intacts, des convulsions de l'ancien monde.

Je restai longtemps en contemplation devant les pouzzolanes éparses au pied du dyke, et, quand je m'éloignai, je me retournai vingt fois pour voir encore ce vieux témoin des âges primitifs montrant sa tête rougeâtre, semblable à un gigantesque tronc d'arbre que la foudre aurait déchiqueté, qui dominait les arbres épais du beau torrent de la Couze et les maisonnettes du village de la Verdière.

Maintenant quittons l'Auvergne et transportons-nous en Suisse, au-delà du lac de Genève, dans la belle vallée du Rhône, en face de la Dent de Morcles et de la Dent du Midi.

Puisque ce nom Rhône se trouve sous ma plume, je me permets de suspendre un moment mon récit, pour vous dire, cher lecteur, que bon nombre de gens ignorent peut-être que le glacier du Rhône couvrait autrefois près de la moitié de la Suisse, jusqu'à Genève dans un sens, et à Bâle dans l'autre. Il dépassait même les frontières helvétiques, puisqu'il a déposé en France, dans le voisinage de Pontarlier, des roches qu'on ne trouve que dans le canton du Valais. Ces roches sont de celles que j'ai appelées *blocs erratiques*, ainsi que vous pouvez le voir page 110 de ce volume.

Si j'entre un instant dans le domaine des glaciers, c'est que d'abord la Suisse, où nous pénétrons, m'y invite, et ensuite c'est que, il y a cinquante ans, on ignorait, et je veux vous l'apprendre, que les glaciers des Alpes eussent jamais eu une pareille étendue. Les lois qui président au recul ou à l'avancement de ces grandes masses de glace ne sont pas encore très-connues, mais les savants travaillent maintenant, avec un zèle infatigable, à les découvrir. Les observations faites en Suisse à ce sujet ont déjà coûté près de deux millions. Celles que l'on poursuit, depuis deux ans, au glacier du Rhône, ont à elles seules occasionné une dépense d'environ vingt mille francs; mais elles ont été fructueuses.

Comme tous les glaciers suisses, le glacier du Rhône a donc perdu énormément de son étendue, mais il en perd encore chaque jour davantage. Dans les dix-neuf dernières années, il a reculé de plus de six cents mètres, et, à son extrémité inférieure, la glace s'est abaissée d'une centaine de mètres, soit trois cents pieds. Mais diverses observations faites dans le *névé* qui le domine par deux mille sept cents mètres environ d'altitude, semblent pronostiquer que, tôt ou tard, le glacier recommencera à marcher en avant, dans dix ou quinze ans peut-être.

Cet épisode glaciaire, bien étranger à notre but, puisque nous poursuivons l'étude de la chaleur et de la combustion, mais intéressant cependant, puisque cet ouvrage vous a déjà mis en connaissance avec ces phénomènes de la nature, cet épisode glaciaire, dis-je, mis à fin, je reprends mon récit.

Donc, transportons-nous dans la vallée du Rhône, à Bex, tout près de Saint-Maurice, où, par parenthèse, a eu lieu le mémorable massacre de la légion thébaine, dont la chapelle de Viroley, — *virorum luctus*, — signale le lieu précis.

Nous sommes ici au point à peu près central de cette immense agglomération de montagnes, dont le soulèvement est le résultat des feux intérieurs du globe, et qui a nom LES ALPES. Aussi, tout à l'entour de nous, voyez se dresser à pic des masses granitiques de cinq, six, sept et huit cents pieds d'altitude, que surmontent encore les squelettes décharnés de roches pélasgiques, appelées *dents*, Dent de Morcles, Dent du Midi, Dent de Jaman, Dent d'Oche, signal de Dailly, et, sur les flancs de ces audacieuses assises, admirez, descendant avec un bruit de torrent, les blanches cascades de Pisse-Chèvre, de Pisse-Vache, et puis le Bois-Noir, et puis Evionnaz, un pauvre village à demi englouti sous les avalanches des chutes de terre de la Dent du Midi dénudée, etc.

Les illusions d'optique sont telles, dans les montagnes, que souvent, en face d'un plateau très-élevé, ou d'une dent gigantesque, vous croyez n'avoir qu'à monter quelque peu pour atteindre le lieu désiré, et vous avancez toujours, et plus vous gravissez, plus le but à atteindre semble s'éloigner.

Il en est ainsi du mont Catogne, en forme de coupole, qui paraît clore la vallée du Rhône, du côté de la Furca.

Cette grande vallée qui précède le Léman, et qui ressemble à une immense crevasse placée au milieu du massif le plus élevé des Alpes, avait été nommée par les Romains *Vallis*, c'est-à-dire la vallée par excellence. Et, de fait, c'est la plus belle vallée de la Suisse, le pays des vallées. De là est dérivée la dénomination de *Valais* qui lui est restée. Quelle grande variété de beautés naturelles renferme ce canton! Nulle part on ne voit de plus étonnants contrastes entre la nature riante et la nature sauvage, entre les scènes les plus effrayantes et les tableaux les plus gracieux.

Mais il ne s'agit pas des splendeurs du Valais : nous ne sommes pas ici pour admirer les beautés de l'écorce du globe, mais pour descendre dans ses entrailles.

Nous sommes à Bex, et Bex possède des salines placées à la profondeur de mille à douze cents pieds, dans les régions obscures de la mort et de la solitude.

On y arrive par la vallée de la Gryonne, qui roule tumultueusement ses eaux sur un lit de roches qu'elle entraîne dans son cours, à ses jours de mauvaise humeur. Je ne dirai rien de l'aspect des *Salines de Bex* : tout est délicieux à voir dans la charmante nature qui les entoure. Je ne parlerai pas non plus de la grande roue qui monte de l'abîme les eaux salées, ni des fagots entassés par milliers sur lesquels ces eaux se déversent, ni des dessaloirs qui occupent, assez au loin, tout le voisinage de la mine.

Avec moi se trouve un habitant, — qu'ai-je dit? un citoyen de Genève, excellent homme, qui a pour objectif unique d'atteindre les profondeurs du souterrain assez à temps pour voir et entendre sauter les blocs de rocher cachant les massifs de sel-gemme, à l'aide de la

16

poudre. Or, c'est à midi, d'ordinaire, que se fait cette opération, et il est onze heures ; nous n'avons donc pas un moment à perdre.

Le pays où nous sommes, comme les gens qui l'habitent, a un aspect de franchise et de sérénité. C'est une région de collines mamelonnées sur de vastes ondulations nues et battues d'un air vif. Une atmosphère changeante, tantôt chargée de vapeurs, tantôt balayée par de fortes rafales du vent de la vallée, irrise des nuances les plus fines ces éminences verdoyantes dont les vagues semblent escalader paisiblement le ciel.

Nous quittons le grand chemin pour entrer dans un vallon étroit et frais, coupé de rochers et de bouquets d'arbres, qui côtoie la montagne sous laquelle est creusée la mine. Enfin nous atteignons une petite porte ouverte dans le flanc d'une roche abrupte : c'est par là que l'on descend dans les profondeurs de l'abîme.

Quelques amateurs de l'inconnu s'y présentent en même temps que nous, et alors on nous met à tous des vêtements de mineurs, à savoir un large caban à capuchon, et en même temps on nous présente des torches allumées. J'accepte d'autant plus volontiers ce caban de laine, que j'ai très-froid. Puis, ainsi équipés, nous descendons quelque chose comme sept à huit cents marches, en nous suivant tous à la queue leu-leu.

C'est alors que nous pouvons juger le changement de température. Au fur et à mesure que nous nous enfonçons dans le sein de la terre, nous vient au front une chaleur qui se prononce de plus en plus. Le fameux caban me pèse bientôt, et j'aurais bien la tentation de m'en débarrasser, car la sueur découle de mes membres, et au froid de la vallée de tout-à-l'heure succède une abondante transpiration ; mais on nous a recommandé de ne pas nous alléger du lourd vêtement : il y aurait danger de saisissement et de maladie. En effet, à cette première chaleur du sein de la terre succède une brise fraîche, et la cause en est des plus simples. Nous pénétrons dans un vaste espace où cessent les escaliers de roches, et nous nous trouvons en présence d'un lac souterrain, autour duquel les visiteurs, armés de leurs torches flamboyantes, s'agitent avec curiosité, comme des âmes en peine, cherchant une issue qui ne se montre pas. Les flammes de nos flambeaux sur ces eaux noires produisent d'étranges effets d'ombres et de lumière.

Après cette première station, le guide nous conduit par un couloir de dégagement à un nouvel escalier qui, à son tour, nous fait arriver à un autre lac, plus étendu encore que le premier. On nous raconte que, sur ce lac, on a donné une fête, jadis, à l'empereur Napoléon Ier et à l'impératrice Joséphine. On voit encore des lambeaux de décoration.

De là nous passons, toujours en descendant, près d'un puits carré, taillé dans le rocher, et d'une profondeur de mille pieds. Le guide prend plaisir à mouiller d'huile une large feuille de papier, qu'il allume ensuite et qu'il laisse tomber dans ce puits. La feuille enflammée tourbillonne dans sa chute, et c'est chose curieuse de la voir illuminer ainsi les entrailles de la terre.

C'est par ce puits que les mineurs envoient du sein des roches de l'abîme les fragments de sel-gemme, dans des seaux mus par des machines qui les plongent dans les profondeurs et les ramènent chargés de sel.

Cela me rappelle un récit du capitaine Varnier.

« Dans les *claims*, c'est-à-dire dans les mines de diamants du cap de Bonne-Espérance, où il avait fait un assez long séjour, mines assez peu profondes du reste, les travailleurs du fond des claims, me disait ce brave ami, remplissent les seaux qu'on leur envoie d'en-haut, pour y déposer les terres, après quoi un signal est donné. La vitesse avec laquelle remontent les seaux chargés est telle, que le balancement produit les fait souvent se décrocher, pour le plus grand inconvénient de ceux qui se trouvent au-dessous du puits. Ce sont des Cafres qui travaillent aux mines, dans ces régions. Or, quand un Cafre reçoit ainsi un seau ou des pierres sur la tête, ou même sur une partie moins délicate du corps, il commence à tout hasard par tomber en syncope et par faire le mort. Aussitôt on lui jette de l'eau à pleins vases, on y joint quelques coups de pied dans les côtes, et le remède est souverain pour le remettre sur ses jambes. Ah! c'est que ces nègres du Cap sont durs!

» Je me souviens, ajoutait-il, d'avoir vu un de ces Cafres, pris de boisson, qui avait imaginé de démolir, à coups de tête, un mur en pierres de taille. Il s'élançait contre ce mur la tête la première, comme un bélier, après avoir pris un élan de quelques pas. Les chocs qu'il recevait ainsi étaient effrayants, et, en apparence, suffisaient pour le tuer sur place; mais point, notre homme recommençait de plus belle... »

Rien de pareil n'a lieu dans les mines de Bex, et nous ne sommes témoins d'aucun accident de ce genre.

Enfin, par une pente douce taillée dans le rocher toujours, nous atteignons les profondeurs de l'abîme. C'est une dernière galerie, très-vaste, à laquelle se joignent de nombreuses ramifications où l'on exploite le sel-gemme. C'est là que la chaleur se dégage et se produit bien autrement encore. Et cependant nous ne sommes qu'à douze cents pieds de la surface du globe. Pour atteindre le milieu du feu central de la terre, il faudrait pénétrer à quelque chose comme quinze cents lieues, puisque le diamètre de la sphère terrestre est de trois mille. Mais nul de nous ne songe à tenter l'aventure. Les routes ne sont pas encore tracées; les tunnels manquent; les stations et les buffets font défaut. En attendant on rit, on s'évertue à faire des plaisanteries, dans cette rouge obscurité de l'enfer souterrain, et surtout on s'éponge le front, on souffle d'ahan, on écarte plus ou moins le caban, et on appelle l'air frais de tous ses vœux.

Alors, pour nous intéresser, et surtout pour savoir de quelle couleur est notre monnaie, les mineurs chargent de poudre les trous qu'ils ont creusés dans le rocher, et, tout-à-coup, deux, quatre, six explosions se font simultanément, répercutées, multipliées par les échos des galeries, comme les plus affreux tonnerres de la tempête ou le roulement de l'artillerie dans les batailles.

Quand la fumée de ces détonnations formidables commença à permettre de nous compter, je fus fort étonné de voir notre citoyen de Genève manquer à l'appel. Mais on le retrouva bientôt sain et sauf. Le pauvre homme, par trop curieux, s'était approché tant et si fort de l'une des mines, qu'il avait été soulevé avec le rocher sur lequel il s'était assis, il avait sauté à trois ou quatre mètres de hauteur, et il était là, gisant les quatre fers en l'air, dans la poussière salée de la grande galerie.

Je n'oublierai jamais les impressions de ce voyage souterrain, et je verrai toujours, dans mon imagination, les parois des descentes qui m'oppressaient, le sol se creusant ici et là, les lacs noirs d'eau salée, les espaces sombres des galeries que les torches remplissaient d'une brume rougeâtre, tantôt sous mes pieds, tantôt sur ma tête.

Il s'agissait de remonter à la surface de la terre. Il fallut gravir longtemps, mais enfin, en levant les yeux en haut, je vis avec plaisir un tout petit point bleu trouer, comme un pâle saphir, les ténèbres de l'abîme. Cette lueur grandit peu à peu et devint d'abord un clair de lune, puis une aube, et enfin le jour, un jour éblouissant!

Décidément, l'homme est né pour la lumière!

> « Sont-ils ouverts pour les ténèbres
> Les regards altérés du jour?
> De son éclat, ô nuit, à tes ombres funèbres
> Pourquoi passent-ils tour à tour?
> Mon âme n'est pas lasse encore
> D'admirer l'œuvre du Seigneur.
> Les élans enflammés de ce sein qui l'adore
> N'ont pas encore usé mon cœur! »

a dit notre grand poète Lamartine, et j'aime à le redire après lui.

Et cependant je vais vous faire pénétrer à nouveau dans les obscurités d'une caverne, mais de la caverne la plus étendue, la plus grandiose, la plus admirable que puisse trouver l'homme dans ses recherches incessantes, pour donner satisfaction à son besoin de connaître, de la caverne la plus apte à faire juger les ébranlements et les perforations communiqués à notre planète par les volcans ou les eaux, et les inimaginables excavations qui sont le résultat de la combustion.

Ce sont les *Grottes de Mammouth-Cave,* dans le Kentucky, aux Etats-Unis de l'Amérique.

Si je ne vous conduis pas moi-même dans ces régions du Nouveau-Monde dont je n'ai pas foulé le sol, je vous offrirai un excellent guide, l'ami Varnier que vous savez, c'est-à-dire le meilleur interprète que j'aie sous la main et le plus propre à vous donner les enseignements des merveilleux spectacles de la nature, dont il a été, dont il est toujours l'observateur le plus passionné et le démonstrateur le plus intelligent.

D'autre part, veuillez considérer ces excursions scientifiques à la Grotte d'Azur, au dyke de l'Auvergne, dans les mines de Bex, aux Grottes d'Antiparos, en Grèce, et à la Caverne de Mammouth-Cave, aussi bien que plusieurs autres que je puis vous promettre en perspective, comme ayant pour but d'arriver à la solution des problèmes qui résultent de nos entretiens sur la lumière, la chaleur, la combustion, et tous les phénomènes qui tirent leur origine du feu d'abord.

Mais ensuite considérez-les comme servant d'introduction et d'entrée en matière, en un mot comme le frontispice et le péristyle d'une sorte de monument que j'essaie d'élever au Créateur des mondes, dans l'ouvrage qui fait suite à celui-ci, dont il est le frère, sous le titre de *Livre d'Or des grandes Curiosités du Globe.*

Maintenant je vais faire passer sous vos yeux les tableaux que tant de fois le capitaine Varnier a fait passer sous les miens.

Donc, aux Grottes de Mammouth-Cave.

Pour se rendre à cette renommée grande curiosité du Kentucky, l'ami Varnier avait traversé Baltimore, Harpers-Ferry d'où l'on admire le splendide panorama des Montagnes-Bleues et les célèbres cascades du Potomac et du Shenandeeh, enfin Welling, situé sur un promontoire à pic au-dessus de l'Ohio.

Paysages merveilleux, partant.

La variété des sites, l'aspect saisissant des mornes et des gorges des montagnes, qui portent sur tous les points la trace du feu souterrain qui les a soulevées, les grottes, les glacis, les cascades, la riche végétation des vallées, où l'on trouve par contraste les animaux et les plantes d'un climat presque tropical, excitent au plus haut degré l'enthousiasme de notre touriste.

Un étroit chemin creusé sur le flanc d'une des éminences les plus élevées de la chaîne des Alléghanys conduit le voyageur à une des merveilles de cette contrée, à savoir le *Natural-Bridge*, c'est-à-dire un pont naturel suspendu sur un abîme de mille mètres.

Je ne vais pas vous peindre les changements de paysages dont Varnier est affolé : d'ailleurs de telles esquisses nous retiendraient trop longtemps. J'arrive de suite à la vallée de Green-River, délicieux petit cours d'eau qui mérite bien le nom de rivière Verte qu'on lui a donné, couvert qu'il est par les larges feuilles de nélumbes aquatiques et de pontedérias, dont les fleurs jaunes et les aigrettes bleues forment des mosaïques d'un effet charmant sur la surface paisible des eaux limpides.

Nous voici en face de l'entrée des cavernes de Mammouth-Cave, et je vous préviens, cher lecteur, qu'il ne faut pas moins de cinq ou six jours pour visiter ces immenses perforations du sol, dont sept ou huit lieues seulement sont connues. Le nom de cavernes leur convient donc beaucoup mieux que celui de grottes.

Il est bien évident que ces cavernes sont les plus vastes qu'on ait encore trouvées sur la surface de l'enveloppe terrestre.

Une poterne surbaissée et si étroite qu'elle permet à peine à deux personnes d'entrer à la fois, tel est l'huis des fameuses cavernes.

On allume des torches : c'est la mise en scène obligée. Les visiteurs qui composent, avec l'ami Varnier, un groupe de huit personnes, et dont la taille dépasse la moyenne grandeur, sont obligés de se courber pour suivre le premier couloir, qui ressemble à une tranchée de mine.

Bientôt une descente en pente douce conduit à une galerie très-haute et fort large, qui aboutit à la *Rotonde*, d'où rayonnent un certain nombre de galeries latérales.

Puis, se présente un second couloir, moins étroit que le précédent, par lequel on atteint une immense excavation, qui a nom l'*Eglise-Gothique*. Elle pourrait, en effet, servir de temple, car il est possible d'y réunir de cinq à six mille personnes.

Spectacle merveilleux qui éblouit et commande l'enthousiasme! Les torches se reflètent sur des milliers de facettes lumineuses, étincelantes comme les constellations des cieux, et des stalactites descendant gracieusement de la voûte, et de magnifiques stalagmites y remontant avec non moins de charme.

Ici, des cristallisations calcaires ont produit de hardies colonnettes qui s'élancent comme des palmiers, et là, parmi ces nombreuses colonnes, qui semblent porter le poids de cette enceinte colossale dont la hauteur est de plus de cent pieds, on voit un autel, placé entre une chaire et un trône, tandis que, au-dessus de l'autel, orné de vases, de candélabres, et entouré de lustres, apparaît un orgue gigantesque, dont les tuyaux se tordent en spirales, et que, un peu partout, on distingue, en attitudes diverses et hissées sur de riches piédestaux, de hautes statues drapées.

Toutes ces admirables cristallisations, dues à la nature, rutilent de feux de toutes les couleurs, dont l'éclat est tel dans l'obscurité, qu'on demeure en extase, mais une extase bruyante, car les paroles qui s'échappent des poitrines sont toutes d'enthousiasme. On peut le dire, en effet, jamais l'art de l'homme et son industrie n'ont produit de telles splendeurs que ce brillant spécimen des caprices de la nature.

On peut se croire dans une enceinte de diamants, dans un temple de l'architecture la plus fantaisiste et la plus merveilleuse.

De cette Eglise-Gothique, par n'importe quelle avenue que l'on choisisse, les visiteurs ne marchent plus qu'au milieu de nefs de *stalactites* et de *stalagmites*, — je vous ai dit, dans mon ouvrage des *Grandes Curiosités du Globe*, page 87, ce que l'on entend par stalactites et stalagmites, — occupant la voûte, le sol et les parois de toutes les salles, de toutes les coupoles, se produisant sous les formes les plus étranges, les plus fantasmatiques, et affectant des contrastes qui frappent les artistes de stupeur.

Cependant, la marche des visiteurs les a mis à une petite lieue de l'entrée, lorsqu'ils atteignent l'Eglise-Gothique. A l'Eglise-Gothique succède un *labyrinthe* non moins riche, dont l'étendue compte quatre lieues de développement, au milieu des même magnificences, parmi les mêmes splendeurs.

Ai-je eu tort de vous dire, cher lecteur, que ces cavernes de Mammouth-Cave sont les plus étendues et les plus curieuses à connaître du monde entier?

On atteint enfin la *Chambre des Revenants*.

Ce nom a été donné à cette grotte, parce que les premiers explorateurs y ont trouvé nombre de momies indiennes, placées là par leurs tribus, dans les âges anciens de l'Amérique.

Ne vous représentez pas pour cela cette nouvelle salle sous des aspects funéraires. Il n'en est rien. Au contraire, elle est parfaitement éclairée par l'esprit de spéculation des femmes des guides, qui en ont fait un buffet, un restaurant, un café, une buvette, tout ce que vous voudrez, excepté un cimetière. On y lit même les journaux, à cent, deux cents pieds sous terre. Là se tiennent, comme salle d'inhalations, des poitrinaires et des éclopés venus de loin, car on prétend, — j'imagine que la spéculation se cache encore sous cette philanthropie, — que l'atmosphère de cette caverne est très-salutaire.

Mais une véritable curiosité du lieu, c'est un gigantesque squelette de mastodonte, presque au complet, lequel occupe, debout, le milieu de la salle où il a peut-être erré de son vivant. — Voir *Mastodonte*, page 67 de ce volume.

Maintenant nous voici en présence d'une rivière souterraine, dans laquelle, moyennant salaire, il est loisible de pêcher les bactraciens à tête et à corps de poisson, et à pattes de grenouilles, appelés sérédons.

Puis se présentent des trafiquants de *fossiles*. Conseil du capitaine: Ne vous y fiez pas!

Chapelle gothique, à cette heure réduction charmante de la splendide église.

Bientôt après *Chaise du Diable*, énorme, immense, colossale cristallisation en forme de fauteuil, éblouissante des mille facettes de ses diamants, et, chose merveilleuse, suspendue au-dessus du noir, du ténébreux et effrayant orifice d'un abîme insondé et insondable.

Deux jeunes gens, séparés dans leur avenir par la volonté de leurs familles, se précipitèrent à l'heure du désespoir dans ce gouffre mystérieux. Un guide tenta de pénétrer dans l'abîme pour faire ensevelir leurs cadavres. Mais les bruits épouvantables et l'odeur fuligineuse de cette mystérieuse excavation ne lui permirent pas de mettre à fin son audacieuse entreprise, lorsqu'il fut descendu à la profondeur de trois cents pieds.

Les Irlandais du voisinage considèrent ce gouffre comme une des entrées de l'Enfer.

Voici la *Coupole* ou le *Dôme d'Ammeth*.

Puis, un long trajet conduit au *Dôme de Goram*, à six cent cinquante pieds au-dessous du sol, et là la chaleur commence à tourmenter les promeneurs.

On traverse alors une sorte de *portique*, dont les stalactites reproduisent de la façon la plus nette et la plus précise les ogives et les chapiteaux de notre architecture gothique.

Enfin, on arrive à la *Mer Morte*, grand lac souterrain, qui se déverse dans une petite rivière fort calme et très-ténébreuse qui a nom le *Styx*. On suppose qu'elle est un écoulement de la charmante Green-River, que je vous ai signalée à l'entrée des cavernes.

Vous ne vous figurerez jamais, d'après le capitaine Varnier, les effets des torches, dont les lueurs fantastiques reflétées par les eaux du lac et de la sombre rivière produisent, au sein de cette nuit horrible des souterrains, des jeux de lumière, des fantasmaties d'ombres, et des amoncellements de formes effrayantes, dont la plume ne saurait rendre les originalités.

Des barques reçoivent les visiteurs et les promènent sur la Mer Morte.

Mais bientôt se creusent dans les roches de nombreuses galeries, éblouissantes toujours, puis des coupoles, et aussi la *Vigne de Marthe*, ainsi nommée à cause de la similitude des stalagmites avec l'arbre planté par Noé.

De là, par des sentiers abruptes, entourés d'affreux précipices, dans les montagnes rocheuses, on atteint le *Puits Terrible*, et cependant il a un fond, car l'oreille est assourdie par le formidable bouillonnement des eaux souterraines.

Enfin, se présente une galerie tellement étroite et si peu haute, qu'on est obligé de ramper, pour atteindre le *Port de Seréna*, qui met fin à l'excursion.

J'en passe, et des plus extraordinaires : mais à tout ne faut-il pas une fin ?

Résumé : deux cent vingt-six avenues, cinquante-sept dômes ou coupoles ; onze lacs ; sept rivières, huit cataractes ; trente-deux abîmes d'un diamètre effrayant et d'une profondeur inconnue ; huit lieues de longueur, et encore d'aucuns prétendent que les grottes ont plus du double de développement.

En un mot, gigantesques monuments souterrains de diamants, de rubis, de topazes, de perles, d'émeraudes et d'opales, telles sont les cavernes de Mammouth-Cave.

III. — Phénomène des gouffres, ou cratères des eaux, sur les Océans. — Charybde et Scylla. — Le Cariaco, de l'Océan atlantique. — Le Malström, Maelström ou Mokeström, de la mer du Nord. — Encore et toujours les effets du feu central. — Sources des eaux thermales. — Les côtes de l'Islande. — Ce qu'on appelle *Fiords*. — Volcan de l'Hékla. — Effets du Gulf-Stream. — Geysers de la Californie. — L'encrier du Diable. — Steamboat. — Explication des Geysers. — Effets de la chaleur sous les tropiques. — Tempêtes inimaginables. — Tableau. — Le volcan du Tongariro. — Geysers de la Nouvelle-Zélande. — Les montagnes de feu des îles Sandwich. — Drame étrange. — Les cheveux de Pélé. — Superstition des Kanaques à l'endroit du lac Lua-Pélé. — Les Grottes d'Antiparos. — Descente sous les flots de l'archipel Grec. — Description. — Effets de soleil à la sortie du sein de la terre.

Tel est le résumé du tableau grandiose que fait miroiter à mes yeux le capitaine Varnier, m'entretenant de cette curiosité sans pareille des Cavernes de Mammouth-Cave.

Malheureusement il ne me donne aucune explication du phénomène. Et cependant il s'agit de chercher à travers l'origine de cette fameuse caverne.

Comme toutes les grottes et excavations, elle ne peut avoir été creusée que par les eaux ou le feu du globe. Mais comme dans tout son développement on ne voit pas de trace d'incendie, j'estime que c'est aux eaux que sont dues ces incommensurables perforations.

Ce que je vais dire appartient donc au domaine des eaux : qu'importe ? nous devons essayer de résoudre le problème.

Les cratères de volcans sont des *gouffres de feu*.

Mais les Océans, eux aussi, possèdent leurs cratères, *gouffres horribles d'eaux violentes*, tourbillons épouvantables, cavités sous-marines effrayantes, qui plongent à des profondeurs indéterminées, plus ou moins perpendiculaires, inimaginables de formes, dans lesquels les eaux hurlantes se précipitent avec des bruits sinistres, des clameurs assourdissantes, où elles tourbillonnent et se ruent comme des cataractes, entraînant avec elles tout ce qui s'approche de trop près et n'a pas la force de résister à leur aspiration brutale, à leur chute véhémente.

Charybde et Scylla, si redoutés des anciens, sont de tels gouffres. Ils occupent l'espace étroit resserré entre la botte de l'Italie et la pointe orientale de la Sicile. Ce gouffre est dangereux sans doute, mais encore les marins habiles triomphent des difficultés du passage.

Cariaco, dans le golfe de Cumana, sur les côtes de l'Amérique du Sud, est un autre gouffre de dimensions énormes et offrant de tels périls que les hommes de ces parages de la république de Vénézuéla se tiennent le plus possible à distance de ses formidables atteintes.

Ces deux gouffres sont produits certainement par les feux intérieurs du globe, car ils se trouvent dans des contrées essentiellement volcaniques et constamment éprouvées par ses tremblements de terre.

Mais il est un autre gouffre, dans la mer du Nord, tout près de nous par conséquent, près de l'île de Moskoë, l'une des Loffoden, sur la côte occidentale de la Norwège, en plein Océan, béant comme la gueule d'un monstre gigantesque, et le plus dangereux de tous les gouffres.

Malstrôm, Maelstrôm, ou *Mokestrôm*, c'est-à-dire *courant qui moud*, tel est le nom de ce redoutable ennemi de la navigation.

De très-loin, l'oreille saisit le mugissement de ses eaux se déversant dans ses abîmes, et de très-loin également on se sent subir le mouvement d'appel de son remous hypocrite qui, peu à peu, insensiblement, attire tout ce que le hasard ou la négligence des navigateurs fait ou laisse venir à sa portée. Ce ne sont pas de simples barques qui ont à craindre d'être entraînées dans l'abîme. Hélas! ce terme fatal leur advient trop souvent! Mais les grands navires eux-mêmes subissent l'étrange fascination de ce gouffre formidable, et si de curieux explorateurs inexpérimentés s'approchent, s'approchent encore, comptant sur la puissance de leur bâtiment et la force de leur gréement, les imprudents sont entraînés par la fureur des vagues. Ils tournent sur eux-mêmes, sous l'irrésistible étreinte du tourbillon, ils sont saisis par ces nouvelles sirènes et vont, non pas se briser contre des rochers semblables à ceux chantés par Homère, et qui devinrent la perte des compagnons d'Ulysse, mais s'engloutir dans le gouffre, qui les absorbe incontinent, comme une fraise disparaît dans la bouche de Gargantua. Jamais plus on n'entend parler de l'esquif infortuné, jamais plus on ne retrouve la moindre de ses épaves : l'abîme ne rend pas sa proie.

Or, le Kentucky n'a-t-il pas été, jadis, dans les eaux, comme bien d'autres contrées de notre planète? Ces eaux n'ont-elles pas pu être douées de la puissance de perforer des terrains plus friables de manière à produire un gouffre, par lequel les eaux s'écoulant avec fracas ont creusé des galeries immenses qui servirent de canal de communication souterraine avec les eaux supérieures? Et, alors, les cavernes de Mammouth-Cave ne doivent-elles pas ainsi leur origine à des gouffres sous-marins?

Je vous donne cette idée pour ce qu'elle vaut. Mais il est évident que si les eaux de la mer du Nord venaient à se retirer par le fait d'une révolution géologique quelconque, la perforation gigantesque appelée Malstrôm, le gouffre, en un mot, ne pourrait-il pas devenir à son tour une caverne grandiose?

Et, pour peu qu'il y ait des masses calcaires dans son voisinage et sur son couronnement, le suintement des eaux pluviales ne pourrait-il pas la décorer aussi, comme Mammouth-Cave, de coupoles, de chapelles, de salles, d'avenues, agrémentées de stalactites, de stalagmites, d'orgues, et de girandoles éblouissantes?

Le Malstrôm, du reste, peut être aussi la création résultant du feu central, car il a des volcans à sa portée. D'abord le soulèvement des Alpes Dofrines qui hérissent la péninsule scandinave le démontrent : mais aussi le fameux volcan de l'Hécla, en Islande, dont les feux souterrains doivent être très-voisins.

Les convulsions volcaniques dont cette île a été le théâtre, et qui lui ont donné son origine, ont bien pu s'étendre jusqu'au Malstrôm, car, dans l'Islande, elles ont produit un amoncellement de montagnes dont les profils bizarres donnent une image du chaos, en même temps qu'elles frappent l'attention de l'explorateur et du curieux. Des glaciers immenses recouvrent les sommets de ces montagnes, cratères de volcans, éteints pour la plupart, mais dont l'Islandais peut redouter toujours le terrible réveil. De ces glaciers s'échappent de nombreux torrents qui redescendent le long des pentes, entraînant dans leur cours impétueux les roches désagrégées par l'action lente de l'eau, du froid extérieur et de la chaleur interne.

C'est dans ce milieu convulsionné que se produisent surtout les effets de la combustion du globe.

Que l'on pénètre dans les fissures de l'île et dans ses nombreuses cavernes, la chaleur y devient intolérable. Au-dehors, le pied des montagnes plonge dans la mer brusquement et sans adoucissement de talus. Les pointes se succèdent les unes aux autres, toujours droites et à pic. Le basalte, les pierres volcaniques désagrégées s'émiettent sous l'action de la vague, et si parfois la partie inférieure de la montagne présente de loin une certaine déclivité, on s'aperçoit, en s'en rapprochant, que ce que l'on a pris pour une ondulation peu accentuée du terrain n'est, en réalité, qu'une sorte de remblais de sables et de scories noirâtres qui ont roulé des hauteurs et se sont accumulées à la base.

Ces côtes rocheuses de l'Islande, fort pittoresques, sont scindées, de distance en distance, par de larges coupures, quelque chose comme des embouchures par lesquelles des fleuves immenses viendraient se jeter dans la mer.

C'est ce que l'on nomme *Fiords*, dans le pays, c'est-à-dire des golfes intérieurs spacieux, communiquant avec la mer par un goulet relativement étroit, et renfermés entre des parois verticales de montagnes violemment écartées par certaines convulsions volcaniques.

Le fait est que, de toutes les îles volcaniques de la circonférence de notre planète, l'Islande est certainement la plus essentiellement et la plus remarquablement le produit des convulsions des feux de ses entrailles.

Aussi, comme témoignage, l'*Hécla* ou *Hékla*, le plus connu des volcans de l'Islande, bien qu'il ne soit pas le plus considérable, domine-t-il l'île de ses mille sept cent trente-six mètres.

Ajoutons, pour signaler tout ce qui touche à l'Islande, l'une des plus intéressantes curiosités de nature de notre sphère, que le *Gulf-Stream* — voir à la page 186 de ce volume, — l'entoure d'une ceinture d'eau chaude de trente milles de largeur et d'une température moyenne de huit degrés, qui en éloigne les glaces et les banquises.

Si le Gulf-Stream cessait de baigner ainsi l'Islande, les glaces s'entasseraient sur ses côtes et fermeraient, à l'ouest, le passage entre cette île et le Groënland. Or, l'action de ce Gulf-Stream, à laquelle l'Islande doit en partie la fertilité de ses plaines intérieures et la douceur relative de son climat, reste toujours la même.

A la page 101, nous avons parlé des *Geysers* ou *Geysirs* de l'Islande, qui démontrent bien la présence des feux souterrains, comme le révèlent aussi les eaux thermales, page 166. Mais ce ne sont peut-être pas les Geysers les plus curieux.

Il est un autre volcan d'eaux chaudes, de ce même genre, en Amérique, dans la Californie.

L'ami Varnier me l'a décrit, et voici l'esquisse que je puis vous en offrir à mon tour.

Le *Geyser de la Californie* se trouve placé au sein de montagnes de 'aspect le plus romantique. Là, on entrevoit, à la crête de roches colossales, une brèche profonde d'où s'échappent en tout temps des nuages de vapeurs sulfureuses. Quand on s'en approche par un sentier très-difficile et fort pierreux, on se trouve bientôt en présence du volcan.

Ce Geyser est formé par une immense ceinture de rochers dénudés calcinés et fumants, d'où se dégagent sans fin des vapeurs de soufre. Par une opposition qui fait contraste, il se termine par un cône de verdure.

Le cratère est là, béant. Dans le fond du gouffre, autrefois incandescent, à demi comblé aujourd'hui, on peut descendre en pleine sécurité sur les bords d'un limpide ruisseau ombragé d'arbres séculaires, aulnes, érables et chênes. L'eau, qui coule à pleins bords, est sulfureuse, tiède. Elle provient de crevasses d'où elle jaillit en bouillonnant.

Si ce volcan est inoffensif, on voit bien qu'il n'est pas désarmé, car en remontant les parois du talus, on arrive à d'autres éminences où les traces d'activité ne sont plus douteuses. On y respire le soufre à pleine gorge, au point qu'il faut s'arrêter par moments, sinon reculer. Ici et là, le sol semble céder sous les pas : on marche dans le soufre; les pieds s'échauffent et brûlent s'ils restent quelque temps à la même place. Le bâton qui sert d'appui entre profondément dans une sorte d'amalgame détrempé, composé de calcaire et de soufre, et du trou qu'il a creusé s'échappe avec sifflement un jet de vapeur de peu de durée. Ce sont des *fumerolles* ou éruptions de vapeurs sulfureuses qui se projettent instantanément sous la forme d'une mince colonne blanchâtre, indice de la pression à laquelle elles sont soumises à peu de distance de la surface du sol.

Là, s'élance d'une large fissure, qui a nom l'*Encrier du Diable*, une eau bouillante et noire, à une température de trente-cinq à quarante degrés.

Plus loin, une source plus abondante, et d'une eau toujours noire, en s'élançant dans les airs à une altitude de cinq à six mètres, produit un bruit terrible augmenté par un grondement souterrain non moins effrayant. L'excavation d'où elle sort semble profonde, car les grosses pierres que l'on y pousse disparaissent sans laisser de trace ni ralentir en rien l'émission du liquide brûlant.

L'idée d'une chute dans ce soupirail de la terre donne le frisson et contraint instinctivement à s'éloigner.

A peine se trouve-t-on à quelque distance qu'on est assourdi par le fracas d'une autre source appelée *Steamboat*, située plus haut, sur une pointe de rocher. Pour imaginer l'horrible tapage de ce Steamboat, il faut se figurer le sifflement épouvantable de vingt chaudières gigantesques, dont les robinets de dégagement seraient ouverts tout d'un coup.

Du reste, ce n'est guère qu'en Islande que ce phénomène des Geysers a été étudié de près.

Les Geysers d'Islande diffèrent en bien des points des sources jaillissantes de la Californie. La différence principale, c'est que l'eau de ces dernières est de composition sulfo-alcaline, tandis que celle des Geysers islandais, comme je l'ai dit en son lieu, est saturée d'acide silicique.

On explique la formation des Geysers par l'infiltration des eaux dans les crevasses des roches volcaniques. Nul doute que les causes des éruptions d'eau chaude ne soient les mêmes en Californie. Tous les sommets voisins des Geysers californiens sont couverts de neige et de glaciers donnant ainsi naissance à d'immenses quantités d'eau qui s'infiltrent dans les fentes et les cavernes pour ressortir plus tard en colonnes jaillissantes et thermales.

En Californie, toutefois, là source est *permanente*, quoique dans de moindres proportions : en Islande, le caractère prédominant des Geysers est l'intermittence, c'est-à-dire l'émission de l'éruption par intervalles.

Puisque nous en sommes encore aux phénomènes de la chaleur et de la combustion du globe, ne quittons pas le Nouveau-Monde sans parler de l'atmosphère en ébullition de certaines contrées.

— Dans les forêts du Brésil, notamment, me dit un jour le capitaine Varnier, par suite d'une évaporation incessante et d'une végétation folle que rien n'arrête, il s'accumule chaque jour à la surface du sol d'énormes masses de fluides. De là des orages périodiques dont la régularité est frappante.

Pendant les six mois de la saison pluvieuse, chaque journée s'annonce par une magnifique matinée. A neuf heures, le soleil est déjà brûlant, et, sauf les nègres des champs, tout le monde rentre ou se munit d'un parasol. Vers midi, on voit poindre des nuages blanchâtres au sommet des collines. La direction est tracée d'avance : ils se forment sur les hautes cimes des ramifications des Andes, et, poussés par les vents d'ouest, descendent le long des contreforts de ces hautes Cordilières jusqu'aux plaines de l'Atlantique. Bientôt de sourds roulements répercutés de mornes en mornes vous avertissent que la foudre ne tardera pas à vous visiter. Peu à peu les éclats du tonnerre deviennent plus retentissants, de larges gouttes de pluie font bruire le feuillage, des traînées lumineuses commencent à sillonner les airs. Malheur au voyageur attardé ou égaré! Tout-à-coup des détonations épouvantables, des avalanches de pluie, des éclairs qui semblent déchirer l'espace, viennent vous glacer d'effroi. Un tressaillement involontaire, qui accompagne chaque secousse électrique, vous rappelle que vous êtes immergé dans une atmosphère de fluide qui, à tout instant, peut vous foudroyer. Les animaux sauvages rentrent dans leurs terriers, les bêtes de somme frissonnent haletantes, et les mille voix diverses de la forêt cessent de se faire entendre, comme pour rendre plus solennelles les formidables harmonies de la tempête.

Ce déluge d'eau, de bruit et de fluide électrique dure ordinairement deux ou trois heures. Petit à petit les coups deviennent moins secs, les secousses moins irritantes. L'ouragan, continuant sa route, va porter ses ravages un peu plus loin. Que de fois, le soir, traversant une vallée, j'ai vu le ciel s'illuminer tout-à-coup! Des divers points de l'horizon s'élevaient par intervalles des lueurs soudaines reflétant les apparitions d'éclairs éloignés. C'étaient les derniers adieux des orages de la journée, qui, après avoir cheminé de morne en morne, allaient se perdre dans l'Océan. Rien ne saurait peindre la solennité de ce spectacle et le charme indicible qu'on éprouve à le contempler.

Mais quel tableau, après ces orages inimaginables, causés par la véhémence de la chaleur et les rayons dévorants d'un soleil torride!

Le moindre ruisseau de ces forêts du Mato-Virgem devient un torrent. Les arbres des rivières sont entraînés. Arrivés au bout de leur course et trouvant leur embouchure barrée par les eaux du fleuve, ces torrents improvisés s'épanchent en nappes profondes sur le fond des vallées et les changent en lacs. Les grandes plaines voient se reproduire les mêmes phénomènes, mais dans des proportions quelquefois désolantes. Les rivières qui sillonnent ces immenses bassins, bien que d'un cours moins impétueux, acquièrent bientôt un énorme volume, et entraînent non plus des arbres, mais des forêts entières. C'est alors une vague irrésistible qui dans ses brutales colères chasse devant elle les îles qu'elle a déposées les années précédentes, et les pousse pêle-mêle au milieu des sables et des débris de montagnes que roulent ses flots fangeux. Les bords flottants et indécis de cette mer houleuse s'avancent dans les terres voisines et couvrent d'immenses espaces. Les touffes d'arbres qui surnagent comme autant de panaches verdoyants rappellent seuls que ces eaux vagabondes appartiennent à un fleuve sorti de son lit.

Parfois il arrive qu'un ouragan, poussant devant lui un pan de forêt, rencontre en sens inverse le *pororoca*, marée de l'Atlantique. Les deux flots se heurtent, tourbillonnent sur eux-mêmes et cherchent à se confondre au milieu d'effroyables rugissements.

Quand enfin les vagues se sont retirées, on peut juger de la hauteur qu'elles ont atteinte par les débris arrachés aux sommets des arbres gigantesques qui bordent les rives. Il se produit alors un phénomène étrange. Certaines branches peu élevées, mais robustes, comme la plupart des plantes ligneuses qui naissent sous les tropiques, soutiennent une énorme roche sur laquelle s'épanouit une végétation nouvelle. D'autres, plus hautes et non moins solides, supportent comme une grossière charpente de poutres non équarries et offrent l'aspect de jardins suspendus. On dirait des dolmens druidiques ou des constructions cyclopéennes perdues dans le désert.

Ce ne sont cependant que les suites naturelles de l'inondation. Des troncs déracinés, des blocs de pierre arrachés aux flancs des collines et entraînés par les torrents ont été retenus au passage et ont arrêté à leur tour la terre végétale.

L'eau et le soleil ont fait le reste.

Rien de plus saisissant que le spectacle d'une de ces forêts vierges des pays chauds! Jamais la hache ne les a outragées.

Qu'on se figure donc d'immenses dômes de verdure soutenus par des milliers de colonnes gigantesques. Cette vigoureuse charpente est comme perdue dans un fouillis de végétation extravagante, où la fleur, la tige et la feuille semblent lutter d'audace et de caprice. D'épais faisceaux de lianes relient tous ces troncs robustes de leurs spirales sans fin. Arrivées au sommet des arbres, elles courent de branche en branche, puis retombent en cascades, pour reprendre racine et recommencer leur folle course aérienne.

Sous cet océan de plantes et de ténèbres, que percent à grande peine quelques rayons lumineux, s'agite toute une création d'oiseaux, de reptiles, d'insectes, qui effraient l'imagination par la délicatesse de leurs formes, et dont l'éclat le dispute aux couleurs de l'arc-en-ciel. Tout ce monde, plus ou moins microscopique, ronge, creuse, piaille, butine, gambade, sans nul souci du chasseur, sans préoccupation de l'hiver, dont le souffle est inconnu dans ces régions brûlantes.

Il semble que la chaleur tienne à sa disposition de merveilleuses forces créatrices, et que les sucs de la terre ne comptent pour rien dans les proportions qu'atteint la sève.

J'ai vu des palmiers d'une puissance extraordinaire s'élancer audacieusement d'un bloc de granit. Crampoñnés au roc par leurs racines qui le mordaient et l'étreignaient de leurs dents noueuses, ils s'élevaient à des hauteurs inconnues, comme pour aller chercher dans le ciel la nourriture qu'ils ne pouvaient trouver dans les fissures du sol. Mais ils aspiraient par tous les pores de leur immense développement les trois grands principes de la vie :

L'eau, l'air et le soleil.

La première impression que l'on subit en pénétrant dans ces sombres labyrinthes est un mélange indéfinissable d'étonnement et de terreur superstitieuse. On se rappelle involontairement l'ombre mystérieuse des forêts druidiques où nos aïeux accomplissaient leurs sanglants sacrifices. C'est là que, pendant des siècles, les tribus du désert se livrèrent leurs combats obscurs. Que de dramatiques légendes pourraient raconter les témoins séculaires de ces farouches exterminations!

C'est cette feuillée aux fleurs suaves qui cache le serpent; c'est du pied de ce tronc que le tigre et le caïman guettent leur proie.

Si, dédaignant ces obstacles, le voyageur veut affronter le mur de végétation qui se dresse devant lui, il se voit aussitôt enlacé dans un inextricable réseau d'herbes, de plantes et de branchages, ses mains s'embarrassent, ses pieds cherchent en vain un point d'appui. Des épines acérées déchirent ses membres, les lianes fouettent son visage, l'obscurité des coupoles des arbres géants ajoute à ses embarras.

En un instant, il est couvert de myriades d'œufs, de chenilles, d'insectes, de parasites, lesquels, transperçant ses vêtements, vont s'implanter dans ses chairs et s'y repaître de son sang.

Sa frayeur redouble. De sourds murmures grondent au-dessus de sa tête. Il s'arrête, croyant entendre les sombres génies de la montagne menacer le téméraire qui a osé profaner leurs sauvages retraites.

Mais lorsque, vivant de la vie du désert, son corps s'est fait à la fatigue et aux exigences du ciel austral, tout s'aplanit devant lui. Son pied devient plus sûr, son œil sait lire à travers le feuillage, ses sens atteignent une puissance surnaturelle. Le redoutable sanctuaire ouvre enfin ses portes mystérieuses. Des voix intérieures lui révèlent alors des harmonies nouvelles, son âme s'inonde d'une poésie inconnue.

Les merveilles de la civilisation ne lui apparaissent plus que comme un songe étroit et mesquin au milieu de cette immense et admirable création du Maître des mondes, qui lui donne la liberté pour compagne, l'infini pour horizon, et le désert pour patrie!

Ainsi parlait l'ami Varnier, et, quand il se taisait, je le priais de parler encore, tant j'avais plaisir à l'entendre.

Alors il revenait aux grandes choses de la nature, son idole.

— Le *volcan de Tongariro* était en pleine éruption, la dernière fois que je mouillai à la Nouvelle-Zélande, me disait-il.

Il fallait voir le cratère de cette bouche d'enfer vomir, avec un fracas épouvantable, et ses déjections de lave et des blocs de pierre qui roulaient jusqu'à une distance de huit milles! De la ville de Tupo, on entendait un bruit sourd, comparable à celui de nombreuses pièces d'artillerie.

La Nouvelle-Zélande a aussi ses Geysers.

Or, les Geysers de Ika-Maoni et de Tavaï-Pounamou, les deux îles

17

de la Nouvelle-Zélande, au nombre de plus de cinquante. Cinquante
Geysers, ajoutait-il, remarquez ce chiffre, lançaient à des intervalles
très-rapprochés, mais intermittents, des colonnes d'eau bouillante, et
dégageaient d'immenses nuages de vapeur sulfureuse.

Et puisque je me retrouve décrivant encore des phénomènes volcaniques, disait-il encore, quelques mots seulement sur ceux des
îles Sandwich, qui occupent le milieu de l'océan Pacifique.

Les *volcans des îles Sandwich* sont certainement les plus actifs de
tous ceux qui émergent des profondeurs de notre terre.

Il s'agit en ce moment du *Lua-Pélé*. J'en ai fait l'ascension, et j'ai
été témoin et acteur de toutes les circonstances du récit que vous
allez entendre.

Ce que l'on appelle Lua-Pélé est un lac d'une lieue de circonférence
et d'environ soixante-dix pieds de profondeur. Au moment où nous
approchions du bord, quelques-uns de mes officiers et moi, nos
Kanaques se déchaussèrent et se découvrirent.

Kanaques est le nom donné aux Nouveau-Zélandais.

Après quelques mots balbutiés à voix basse et dont le sens nous
échappa, les Kanaques attachèrent à des pierres quelques petits
objets apportés évidemment dans ce but de Hilo, tels que colliers,
rassades ou verroteries, etc., ils les lancèrent dans le gouffre mugis-
sant, en s'écriant à trois reprises différentes :

— *Aloha Pélé...* Ce qui veut dire : Je te salue, Pélé !...

Dans le lac dont je viens de parler, et d'où rayonne une épouvantable chaleur, s'agitait dans tous les sens une masse noire et liquide
semblable aux flots d'une mer tourmentée, se heurtant aux parois qui
l'emprisonnaient.

Après quelques instants de violentes convulsions, une vague, plus
considérable que les autres, se souleva à plusieurs pieds de hauteur,
l'écume se fendit sous l'effort et laissa à découvert une masse rouge
de feu liquide, laquelle s'avança, par un mouvement lent et régulier,
d'un des côtés du cratère vers le centre, engloutissant sur son passage toute l'écume qu'elle refoulait devant elle.

Du côté opposé, le même phénomène se produisait, dans les
mêmes proportions, autant au moins que nous en pouvions juger à
cette distance, et une autre vague de feu marchait à la rencontre de
la première.

On eût dit que l'écume noire qui, tout-à-l'heure, recouvrait le tout,
avait été repliée comme un voile. Le bruit qui frappait nos oreilles
n'avait rien de commun avec celui de la mer : on se fût cru entouré
de centaines de torrents roulant des avalanches de pierres et de
cailloux.

Ces deux *montagnes de feu*, mouvantes, dont la hauteur atteignait alors plus de vingt pieds, semblaient se dresser, comme pour mesurer leurs forces.

Un bruit formidable, tel que celui d'un épouvantable craquement souterrain, marqua le moment de leur rencontre. Le sol oscillait autour de nous et sous nous.

Alors les deux montagnes se soulevèrent en une pyramide de feu de plus de soixante pieds de hauteur, au centre même du volcan, en lançant leur écume brûlante dans toutes les directions. Puis, la plus forte des deux vagues l'emporta sur sa rivale, et, la refoulant devant elle, s'étendit comme une nappe rouge et vint battre avec fureur les parois volcaniques, qui se fendirent sous l'étreinte violente de cette chaleur incandescente, et disparurent dans le bassin, comme le sable d'une falaise que la mer mine, sape et engloutit avec elle.

Ce spectacle avait duré plus d'un quart d'heure, et fut suivi d'une période d'accalmie. La nappe noire se referma, fendillée çà et là de zigzags de feu. Enfin la marche entière reprit son mouvement lent et régulier, comme celui du flot.

Il me serait difficile de rendre les sensations que j'éprouvais à la vue de ces étonnants phénomènes se produisant sur une aussi vaste échelle. En présence même du fait, il m'eût été impossible de les analyser. Il était évident, pour chacun de nous, que nous ne courions pas de danger imminent à moins d'une éruption d'une violence inattendue, mais notre curiosité n'était pas satisfaite.

J'étais vivement préoccupé du désir de me procurer quelques spécimens de lave et de soufre, et, bien que j'en eusse par milliers autour de moi, ceux-là ne me suffisaient pas, c'était au foyer même que je voulais aller les prendre.

J'interrogeai les Kanaques, et, après quelques objections suggérées par l'indignation que ressentirait Pélé, ce dont je me souciais médiocrement, et quelques autres, fondées sur la difficulté de traverser des émanations sulfureuses, ce dont je me souciais davantage, j'obtins que l'un de nos guides, le plus jeune et le plus actif, m'accompagnerait jusqu'au rebord du lac, là où les rochers surplombent la masse liquide et ne s'en trouvent guère qu'à une dizaine de pieds.

Profitant du moment de repos du volcan, nous commençâmes notre descente, et, à part l'excessive chaleur, nous ne trouvâmes qu'un endroit un peu pénible à franchir. Cette descente nous prit environ dix minutes, et nous arrivâmes juste à temps pour assister à la reproduction du phénomène que je vous ai déjà décrit.

La question importante pour nous, au point où nous nous trouvions, était de savoir laquelle des deux montagnes de feu l'emporterait sur l'autre, et si la masse se dirigerait sur nous ou en sens opposé.

Ainsi que l'avait prédit Kanana, mon jeune guide, c'était à nous qu'en voulait décidément Pélé, et les vagues, après une lutte dont nous suivions avec une anxieuse curiosité toutes les évolutions et les péripéties, se mirent en route de notre côté. La position n'était pas tenable; aussi nous nous hâtâmes de battre en retraite avec précipitation, jusqu'à ce que nous eussions réussi à nous abriter derrière un pan des laves, qui formait éventail et pouvait nous protéger. Nous n'avions évidemment pas le temps de remonter. En quelques instants, le roc que nous venions de quitter était inondé d'une pluie de pierres et de feu.

Un second intervalle de calme succéda à cette éruption. Nous en profitâmes pour ramasser à la hâte, et non sans nous brûler, quelques morceaux de lave et des cheveux de Pélé, et pour rejoindre nos compagnons sur les sommets du cratère.

Ces *cheveux de Pélé*, comme les appellent les Kanaques, sont une substance fine et soyeuse, semblable de tous points à des fils de verre. Le volcan en rejette de petites quantités, et ils sont d'autant plus rares, que c'est dans l'intérieur même de l'excavation qu'il faut aller les ramasser.

Je me procurai également quelques pierres flottantes. Mais je me hâtai, car la chaleur m'étouffait, et ce ne fut qu'à quelque distance de Lua-Pélé que je pus reprendre haleine et goûter les délices d'un air frais. Rien, toutefois, ne put m'enlever l'affreux goût de soufre qui me tenait à la gorge.

Pélé se vengeait à sa façon.

Tels sont les dires de l'ami Varnier, et beaucoup d'autres récits suivraient encore celui-ci, mais, comme dit Horace : *Est modus in rebus !* Ce qui signifie : Il est des bornes à toutes choses.

Moi-même, j'en aurais fini, par la série de phénomènes que je viens de faire passer sous vos yeux, ami lecteur, de vous démontrer les résultats de la lumière, de la chaleur interne et externe du globe, et la combustion de la terre, n'ayant rien à dire de l'*électricité*, de la *vaporisation*, etc., parce que ces questions ont été élucidées dans le cours de cet ouvrage; j'en aurais fini, dis-je, si je ne tenais à ajouter ceci :

Vous n'irez sans doute jamais visiter les volcans des îles Sandwich; du Cotopaxi, du Popocatepelt, du Pichincha, du Coxamarca, dans les Andes ou Cordilières; du Tomboro, dans la Malaisie; du Kamtchatraja, etc., dans l'Asie; et même de l'Etna et de l'Hécla, dans notre hémisphère. Mais, au moins, vous sera-t-il possible de parcourir, comme je l'ai fait, notre Europe, et notamment la Grèce et l'Italie, afin de connaître et d'étudier la Grotte d'Azur, le volcan du Vésuve, près de Naples, la Solfatare de Pouzzoles et ses Champs de Feu, etc.

Vous jouirez alors, en réalité, de la vue de ces phénomènes de la grande et formidable nature de Dieu.

Vous vous brûlerez les pieds dans l'excursion au volcan, et vous les secouerez bien fort en foulant le terrain de l'enceinte plane d'où la Solfatare fait sentir son action violente, action du feu si proche de vous que le peu d'épaisseur du sol qui vous sépare du foyer souterrain retentit comme un tambour, et que les gens du voisinage, pour faire cuire leurs légumes, n'ont qu'un simple trou à creuser, afin d'y établir solidement leur marmite. Mais qu'importe que l'on se brûle les pieds sur les déclivités du Vésuve, qu'on batte la semelle sur le tambour de la Solfatare, etc., pourvu que l'on voie ces phénomènes, qu'on les juge et qu'on s'instruise!

Une dernière curiosité à vous signaler, pour rendre complet le travail de ce livre : mais une curiosité qui mérite d'autant plus votre examen, qu'elle est placée sous la mer, à une certaine profondeur, et cette circonstance, seule, ne laisse pas de la rendre plus intéressante.

Il s'agit de la *Grotte d'Antiparos*, dans la Grèce, au centre de notre Europe, au beau milieu des Cyclades de l'Archipel hellénique.

Antiparos, comme toutes les Cyclades et les Sporades, c'est-à-dire les îles de l'Archipel, rangées en hémicycle, du mot *kyklos*, cercle, les premières, et de sporades, ou *semées*, les secondes, est placée dans le voisinage de Paros, si fameuse dans l'antiquité par ses marbres blancs, et d'Andros, de Ténos, de Myconos, de Syros, de Mélos, d'Amorgos, de Sériphos, de Céos, de Gyaros et d'Astypalœa, autant de nymphes que le terrible Neptune, dieu des mers, changea en îles et en récifs, pour avoir refusé de lui offrir des sacrifices.

En réalité, les nombreux îlots qui émergent de l'Archipel grec, et qui en rendent la navigation très-périlleuse, attestent et démontrent qu'il n'est peut-être pas un endroit du globe qui eût autant subi de violentes commotions et d'affreux déchirements du continent voisin, que le sol de l'Archipel définitivement inondé par les eaux de la mer, et couvert d'îles volcaniques. Les concrétions volcaniques, les marbres, le cristal de roche, etc., y abondent et y révèlent un travail actif de la nature, surtout dans les temps reculés.

A cette occasion, dans le *Livre d'Or des grandes Curiosités du Globe*, aux pages 29, 30 et 31, je vous ai entretenus, lecteurs, des drames funèbres de Thérésia, Aspronisi, etc., près de Santorin, dans le même Océan grec, et je vous prie d'en relire les détails.

Donc, comme ces îles de Thérésia, Aspronisi, Théra, etc., Antiparos, et les Cyclades, et les Sporades, sont les résultats des éruptions du feu central. Ce qu'il a produit dans Antiparos, le voici :

Antiparos est un écueil de vingt-six kilomètres de circonférence.

Des bouquets de cèdres et de cyprès, semés çà et là dans de vastes clairières couvertes de thym odoriférant, des capriers en fleurs se déroulant en pittoresques festons sur les rochers, sont à peu près les seuls végétaux importants de l'île, sans oublier cependant le lentisque, plante commune aux Cyclades.

Le village, du même nom que l'île, n'est qu'un amas de misérables cabanes qui entourent une petite crique bonne tout au plus à abriter quelques tartanes égarées, car la piraterie exerce ses ravages sur cette belle mer aux eaux bleues de la Grèce.

L'entrée de la grotte est à quelque distance. C'est une caverne assez spacieuse, soutenue par des piliers de rochers, ouvrage de la nature. A droite est une petite masure ancienne et en ruines, et, sur un de ses piliers, on lit en caractères grecs une inscription qui apprend aux visiteurs que, au temps des Grecs d'Athènes et de Sparte, « *sous la magistrature de Criton, ces grottes furent visitées par Ménandre, Socharme, Ménécate, Antipater, etc.* »

La descente dans la grotte sous-marine, car au sein de la terre de cette île on est sous les eaux de l'Archipel, se fait à l'aide de cordes enroulées autour d'un pilier. Comme l'obscurité est profonde, les guides, armés de torches, suivent et précèdent. On atteint de la sorte une petite plate-forme longue de quelques pas et bordée d'horribles crevasses. Alors, après quelques pas faits vers la droite, on gravit au sommet d'un petit rocher presque perpendiculaire, à partir duquel on commence une seconde descente plus longue et plus périlleuse, au moyen d'une échelle de cordes qui aboutit à une roche humide et rendue glissante par la mousse visqueuse qui la couvre.

Là, d'après le conseil des guides, on doit se tenir sur la gauche, car le côté opposé est occupé par d'affreux précipices béants et fort dangereux.

On arrive alors à un long et très-étroit boyau, dans lequel il faut s'engager en se courbant, parfois en rampant à quatre pattes, et malheur à celui que l'embonpoint rend obèse, on est obligé de le laisser en route. Bref, après quelques minutes d'une telle marche, pendant laquelle les exhalaisons méphitiques vous obsèdent, aussi bien que la fumée des torches, on atteint une ouverture pratiquée à quelques pieds du sol.

C'est l'entrée de la Grotte d'Antiparos.

Ses dimensions sont colossales. Placée à une profondeur de soixante-dix mètres, elle en a bien quarante de largeur sur quatre-vingts de longueur, et sa hauteur peut être évaluée à trente.

Une coupole très-régulière compose sa voûte, et il en descend une forêt de stalactites affectant la forme de cônes renversés, très-allongées, et dont la teinte d'un blanc tirant sur le jaune s'éclaircit à l'extrémité inférieure, qui devient presque transparente. Il est de ces stalactites un bon nombre qui se présentent sous les aspects les plus bizarres : étoiles, vastes choux-fleurs, cascades artificielles, végétations fantastiques, en un mot l'Apocalypse des minéraux.

Le sol est également couvert de nombreuses stalagmites aux formes les plus originales.

Vers le centre de la grotte, on en trouve une agglomération qui compte dix-huit mètres de tour, sur une hauteur de six.

Il paraît que sur cette stalagmite, appelée l'*autel*, un ambassadeur de France près la Sublime-Porte, M. Nointel, fit dire la messe de Noël, en l'année 1673. Cent torches de cire jaune et quatre cents lampes y produisaient une merveilleuse illumination.

On aperçoit aussi, sur la gauche, un autre faisceau de stalagmites, plus haute, mais moins large, qui représente un immense plant de fenouil, attenant aux parois du rocher.

A l'extrémité inférieure de la grotte, dont le sol est en pente douce, s'ouvre une grotte immense, le boudoir de la grande, de plain-pied avec elle. L'intérieur est revêtu d'un marbre blanc recouvert de cristallisations transparentes qui, lorsqu'on en détache des parcelles, affectent la forme de petits cubes ou de losanges, tels que j'en ai vu dans la *Baume de Saint-Michel d'Eau douce*, près de Marseille.

C'est près de ce boudoir qu'on remarque des stalagmites d'une nature exceptionnelle. Elles ressemblent à de jeunes arbres dépouillés de leurs branches et couverts de givre. Leur cassure présente des veines, espèces de cercles concentriques, analogues aux aubiers du bois que l'on scie.

Ces grottes, vous le voyez, toutes belles qu'elles soient, sont loin de rivaliser avec celles de Mammouth-Cave.

A la sortie de la Grotte d'Antiparos, quel spectacle!

Le soleil, à son déclin, empourpre la mer de ses feux. Les îles, placées entre le soleil et le visiteur, sortent violacées de la brume qui s'épand à l'horizon, d'une finesse de ton surprenante. Plus près du voyageur qui resplendit de lumière, se dresse, sombre, l'île de Paros, si blanche le matin, à notre arrivée, de l'autre côté de son canal, dont l'onde est rapide. Quant aux autres récifs et îlots, on dirait des mouettes qui, dans leur vol, rasent de leurs ailes la surface des flots.

V. — Les merveilles de l'Ancien-Monde comparées aux prodiges du Nouveau-Monde. — Excursion aux montagnes des Andes ou Cordilières. — Le monde sauvage dans l'Amérique. — Lacs et montagnes. — Fleuves et rivières. — Une embouchure de trente-cinq lieues d'envergure. — Fantasmagorie de la végétation. — Le principe vital dans le Désert. — Où la Providence de Dieu prend soin du sauvage. — Effets de la chaleur. — La poésie du lac Chuchutto. — Prodige des prodiges. — Effets volcaniques à la base des Cordilières. — Remarque importante à l'endroit des volcans du globe. — Passage du feu à l'eau. — Les Villes-Mortes du golfe du Lion. — Un livre nouveau sur les anciennes cités du littoral de la Méditerranée. — Les secrets des Océans. — Etude dernière du monde des eaux. — La sonde et la drague. — Effets de la lumière dans les profondeurs des abîmes. — Les revenants de la France primitive. — Ce que peut devenir le cimetière océanique. — Un mot sur les sciences et les savants. — Où les astronomes font une courte apparition.

L'Ancien-Monde présente aux regards de l'homme intelligent des splendeurs de paysages qui charment et ravissent. Il n'est pas un point de ses merveilles sur lequel ne soit gravé le nom de Dieu, son auteur.

L'Asie déploie devant nous sa longue chaîne de l'Himalaya ou Himaleh, et dans l'Himalaya, le Dhawalagiri, qui compte six mille huit cents pieds d'altitude, et le Chamalari, qui n'en a pas moins de neuf mille.

Elle a son fleuve du Gange qui, de chute en chute, descend d'une hauteur de quatre mille mètres, sillonne deux mille six cents kilomètres de régions fortunées, forme d'immenses deltas avec l'Hougly, le Bramapoutrah, etc., et conduit à la mer, par une embouchure grandiose, ses eaux sacrées, dans lesquelles les Hindous regardent comme le comble du bonheur de pouvoir mourir, pour arriver à l'aurore d'une vie céleste.

Elle a ses îles flottantes, à Cachemyr; sa mer Jaune et sa mer Vermeille, en Chine; son Tigre et son Euphrate, en Mésopotamie, l'ancien Paradis terrestre; le Jourdain et son lac Asphaltite, dans la Terre-Sainte, et, partout, un gigantesque semis de ruines qui attestent son antique magnificence.

Les plus belles pierres précieuses sont enfouies dans ses régions; les perles se trouvent sur ses rivages.

Les magnifiques cités de Golconde, de Chandernagor, de Pékin, etc., la décorent.

L'Afrique nous cache ses redoutables contrées centrales, brûlées par un soleil dévorant : mais elle laisse admirer, ici et là, son immense Saharah capitonné d'oasis verdoyantes; le Nil et les merveilles architecturales entassées sur ses rives; les chutes du Rummel, les cascades du Zambèse, le Niger et ses affluents; les mirages de ses sables de feu ; les lions de son Atlas, les éléphants de ses montagnes de la Lune, les girafes de ses plaines ensoleillées, les gazelles de ses vertes vallées, les crocodiles de son lac Tchad, etc.

L'EUROPE est fière de son neigeux Mont-Blanc qui, cependant, est un nain près de l'Himalaya, puisqu'il s'élève tout au plus à quatre mille huit cent dix mètres au-dessus du niveau de la mer.

Elle s'enorgueillit de ses Alpes, de ses Pyrénées, de ses sierras d'Espagne, de ses Carpathes allemandes et des Ourals russes.

Elle déploie son Volga, le plus grand de ses fleuves, sur un parcours de deux mille huit cents kilomètres, lequel vient tomber dans la mer Caspienne par soixante-dix bouches, de l'effet le plus pittoresque.

Elle a son Tibre, le plus célèbre des cours d'eau du monde entier, parce qu'il a vu passer sur ses bords le plus illustre des peuples et qu'il arrose Rome, la Ville-Eternelle.

Elle offre aux curieux et aux touristes les mystères de son Vésuve à étudier, et à résoudre les problèmes de ses îles Lipari, et de l'Etna ou Gibel, et de l'Hécla ou Hékla, etc.

Elle est le foyer de l'art et des sciences, dans son Paris ; celui de l'industrie, à Londres, et celui des lumières et de la civilisation dans toutes ses nombreuses capitales.

On la regarde comme l'écrin des richesses du monde.

Mais l'AMÉRIQUE, elle, l'Amérique est la terre des prodiges !

Il semble que le Maître de l'univers eût voulu surpasser encore les beautés de notre hémisphère, dans la création de l'hémisphère opposé, qui devait n'être connu que longtemps après l'autre, et s'appeler le NOUVEAU-MONDE.

En effet, l'Amérique, pour nous Européens, ne date que de 1492, époque où Christophe Colomb en fit la découverte.

Au nord, cette vaste contrée se perd sous les glaces. Aussi les savants soupçonnent que l'Amérique septentrionale ne fait qu'un continent avec le monde polaire.

Au sud, elle se termine sous ses eaux, en face de la Terre de Feu, dont elle est séparée par le détroit de Magellan.

Les deux Amériques, Amérique septentrionale et Amérique méridionale, affectent, l'une et l'autre, la configuration de vastes triangles, reliés entre eux par l'isthme de Panama, qui se compose d'un entassement de rochers d'une élévation de cent quatre-vingt-douze mètres, et qui, dans sa moindre largeur, compte vingt lieues et sert de digue aux flots de l'Atlantique, lesquels, sans lui, feraient irruption dans la mer Pacifique, dont les eaux sont moins élevées d'environ six mètres, par suite du mouvement diurne de notre planète. Cette immense crête de roches pélasgiques, véritable rempart giganlesque, sépare donc l'océan Atlantique de l'océan Equinoxial ou mer Pacifique, et, semblable aux restes immenses d'un monde détruit, s'élève au fond du golfe splendide d'où émergent les charmantes Antilles ou Indes Occidentales, nageant sur les eaux comme de blancs alcyons.

Telle est déjà la première magnificence de nature de l'Amérique. Mais combien d'autres splendeurs!

Celui qui, monté dans un aérostat, après avoir franchi l'Atlantique, atteindrait les rivages de l'Amérique, verrait le sol de ce nouveau continent s'élever insensiblement, depuis la côte orientale jusqu'aux montagnes qui forment la côte occidentale, sur l'océan Equinoxial, où il se termine par des assises colossales de rochers abruptes, escarpés, taillés à pic.

Du nord au sud de ce Nouveau-Monde, il verrait d'abord les hautes montagnes Bleues et les monts Alléghany, qui portent le nom commun d'Apalaches, sillonner les plus admirables horizons, et enserrer de leurs chaînes les plaines les plus riantes et les plus variées.

Les lacs Michigan, Huron, Erié, Ontario, Athapuscow, Nicaragua, Chapala, des Assinipoils, des Esclaves et du Winnipie, lui apparaissent comme d'immenses miroirs, encadrés de l'opulente verdure des bois de sassafras, d'ébéniers, d'acajous, de palissandres, etc., et reflétant les feux du soleil à l'éblouir.

Il contemplerait la sublime cataracte du Niagara, déversant ses eaux de l'un de ces lacs dans un autre, et les cent fleuves grandioses du Meschacébé, le père des rivières, ou Mississipi, de l'Ohio, du Rio-del-Norte, du Missouri, du Saint-Laurent, du Makenzie, de la Rivière de Cuivre, s'agitant parmi les vertes savanes comme de blanches écharpes d'argent lutinées par les brises.

Il serait en extase en présence de l'immensité des déserts, de leurs vallées giboyeuses, de leurs interminables prairies, et de la longue série de leurs montagnes sourcilleuses, les Montagnes-Rocheuses, étonnant entassement de granits de toutes les formes, servant d'infranchissables barrières à la contrée, d'un côté, et, de l'autre, aux vagues de l'océan Equinoxial qui se brisent à leur base, déferlant avec rage depuis des siècles et ne pouvant arriver à entamer leurs formidables assises.

Mais qu'il serait bien autrement émerveillé, lorsque son véhicule aérien le porterait au-dessus de l'Amérique méridionale, cette seconde moitié du grand continent américain, que le bras de Dieu a dotée de telles richesses naturelles, végétales, animales, minérales; où les plantes, si nombreuses et si variées, parviennent à des proportions colossales, à ce point que la stupeur s'emparerait de ses sens et oblitèrerait sa raison.

En promenant son regard sur ces mornes dont les pics se perdent dans les nuages, sur ces forêts vierges remplies d'arbres colosses, sur ses grands fleuves semblables à des mers, il se croirait le jouet d'une hallucination.

Ce qui le frapperait avant tout, ce seraient les longs cours d'eau se frayant un chemin à travers les pampas, les vastes forêts, les rochers des vallées et les ressauts des montagnes.

Il planerait d'abord sur l'Orénoque, dont les cataractes ou *randales* charmeraient son regard, et qui, après un parcours de deux mille cinq cents kilomètres, va se jeter à la mer par quarante-neuf bouches formant un grand nombre d'îles, lesquelles, pendant la saison des pluies, sont couvertes de vingt à quarante décimètres d'eau, ce qui ne les empêche pas d'être habitées par les Indiens, qui, sans souci des nombreux caïmans de ses rives, pêchent sans relâche de magnifiques poissons et d'énormes anguilles.

Viendrait ensuite le fleuve des Amazones ou Maragnon, lequel, formé de l'Ucayle et du Tangaragua, sortis du Chimborazo, reçoit les eaux de plus de soixante rivières, la Madeira, le Tocantin aux nombreuses cataractes, le Paro, le Rio-Négro, etc., et après douze cents lieues de marche, va se perdre dans l'Atlantique, par une embouchure de vingt-cinq lieues de largeur.

Une embouchure de vingt-cinq lieues de largeur!... Quel est le cours d'eau de notre Vieux-Monde qui puisse être comparé à ce fleuve-mer?...

Puis il verrait bientôt resplendir, dans des perspectives verdoyantes, le Paraguay, le Parana, l'Uruguay, réunissant leur cours après avoir sillonné des savanes grandioses aux horizons vaporeux, des plaines riches et fécondes, des vallées ombreuses, pour former la Plata, nom espagnol qui veut dire Rivière d'Argent.

Quelle ne serait pas son extase, quand il voguerait dans l'air, au-dessus de plusieurs de ces fleuves.

Le Parana, par exemple, dont une cataracte, — celle qui mugit près des ruines de Guayra, — succède tout-à-coup au cours du fleuve s'avançant paisiblement dans un lit de trois mille sept cent soixante-dix mètres de largeur, et voit ses eaux s'engouffrer soudain en bouillonnant, dans une gorge à pente rapide qui occupe un espace de moins de six cents pieds!

Le Xéguy, qui reçoit l'Aguarey, dont une autre cataracte compte quatre cents pieds de chute verticale!

Et la Plata, portant le tribut de ses eaux à l'Atlantique, par une embouchure de trente-cinq lieues de largeur!

Certes, ces trente-cinq lieues de largeur de la bouche de la Plata éclipsent bien un peu les vingt-cinq lieues de l'embouchure du fleuve des Amazones; que vous en semble, lecteur?

Et les trois mille sept cent soixante-dix mètres, soit onze mille trois cent dix pieds de largeur du Parana? seraient-ce notre Loire, le Danube même ou le Volga, qui pourraient rivaliser avec ces cours d'eau du Nouveau-Monde?

Aussi pouvez-vous facilement supposer que mon navigateur en ballon passerait de l'admiration à l'enthousiasme, en contemplant de tels spectacles de nature.

Pendant que la Plata arrose ainsi des plaines incommensurables appelées *pampas*, prairies grandioses où les herbages acquièrent une hauteur extraordinaire, le Maragnon ou Fleuve des Amazones sillonne des forêts vierges impénétrables, peuplées d'arbres géants, de troupes innombrables de singes de toutes les espèces, — moins le gorille et le mandrille, qui sont en Afrique, — de colibris et de perroquets, de vaches marines, et de tous les animaux les moins connus de nous, gens déshérités de notre pauvre Europe.

Alors notre voyageur aérien, des pampas à perte de vue, des savanes aux mystérieuses perspectives, des forêts à la formidable végétation, et de ces fleuves incomparables, arriverait au fertile plateau du Llano del Pullal, élevé de huit mille sept cents pieds au-dessus du niveau de la mer, et célèbre par ses richesses en produits médicinaux, quinquina, ipécacuanha, etc., le seul plateau qui interrompe un moment la longue chaîne des Cordilières des Andes.

Là, comme partout dans les savanes, les pampas et les forêts, il serait à même de juger combien le principe vital se déploie en Amérique dans toute sa vigueur. Depuis la mousse dont se nourrit le renne dans les terres polaires, jusqu'au cierge pascal qui s'élève à deux cents pieds, au colossal cactus et aux arbres gigantesques des forêts vierges; depuis la structure admirable des termites jusqu'au tapir et au jaguar du Brésil; depuis les brillants papillons du Pérou jusqu'au guacumago aux riches couleurs, et au géant des oiseaux de proie, le condor chevelu; enfin, depuis le crapaud de Surinam jusqu'au caïman et à l'alligator, la nature a fait preuve d'une telle fécondité et d'une variété si prodigieuse dans les organisations sorties de la main de Dieu, qu'il n'appartient qu'à la plume d'un Humboldt d'en entreprendre la description.

A l'occasion de ces fleuves, mon ami Varnier m'a dit souvent :

« C'est surtout au bord du cours d'eau de la zone torride, à l'embouchure de la rivière du Tocantin, et plus spécialement encore de celle des Amazones et des immenses affluents de cette mer d'eau douce, alimentée sans cesse par les tièdes ondées des tropiques, que les forêts vierges atteignent des proportions titaniques. Là, les pieds noyés dans des alluvions chaudes et humides, la tête ouvrant ses pores à toutes les influences bienfaisantes de l'espace, la plante n'est plus ce timide végétal qui attend le retour de l'été pour pousser quelques feuilles ou des bourgeons : c'est une éponge gigantesque, aux allures audacieuses, que des mains invisibles semblent gonfler de tous les sucs que le soleil fait naître sur cette terre incomparable de l'équateur. L'écorce devient souche à son tour et l'humus se fait semence. C'est un tourbillon vertigineux de composition et de décomposition incessantes, où la vie et la mort se croisent et s'entrelacent. Lorsque les branches des deux rives viennent à se rencontrer et font voûte, on croirait assister à une de ces féeriques apparitions que racontent les *Mille et une Nuits*. Ces troncs moussus, contemporains des premiers âges du monde, ces grottes de lianes, ces chapiteaux de fleurs, ces ténèbres de verdure qui ne laissent pénétrer les rayons du soleil qu'en zigzags capricieux évoquent à l'esprit des fantômes tour à tour gracieux ou terribles. Ce monde étrange, reproduit dans le miroir paisible des fleuves, vous apparaît comme une mer diaphane de feuillages et de parfums.

» Les plantes sorties de cette végétation sont aussi variées que les fleurs et les feuilles qui les recouvrent. Tous les besoins immédiats de l'homme, divers produits même de l'industrie, semblent sortir spontanément du sol : pain, lait, beurre, fruits, parfums, poisons, cordages, vaisselle même, tout se rencontre pêle-mêle dans les forêts vierges.

» Peut-être est-ce dans cette richesse qu'il faut chercher le secret de l'infériorité des tribus du désert, car, en effet, le sauvage de l'Amérique n'a pas besoin de rien inventer pour vivre, puisqu'il trouve tout à sa portée.

» Telle est l'œuvre de la Providence de Dieu !

» Que si l'on éprouve le besoin d'étudier de près ces solitudes, continuait le capitaine, après avoir prêté l'oreille à ma réflexion, on s'aperçoit bientôt que chaque montagne, chaque fleuve, chaque heure du jour leur impriment une physionomie.

» Ainsi, sur les bords de l'Atlantique, les tons paraissent moins crus, comme s'ils étaient adoucis par l'azur des flots. Quelquefois des bois de mangliers courent le long des rivages et s'avancent au loin dans la mer, portés par leurs racines aventureuses. Les flots qui viennent se briser sur leurs troncs noueux font jaillir des gerbes de poussière argentée à travers le feuillage et envoient jusque dans la profondeur des bois des gémissements sourds et prolongés.

» Puis, sur les collines qui bordent le rivage, la scène change sans rien perdre de sa grandeur. Aux premières approches du matin, les parfums humides des plantes s'élèvent en légères vapeurs au-dessus du sol, ondoient quelques instants à l'extrémité des cimes, puis disparaissent devant les rayons du soleil. Bientôt une atmosphère embrasée inonde ces dômes de son coloris chaud et lumineux.

» C'est l'heure du grand silence.

» Parfois, cependant, un bruit subit trouble le désert. C'est un fruit qui s'ouvre, un arbre qui tombe, un animal qui pousse un cri. Ainsi, comme l'Océan, le désert a ses frémissements soudains et ses voix mystérieuses. »

En outre du Llano del Pullal, parmi les plaines basses, notre aéronaute considèrerait comme les plateaux les plus remarquables ceux des Llanos, de vingt mille lieues carrées, qui s'étendent près des forêts de la Guyane, et qui offrent l'aspect de prairies sans limites et de forêts telles que l'imagination se refuse à se les représenter.

Dans ces régions tropicales et peu éloignées des volcans, lorsque, aux inondations de la saison des pluies, succède la chaleur torride de l'été, le rayonnement du soleil devient intolérable. L'herbe desséchée se réduit en poussière; le sol s'entr'ouvre de toutes parts et forme d'énormes crevasses, tandis que des tourbillons de vent obscurcissent l'horizon en élevant cette poussière, semblable aux trombes de l'Océan. Quelques palmiers isolés résistent seuls à l'ouragan. Alors le boa-constrictor, le crocodile même, que l'on nomme caïman dans le Nouveau-Monde, et le serpent amrou, épouvantés, et cédant à cette dévorante chaleur, demeurent immobiles dans le limon desséché de la grève, et, comme tout le reste de la nature, semblent frappés de mort, jusqu'au moment où les nues amoncelées répandent enfin des torrents d'une pluie vivifiante sur cette terre de désolation.

Mais suivons l'essor de notre explorateur, emporté dans sa nacelle par les brises folles qui lutinent son ballon, et étudiant de son observatoire les prodiges de l'Amérique.

Le voici qui plane maintenant au-dessus de la chaîne des Chiquitos, couvrant l'Amérique du Sud de leurs ramifications, comme des leurs les Apalaches sillonnent l'Amérique du Nord. Il remarque facilement que ces montagnes se détachent des Cordilières des Andes, vers le golfe d'Arica, au Pérou, et serpentent à travers le Brésil, jusqu'au cap Saint-Roch, qui s'avance dans l'Atlantique.

Au nord de la chaîne s'élance, solitaire, le pic de Guyana, tandis que, à l'ouest, le morne du Mai domine tout le système de ces montagnes.

Puis, à l'est, chevauchent les monts Tamucaraques, et enfin, vers l'isthme de Panama, le long de la mer des Caraïbes, se dressent les montagnes de Caracas.

Le mont Sylla, de deux mille six cent quarante-deux mètres d'altitude, en est le point culminant.

C'est parmi les puissants contreforts de ces montagnes que naissent et la rivière des Amazones, et l'Orénoque, et le Paraguay, et l'Uruguay, et le Parana, et la Plata, et le Picomayo qui, à cinquante lieues de son embouchure, entoure de ses larges bras une île immense, émeraude enchâssée dans un cercle d'or, où paissent d'innombrables bandes de chevaux sauvages.

C'est aussi dans la partie péruvienne de ces montagnes que dorment, entourées de clairières verdoyantes, les eaux bleues de lacs beaucoup moins nombreux et moins étendus que ceux de l'Amérique septentrionale. Mais quelle poésie charmante sur les rives du Maracaïbo, des Xarayes, de Titicaca ou Chuchutto, du milieu de laquelle sourit une île ravissante qui fut le séjour de Manco-Capa, le fondateur de l'empire du Pérou, et le chef de la famille illustre des Incas. On peut y voir encore les ruines de son palais et les débris du temple du Soleil. S'il plaît même à notre excursionniste d'opérer sa descente près du lac, il pourra chercher dans ses eaux les trésors du Pérou, que les Incas confièrent à ses abîmes.

Mais le prodige des prodiges du Nouveau-Monde se présente aux investigations du voyageur en ballon, et un bien autre spectacle captive aussitôt son attention.

Son aérostat l'a porté vers les côtes occidentales de l'océan Pacifique, et le voici qui se trouve en face d'une incommensurable chaîne de montagnes hérissée de hauts sommets taillés en crêtes aiguës couvertes de neiges, en pyramides décapitées, en coupoles éventrées, en cônes tronqués d'où s'échappent des colonnes de fumée, de larges flammes, et dont les rampes sont sillonnées de longues coulées de laves incandescentes, semblables à des serpents de feu.

Les Andes ou Cordilières, ou bien les Cordilières des Andes, avec leurs gigantesques aspects fantastiques, leurs neiges éternelles, et, en même temps, leurs vingt-six volcans en ignition, sont là, comme une formidable muraille, arrêtant dans sa course aérienne notre curieux personnage.

Vingt-six volcans, rangés en ligne, et vomissant leurs flammes et leur fumée, qui s'échappent des plus hauts sommets, et prêts à être passés en revue par tout visiteur, certes, voilà un spectacle grandiose et sublime que, seul, le Nouveau-Monde peut offrir!...

C'est par une ascension lente d'abord, puis brusque et rapide, qui ne s'arrête qu'au sommet de ces montagnes colossales, dont le versant occidental semble descendre à pic pour se plonger dans les flots de la mer Pacifique, que l'on arrive à la crête des Cordilières des Andes. Il est rare, en effet, que leur base soit éloignée de vingt, vingt-cinq ou trente lieues de la côte. Mais, en longueur, elles s'étendent depuis l'isthme de Panama, où elles s'abaissent tout-à-coup, jusqu'au cap Froward, qui s'avance dans le détroit de Magellan.

Nulle part au monde on ne trouve, comme aux Andes, la preuve de la combustion du globe et de la conflagration de ses entrailles. Aussi, ce qui frappe tout d'abord en atteignant les premiers contreforts et la racine de cette chaîne, dont le nom Andes vient de *antis, cuivre*, et Cordilières du mot *cordel, chaîne*, ce qui veut dire Montagnes de Cuivre, c'est de voir que le sol est crevassé en tout sens par les éruptions des feux intérieurs qu'il recouvre. On y rencontre des plaines brûlantes qui exhalent le soufre, et des collines d'où s'échappent des nuages d'épaisse fumée. De distance en distance, le long de la chaîne, et du sommet de ses hauteurs blanches de neige, les immenses volcans dont j'ai parlé, — et dont les principaux sont au nombre de vingt-six, — s'élancent de ce foyer perpétuel d'ignition et d'incandescence. Mais au lieu de torrents de lave et de bitume enflammé, de pouzzolane et de boue, qui sillonnent les flancs des autres volcans, les cratères des pics volcaniques des Andes vomissent des flots de soufre liquide, de l'hydrogène sulfuré, du carbonate d'alumine, ou du limon semblable à du charbon détrempé. Chose plus extraordinaire, souvent des vagues d'eau chaude se présentent, inondant le sol, et mettant à découvert des masses énormes de poissons.

On n'a pas à s'étonner que d'affreux tremblements de terre ébranlent fort au loin, le long des Cordilières, et les contrées riveraines, et si des villes importantes deviennent les victimes de ces tristes jeux de la nature.

Ainsi la vallée de Quito, située à deux mille deux cent soixante-dix-huit mètres au-dessus du niveau de la mer, au milieu des rochers qui hérissent la pente occidentale des Andes, est souvent bouleversée par ces trépidations du sol. L'un des plus terribles de ces tremblements de terre fut celui de 1797.

M. de Humboldt était alors au sommet du Pichincha, à quatre mille six cent soixante-cinq mètres, étudiant les phénomènes de ce volcan, et il compta dix-huit secousses en trente minutes.

Vers le midi de la chaîne, surtout dans les contrées arrosées par la Plata, on traverse de vastes plaines renfermant des couches de salpêtre et de sel, de sorte que, après les pluies, les terrains se couvrent d'efflorescences blanchâtres, et les eaux contractent une saveur saline très-prononcée.

Au nord de l'équateur, on rencontre aussi fréquemment, dans les anfractuosités des roches, des masses de platine.

Toutes ces circonstances réunies établissent une immense différence entre la surface des deux mondes, et cette différence s'étend aux êtres organisés, qui, non-seulement sont dissemblables dans les deux hémisphères, mais qui subissent de notables changements lorsqu'on les transplante de l'Ancien dans le Nouveau-Monde.

Or, je vous le demande, lecteur, est-il possible de mettre en comparaison notre petit Vésuve, notre vieux Etna, et l'Hékla, et les volcans des îles Sandwich, etc., avec cette longue parade de quinze mille kilomètres de montagnes géantes, couronnées de neiges éternelles, et cependant éructant sans relâche des feux grandioses par les vingt-six cratères de ses immenses volcans, car j'omets ici les volcans de moindre taille, de plus petite envergure?

L'Himalaya lui-même est contraint de céder la palme aux Cordilières des Andes.

Maintenant, cher lecteur, à l'occasion des volcans, dont nous allons cesser de parler, une remarque de haute importance! Je vous la signale, afin qu'elle ne passe pas inaperçue sous vos yeux.

M. Boscowitz nous dit que si l'on jette un regard d'ensemble sur les volcans qui hérissent la surface du globe, il semble tout d'abord qu'ils se trouvent comme semés sans ordre et au hasard sur toute notre planète; mais en examinant de plus près leur position géographique, on ne tarde pas à se convaincre *qu'ils se groupent, qu'ils s'alignent et forment une remarquable rangée linéaire qui embrasse le globe en courbe arquée.*

Cette immense rangée de volcans part de la Terre de Feu : elle longe toute la bordure occidentale du Nouveau-Monde, par les vingt-six volcans des Andes; puis elle traverse l'Océan par l'archipel des îles Aléoutiennes, descend vers le sud par le Kamtchatka, le Japon, les îles Philippines, jusqu'aux îles Moluques, où elle se divise en deux branches :

L'une s'étend par Bornéo, Java, Sumatra, jusqu'à l'empire Birman;

L'autre enfile l'archipel des Nouvelles-Hébrides et de la Nouvelle-Zélande, d'où elle semble gagner le pôle Austral.

Les volcans ne constituent donc pas un phénomène isolé; tout semble, au contraire, établir qu'ils *doivent leur origine à une cause générale, et qu'ils se produisent sous l'action d'agents dont l'activité embrasse notre planète entière, mais dont, il faut l'avouer, nous ne connaissons pas la nature.*

Je place ici la nomenclature des principaux volcans du globe :

Dans l'Italie, notre voisine, le Vésuve, Stromboli, Volcano et Volcanello, puis le mont Etna, en Sicile;

En Islande, le mont Hécla, le Krabla, l'Oraofe, le Skaptaar, le Katlegia-Jokul; 18

Aux Cordilières des Andes, l'Orizaba, l'Enfer de Masaya, le Pichincha, le Cotopaxi, le Popocatepelt, le Sorullo, le Chimboraço, l'Antisana, le Coséguina, le Cuxamarca, etc. ;

A Java, le Guntar, le Gélumgung, le Papandayang ;

Et, ailleurs, un peu partout, le pic de Ténériffe, le pic des Açores et le volcan sous-marin de San-Miguel, aux Açores également, dans l'Atlantique ; le mont Ararat, dans l'Arménie, le Kamtchatraja et l'Awatcha, dans le Kamtchatka, Asie ; le Tomboro, dans l'île de Sumbara, Malaisie ; le Maunaloa, en Océanie ; le Piton de la Fournaise, île Bourbon, dans la mer des Indes, etc.

Que n'ai-je, dans ces pages, l'espace suffisant pour vous peindre cette admirable chaîne des Cordilières des Andes, vue de nuit, dans la pénombre des ténèbres, avec ses colossales éminences vêtues de blanc, comme des spectres gigantesques, les uns, les autres rejetant leurs rouges coulées de laves incandescentes le long des rampes abruptes de leurs assises ; ce serait un autre genre de spectacle. Et certes, mériteraient bien d'être décrits, si la chose était possible :

Le Chimboraço, sous son ample vêtement de neiges éternelles, la plus majestueuse montagne des Andes, comme aussi la plus élevée, car elle compte six mille cinq cent trente mètres d'altitude ;

L'Antisanna, qui suit de près le Chimboraço ;

Le Cotopaxi, haut de cinq mille neuf cent quarante-quatre mètres, en y comprenant le cône de son cratère, très-régulier, et dont les éruptions sont fréquentes et terribles ;

Le Papocatepelt, de cinq mille quatre cents mètres ;

Et puis le Corazan, l'Inizza, le Cayambe-Urcu, le Capac-Urcu, le Sangay, etc.

Que ne puis-je aussi vous raconter quelqu'une des ascensions de mon cher capitaine, aux cônes de plusieurs de ces volcans ! Mais peut-être aurai-je l'occasion de faire passer ses récits, et d'autres encore, d'une autre sorte, sous vos yeux, dans une nouvelle édition de mon ouvrage des *Grandes Curiosités du Globe*. Vous aurez plaisir à le retrouver et bonheur à l'entendre. Il se transforme, quand on l'écoute peindre à grands traits les œuvres de Dieu. Dans les moments où il esquisse les merveilles de la nature, il semble arriver du ciel, tel qu'un aérolithe, sur un rayon de feu. Sa figure a comme les sourcils et les cheveux brûlés.

Pour le moment, j'ai dit ! Mais je ne me réduirai pas encore au silence sans vous faire passer du feu dans l'eau, c'est-à-dire sans vous mettre, un moment, un seul, en présence des Océans et des mers.

Tout d'abord, quelques mots sur notre charmante et belle Méditerranée, le grand lac Bleu de notre Europe.

Vous vous rappelez sans doute avoir lu, aux pages 98, 99 et 100 · de mon *Livre d'Or des grandes Curiosités du Globe*, les transformations incessantes de la terre, cédant sa place aux eaux, et les eaux envahissant, ici, les rivages, et là, délaissant ses grèves pour reculer son bassin.

C'est ainsi que la baie de Douarnenez, dans notre Bretagne, a été formée par un énorme effondrement du sol qui a été englouti dans la mer, entraînant avec lui, dans l'Atlantique, des villages, le chef-lieu du pays, etc., tout un canton dont on voit le plan sur de très-anciennes cartes dessinées avant l'événement ; et, chose curieuse ! alors que la mer est calme, on entrevoit des maisons et des ruines dans la profondeur de la baie...

C'est ainsi que l'Archipel grec a été formé par un semblable envahissement des eaux de la Méditerranée, qui elle-même a été le résultat de l'envahissement de l'Atlantique rompant les digues que lui opposaient les rochers de Gibraltar.

Bien d'autres points de notre planète ont ainsi disparu, les contrées qu'ils occupaient sur la surface terrestre ayant été enfouies sous les eaux.

Maintenant la science géologique recueille de toutes parts des preuves de ces transformations du globe.

Ainsi, voilà que la librairie Plon publie un livre fort curieux : *Les Ville mortes du Golfe du Lion*, par M. Charles Lenthérie, ingénieur des ponts-et-chaussées.

Le long de la côte sablonneuse du Golfe du Lion, sur la Méditerranée, de nombreuses villes ont prospéré aux premiers temps de notre âge, et même dans cette période crépusculaire de notre passé, dont je vous ai entretenu dans cet ouvrage, sous le titre de *Temps antéhistoriques* ou *préhistoriques*.

Or, ces villes ont vécu, elles n'existent plus.

M. Lenthérie a cherché à les faire revivre dans son livre, pour notre instruction, et il y a réussi. On ne peut lire, sans un grand intérêt, l'étude qu'il a faite des variations de ce littoral méditerranéen.

Presque toujours la légende se confond avec l'histoire ; et en sondant la légende, l'auteur en question dégage, avec un rare bonheur, la vérité historique sur les villes du Golfe du Lion, que les abîmes de la mer ont englouties.

« Toutes ces *villes mortes*, dit-il, ont été, comme Venise et Amsterdam, des cités lacustres, — voyez les pages 8, 9, etc., du *Livre d'Or* — baignées jadis par les eaux tranquilles des lagunes primitives, aujourd'hui disparues de notre Méditerranée.

» La grande plage, ajoute-t-il, qui s'étend de Marseille à l'Espagne, a d'ailleurs pour nous, chrétiens et Français, bien des titres au res-

pect. C'est par là que nous sont venues la civilisation grecque et la
colonisation romaine. C'est là qu'ont abordé les premiers apôtres du
christianisme. C'est sur ce rivage désert et délaissé que les flottes des
Croisés du XIIIᵉ siècle se sont réunies pour faire voile vers la Terre-
Sainte. »

Je ne puis vous rien dire de plus du beau travail que je vous
signale, mais je tenais à ne pas vous laisser ignorer que notre Golfe
du Lion avait été, jadis, une terre ayant eu ses villes et ses habitants, qui maintenant dorment du dernier sommeil dans les profondeurs de ses eaux.

Ah! que de secrets se réservent les Océans!

Et ne dirait-on pas que la mer a pris ses plus grandes précautions
contre la dévorante curiosité de l'homme?

Afin de rendre vaines les recherches des savants, elle a ses puits
immenses d'ombre épaisse, ses gouffres insondables, ses tempêtes
violentes, ses cyclônes incommensurables, la masse formidable des
vagues pesant sur ses bassins, et des abîmes mystérieux s'étendant
sous d'autres abîmes tout aussi épouvantables.

Oui, les Océans cachent leurs secrets dans les sombres régions du
silence et des ténèbres.

Mais la science est-elle vaincue pour cela? Non, certes! N'a-t-elle
pas à son service sa patience, ses observations, les analogies, l'induction, la déduction? L'industrie humaine, d'autre part, ne lui fait-
elle pas le prêt de ses engins?

Elle n'ignore donc plus que, au-delà des profondeurs qui mettent
au défi l'œil du plongeur le plus habile, le mieux exercé, il y a tout
un monde inconnu, et elle se dit :

– Pourquoi donc ce monde des eaux, créé par Dieu pour l'homme,
roi de l'univers, échapperait-il à ses investigations?...

Et elle se met à l'œuvre, elle sonde, elle cherche, elle étudie, elle
observe.

Le fond de la mer, les profondeurs des abîmes, les gouffres les plus
éloignés de la surface des eaux peuvent-ils être habités?

Tel est le problème premier qu'elle se pose, et la réponse, la solution ne se fait pas attendre.

En 1860, la sonde, cette main de plomb qui, plongée dans les plus
profondes des vallées sous-marines, en ramène ce qu'elle y rencontre; la sonde, à une profondeur de douze cent soixante mètres, rapporte de l'abîme un groupe d'animalcules vivants, et, dans l'estomac
de ces petits êtres, on trouve des êtres plus petits encore, qui ont été
absorbés par les premiers.

Puis, en 1861, le câble du télégraphe sous-marin qui unit la Sar-
daigne à Alger ayant été retiré du fond de la mer où il rampait sur le

sol, on y voit, adhérents, des polypes vivants et des mollusques qui revenaient d'une immersion de deux mille à deux mille huit cents mètres.

Donc, ces eaux profondes sont habitées.

Jusque-là, l'opinion des savants était que les minuscules coquillages, ainsi colligés dans les abîmes de la mer, étaient dispersés, *vides*, au fond des gouffres, par les courants, ou, après leur mort, tombaient dans les humides catacombes des Océans.

Erreur! Les fonds des mers ont leur faune, c'est-à-dire les familles d'animaux qui les hantent et en font leur séjour.

Alors, afin d'arriver à des résultats plus sérieux encore et à une moisson plus ample, à la sonde on substitue des dragues disposées sur des navires. L'Angleterre se met en tête du mouvement, et sont tentées de nouvelles expériences. Les abîmes interrogés et les échantillons recueillis démentent nettement l'opinion des savants qui croyaient que le néant de la vie animale commençait à quelques centaines de brasses au-dessous de la surface des eaux. Il demeure démontré que les rhizopodes et les foraminifères, — petits êtres qui changent de formes, comme le Protée de la fable, — situés aux limites extrêmes de la vie, si tant est que la vie ait des limites, habitent le fond de la mer par myriades.

On drague en pleine mer, et des séries d'animaux sous-marins, appartenant à des espèces inconnues, apparaissent pour la première fois à la lumière. Où est le moyen de douter, maintenant, que l'Océan ne regorge de vie à toutes les profondeurs?

Des croisières de navires dragueurs ont lieu sur nombre de points. Qu'on se représente une longue corbeille avec deux paires d'ailes et de voiles : la corbeille, doublée de toile épaisse, en se remplissant d'eau, présente une surface de résistance uniforme au courant qu'elle parcourt. Telle est la drague marine.

Avec cette machine, on fouille les entrailles des mers boréales et australes, et les résultats sont des plus heureux. Les animaux arrachés aux abîmes se montrent non-seulement doués de sensibilité et de mouvement, mais ils ne manquent point de nuances gracieuses et de couleurs brillantes. Or, comme le soleil est le grand peintre de la nature, on est obligé de conclure que, nonobstant les masses d'eau qui se superposent et exercent une énorme pression les unes sur les autres, les rayons du soleil s'infiltrent à travers les couches épaisses des ondes, et qu'un système particulier d'éclairage agit sur l'organisme des êtres ensevelis dans les profondeurs de la mer.

Ainsi l'Océan est un monde qui a ses lois, ses températures, son système de circulation, ses hautes montagnes, ses profondes vallées, ses vastes provinces différant les unes des autres, habitées par d'innombrables êtres doués de vie, de mouvement et de sensibilité.

Les sondages n'avaient d'abord indiqué que la présence d'une mince couche superficielle; mais les larges dragues reviennent à la lumière remplies jusqu'aux bords d'une matière blanchâtre et de massives éponges englouties dans cette fange crayeuse. Actuellement il n'y a plus moyen de douter qu'un tel lit ne soit d'une épaisseur considérable, formée d'une énorme quantité de petits êtres, parmi lesquels quelques-uns dont la conformation nous reporte vers l'époque géologique de la craie. Aussi, quelle fut la surprise des naturalistes à la vue de ces revenants d'un ancien monde! Des êtres que l'on croyait éteints, les descendants de la faune primitive!

Ainsi le lit des eaux profondes regorge de richesses inépuisables. Ce que l'on prenait pour le tombeau de la vie, en est au contraire le berceau.

Et cependant, on n'est qu'à l'aurore des recherches!

Le nom de ces animalcules qui hantent les plus profonds abîmes est légion. Les protozoaires surtout sont en nombre inimaginable. En une fois, la drague ramena de sept cent soixante-sept brasses une demi-tonne de boue visqueuse animée : l'agglomération de ces pygmées fait envie aux grains de sable de la mer. Aussi vienne le jour où des actions volcaniques peuvent soulever le lit des grandes eaux, ces animalcules auront préparé les matériaux du sol que fouleront les générations futures. Le cimetière océanique deviendra volcan.

Vous le voyez, l'Océan ressemble à un être vivant, car il a son souffle, son haleine orageuse. Mais nous en avons dit assez sur ce point dans cet ouvrage même. Nous tenions uniquement à vous montrer, lecteur, que la science veille toujours, et qu'elle est constamment à l'affût de tout ce qui peut intéresser ses adeptes.

Certes, le savoir est le premier des biens, la science la plus excellente des jouissances!

C'est pour nous l'acquérir et la répandre, comme un foyer de lumière jaillissant sur le monde assis dans les ténèbres, que veille le savant;

Le géologue, qui creuse les abîmes du globe pour y lire les pages de l'histoire de la terre;

Le paléontologue, qui exhume les fossiles pour y trouver la vérité sur les êtres organisés sortis de la main de Dieu, aux jours de la création;

L'archéologue, étudiant et sondant les ruines antiques, afin d'y rencontrer des renseignements sur les drames de l'histoire humaine;

L'astronome... Oh! qu'elle est bien plus difficile encore la tâche de ce savant!

Les autres doctes personnages ont les yeux et la main sur les objectifs de leurs études. Mais l'astronome, quels efforts pour pénétrer dans les cieux, quel moyen pour aborder les astres?

Quand vous soufflez votre bougie, avant de vous endormir, cher lecteur, avez-vous songé jamais que, à cette heure même, des savants regardent le ciel sur les terrasses des Observatoires? Ils sont là, cependant, en plein air, pour que l'observation soit plus exacte, soit qu'il vente, soit qu'il gèle, — surtout qu'il gèle! — Leurs nuits de repos sont les nuits de pluie. Coiffés d'un bonnet de fourrure et enveloppés d'un large cache-nez, ils regardent fixement le même coin du ciel, tantôt à droite, tantôt à gauche, tantôt au centre.

L'un d'eux est chargé de la chasse des planètes nouvelles. Voici comment elle se fait :

Le verre du télescope est partagé, par des cheveux, en petits carrés. — Le carré du ciel examiné par le chercheur est reproduit, à côté de lui, sur un carton blanc, avec tous ses astres.

Si l'astronome aperçoit dans le ciel un point blanc qui n'est pas indiqué sur le petit carton, son cœur bat, car c'est peut-être une planète inconnue. Mais il ne dit rien, il s'est trompé si souvent! A la prochaine nuit, il examine à nouveau. Si le point a bougé, son cœur bat davantage, car l'étoile est immobile, et seule la planète marche. Or, celle-là a marché, c'est donc une planète!

Parfois la planète a l'air de fuir, comme si elle se savait poursuivie. Souvent elle se cache derrière une nuit de pluie ou de nuages. Mais enfin vient une heure où elle est découverte et annoncée au monde, cataloguée, etc. Quel triomphe alors pour le découvreur!

N'est-ce pas étrange ce savant, qui, la nuit, à des millions de lieues, suit ainsi, et quelquefois finit par découvrir une nouvelle planète!

Que ces savants, dont la vie est au milieu des étoiles comme on l'est dans la nuit, sur un lac qui reflète les constellations des cieux, doivent être croyants en Dieu, grand architecte des mondes! Les docteurs qui lisent à livre ouvert et couramment dans les abîmes célestes, qui mesurent l'infini et qui connaissent si parfaitement les rouages de la grande horloge, pourraient-ils ne pas croire au divin horloger, eux qui vivent presque avec lui et le touchent pour ainsi dire!

Mais au-dessus de ces savants, permettez-moi de vous représenter Dieu lui-même, veillant sur son œuvre et la dirigeant : oui, laissez-moi vous convier à l'adorer et à l'aimer!

Ordinatione suâ perseverat dies, quoniam omnia servient tibi! dit l'Ecriture. Ce qui signifie : *Le jour suit sans relâche la marche que lui trace la main divine, car tout, dans l'univers, a été créé pour ton service, ô homme !*

Sur ce, recevez mes adieux, cher lecteur, et que le Dieu dont je parle vous ait en sa sainte et digne garde !

Oui, petit bonhomme vit encore, car il est bien difficile à museler et à réduire au silence !

Tout-à-l'heure, après avoir écrit les dernières lignes du chapitre précédent : « Sur ce, je vous fais mes adieux, cher lecteur !... » voici la folle du logis, mon imagination, qui prend le mors aux dents et s'emballe, en me disant :

— Vous parlez, maître, des efforts des savants pour arriver à dévoiler les mystères de la science, mais d'une façon si brève, avec un tel laconisme, en mesurant si serré les détails, que je vous prie d'insister un peu plus sur les recherches que s'imposent ces doctes personnages. Laissez de côté les astronomes, les archéologues, à merveille ! mais parlez-nous des géologues. J'aime beaucoup, moi, imagination friande, à voir ces messieurs pénétrant dans le sein de la terre pour en exhumer les secrets et les produire au grand jour...

Et voilà comme quoi, pour complaire aux chercheurs de curiosités, je reprends une dernière fois la parole, et comment il se fait que votre bavard petit bonhomme vit encore et cède à la démangeaison qui obsède la folle du logis.

Là-dessus, afin d'arriver aux phénomènes dont je veux vous entretenir encore, phénomènes dus aux découvertes des savants en question, je me trouve transporté, en esprit, sur les bords de la Seine parisienne, à l'endroit du bassin où la grande capitale s'étale sur ses rives, et je là revois telle que je l'ai décrite, pages 126 de cet ouvrage, et 100 de mon *Livre d'Or des grandes Curiosités du Globe.*

— La Seine a occupé là, me dis-je, alors, un espace dix fois plus considérable que celui qu'elle baigne aujourd'hui. Des hauteurs de Montmartre à celles de Montrouge, il y avait comme une immense cuvette où ses eaux ont passé rapides, torrentielles, charriant sur des glaces flottantes des blocs de porphyre et de granit partis du sommet des montagnes bourguignonnes. Si l'on en pouvait douter, on n'aurait qu'à parcourir les carrières de sable et de galets aux environs de Bercy, du Champ-de-Mars, et de la vaste plaine d'Argenteuil.

A l'époque de la grande exposition de 1867, quand le Champ-de-Mars fut nivelé, on y trouva, entre autres débris curieux arrachés aux formations géologiques que l'ancienne Seine avait labourées, des blocs granitiques venus du Morvan. Deux de ces blocs, les plus volumineux, ont été déposés au Museum, comme de véritables et authentiques témoins des premières inondations du fleuve.

Sur d'autres points, des mâchoires et autres ossements de mastodonte, de cerf géant, de bœuf primitif, d'ours des cavernes, de rhinocéros à narines cloisonnées, des défenses d'éléphants velus ou mammouths, ont été découverts. Tous ces animaux sont aujourd'hui éteints ou ont émigré vers d'autres régions, comme le bœuf primitif ou le cerf géant.

On a même trouvé, en quelques endroits, des crânes et des ossements humains *fossiles*, — revoir à la page 63, 64, etc., de *les Cieux, la Terre* et *les Eaux*, ce que l'on entend par ce mot, — et avec eux, ces armes, ces outils en silex, restes de la primitive industrie de l'humanité à son début.

— Mais pourquoi nous ramener à ces découvertes faites sur les rives de la Seine? allez-vous me demander, cher lecteur.

— Par la raison bien simple que ces terrains d'alluvion de la Seine sont le meilleur spécimen que je puisse vous présenter d'un gigantesque dépôt analogue, trouvé par le savant ingénieur anglais, M. Hamilton Smith, dans les terrains diluviens et les graviers du bassin du Sacramento et autres régions de la Californie.

Ce que ces terrains d'alluvion de l'Amérique offrent d'intéressant, est que les géologues voient dans ces dépôts, qui occupent d'incommensurables espaces et des hauteurs considérables, des dépôts de glaciers, les uns, les autres des formations purement diluviennes, c'est-à-dire des lits de torrents desséchés, de cours d'eau disparus.

En tout cas, il est certain que l'on est là devant un entassement alluvial régulièrement orienté. Le mouvement des blocs quartzeux, des galets bien polis, des cailloux ronds, des sables, a suivi une pente et une direction données.

En tout cas, encore, on trouve de l'or dans ces dépôts.

Que si l'on veut faire intervenir les glaciers dans les dépôts, n'est-il pas préférable de supposer que ces glaciers, ou même de simples bancs de neige, se seront naturellement fondus par une faible éléva-tion de la température sur les flancs des montagnes, et, transformés en torrents, auront entraîné dans les vallées des amas de roches, de cailloux roulés, qu'ils auront déposés chemin faisant?

A propos des récentes inondations du midi de la France, dans le bassin pyrénéen, un exemple frappant que les choses se passent souvent ainsi.

Quand a eu lieu ce grand phénomène?

Au commencement de la période quaternaire, celle où devaient apparaître les animaux et les végétaux contemporains, et l'homme lui-même... répondent à l'unanimité les savants.

Ce qui le démontre, c'est que les alluvions anciennes — consultez la page 126 de ce volume, sur les *alluvions*, — de la Californie sont recouvertes, sur bien des hauteurs, de tables basaltiques.

Or, ces basaltes sont le produit de l'immense éruption volcanique qui, tout le long des côtes de l'océan Equinoxial, et notamment par la chaîne de la Cordillère des Andes, a marqué la fin de la période tertiaire, et l'aurore de la période quaternaire.

Ce soulèvement de montagnes couronnées de volcans, le plus for-midable de notre globe, a donné aux côtes leur relief actuel, et jalonné des pics et des ballons des Andes, la plus récente, mais aussi la plus longue et la plus haute série de colossales éminences, du dé-troit de Behring au détroit de Magellan.

Ainsi, dans cette région de l'océan Pacifique, la coulée basaltique a pris des proportions stupéfiantes. Elle couvre une superficie égale à celle de notre France!

Jugez donc quelle piètre figure, à côté de cette éruption titanes-que, peuvent faire nos volcans éteints de l'Auvergne et du Vivarais.

Je vous ai dit du reste que, en Californie, le feu central demeure en communication avec la surface du sol, et, à cette occasion, je vous ai parlé des Geysers, des Solfatares, des volcans à peine éteints de cette contrée.

Eh bien! tout ce que nous avons retrouvé dans le bassin de la Seine, ainsi que je vous le racontais plus haut, tout cela réapparaît dans les dépôts du gravier californien, tout, même l'homme fossile, — auquel je crois peu pour la Californie, je l'avoue, — et en outre de l'or, et une coloration blanche laiteuse des galets, tandis que ceux de l'ancien lit de la Seine ont une nuance jaune ambrée.

Après tout, nous en avons vu de semblables à ceux de la Californie, dans le midi de la France, aux confins du département du Gard et de l'Ardèche, qui ont été aurifères, c'est-à-dire producteurs d'or.

Le Gardon, lui aussi, et ses affluents, le Rhône également, ont roulé et roulent toujours des parcelles de ce précieux métal. De nos jours, deux ou trois orpailleurs, ce mot veut dire *chercheurs d'or*, y pratiquent le lavage des sables, surtout après les grandes pluies.

Actuellement, en Californie, on exploite surtout les *placers* aurifères souterrains. On découvre chaque jour des graviers mêlés à l'or, et l'on calcule qu'il y a des milliards de métal à extraire. Ainsi l'or ne se remue plus à la pelle, comme aux jours fortunés de cet Eldorado : néanmoins, au moyen de gigantesques travaux, il y a encore d'inimaginables richesses à recueillir...

Certes, je n'oublie pas que, dans les pages précédentes, je m'affligeais de ne pouvoir, à raison du peu d'espace qui me restait, vous mettre en présence de l'un des volcans de la chaîne des Andes. Maintenant que je reprends le rôle de narrateur, ce serait le moment de vous faire apprécier les péripéties d'une descente dans les entrailles de l'une de ces fournaises colossales. Mais, en outre que je vous ai raconté déjà ma propre ascension du Vésuve, aux pages 38 et suivantes de mon *Livre d'Or*, et ma descente dans son cratère en feu, je ne vous dissimulerai pas qu'un nouveau récit nous entraînerait trop loin.

Toutefois, comme j'ai pour but de vous instruire et de vous mettre à même de juger et de comparer les grandioses merveilles de la nature, je vais au moins vous peindre et ce que fut le Popocatepelt jadis, et ce qu'il est maintenant.

Le Parisien, le Français, qui ont un si grand amour du pittoresque et du sublime, qu'ils le cherchent partout, excepté à Paris, excepté en France, voudront bien me permettre l'exhibition de ce terrible et formidable spectacle qui a nom volcan. Aussi j'espère qu'ils auront satisfaction entière à me suivre, puisque je tiens à les rendre témoins des métamorphoses de notre globe.

Ne quittons donc pas l'Amérique, la terre des magnificences, et gravissons la Cordilière des Andes, le prodige des prodiges.

Je vous ai dit déjà que, tout d'abord, la vue de la chaîne de la Cordilière des Andes frappe d'admiration. Ce ne sont ni nos Alpes, ni nos Pyrénées, ni les Ourals, ni les Carpathes, ni les monts Lupata, ni l'Himalaya, ni les monts Célestes au Bolor, c'est quelque chose comme l'entassement de toutes ces montagnes, quelque chose de torride et de gigantesque, donnant l'idée de l'indomptable et de l'inaccessible, exprimant en un seul bloc la puissance de l'infini !

En effet, toutes les sublimités de la création sont là, non pas en raccourci, non pas en une exhibition résumée de merveilles, mais en un tableau immense, splendide, incomparable : montagnes escarpées;

mornes, pics et pitons inaccessibles ; volcans aux cratères effrayants
d'où laves, basaltes, granits, sont éructés sans relâche avec des mugissements qui terrifient ; neiges éternelles et glaciers grandioses
qui éblouissent et fascinent ; fleuves et rivières ; rochers titaniques et
cataractes imposantes ; forêts sans limites ; déserts sauvages ; vallées
charmantes ; et puis printemps éternel sur telle zone ; automne resplendissant sur telle autre ; ici l'hiver et ses frimas ; là les admirables richesses d'un été sans fin : partout, visible, le bras du Créateur
des mondes, partout l'impérissable majesté du souverain Maître,
partout la puissance de Dieu !

En avant de ce colosse qui a nom Cordilières des Andes, et à
droite et à gauche de ces énormes assises, se détachent de formidables masses de contreforts, composant comme une précinction de
verdure et de végétation tout égyptienne, entrecoupée de crevasses
qui vomissent des nuages de fumée et rejettent des vagues d'eau
chaude, dans laquelle on voit s'agiter des quantités de poissons venant on ne sait d'où.

Ce que l'on admire dans l'Etna, ce sont ses belles formes, son
éternel panache, les riches cultures qui, jusqu'à une certaine hauteur, couvrent ses flancs.

Le Vésuve, dans sa forme pyramidale et les nombreuses villas qui
ponctuent de blanc la luxuriante végétation de ses abords, est encore
plus beau que l'Etna.

L'Hécla se termine par trois cimes et on voit de loin ses pics aigus
se profiler sur le fond grisâtre du ciel.

Mais le Vésuve, l'Etna et l'Hékla n'appartiennent pas à une chaîne
de montagnes. C'est un soulèvement isolé qui les a produits. Cela
donne à leurs lignes une souplesse que n'ont jamais les pics étouffés
par la chaîne dont ils font partie.

L'Hékla du reste diffère du Vésuve et de l'Etna en ceci : qu'il ne
présente aucune trace de végétation à sa base et à ses alentours. En
effet, l'Islande, absolument privée de terrain sédimentaire, se compose uniquement de tuf volcanique, c'est-à-dire d'un agglomérat de
pierres et de roches d'une texture poreuse.

Avant l'existence des volcans, elle était faite d'un massif trappéen,
lentement soulevé au-dessus des flots par la poussée du feu central,
et les forces intérieures des fournaises du globe n'avaient pas encore
fait irruption au-dehors. Aussi l'Islande, cette île si curieuse, est-elle
évidemment sortie du fond des eaux à une époque relativement moderne. Peut-être même s'élève-t-elle encore, par un mouvement insensible.

La longue chaîne de la Cordilière des Andes, elle, également
résultat d'un soulèvement le plus récent de tous, mais formidable,

s'étend du nord au sud des deux Amériques, qu'elle traverse dans toute leur longeur, sur le côté occidental de ses rivages. Aussi, n'étant nullement isolés, chacun de ses prés, chacune de ses montagnes, se trouvent écrasés en quelque sorte par le voisinage des autres, et ses lignes, incommensurables, sont cependant amoindries dans l'ensemble de la perspective, par le rapprochement des massifs.

J'analyse ici le travail les *Conquistadores*, c'est-à-dire l'histoire des conquérants du Nouveau-Monde, d'un historien du temps, où l'on voit ce qu'étaient la montagne du Popocatepelt et son volcan, à l'époque de la découverte de l'Amérique.

D'après cet historien, vers 1495, les *Conquistadores*, qui n'étaient autres que les Espagnols, sous la conduite du célèbre Fernand Cortez, passèrent entre deux des plus hautes montagnes de l'Amérique septrionale, à savoir :

Le Popocatepelt, ce qui signifie *la montagne qui fume,*

Et l'Iztaccihualt, mot qui veut dire *la Femme blanche*, appellation suggérée sans doute par l'éclatant manteau de neige qui s'étend sur la surface de cette seconde montagne, voisine de la première.

Une superstition puérile des Indiens de Mexico, de Puébla, etc., d'où l'on découvre ces géants, avait déifié ces éminences colossales, de sorte que Iztaccihualt, à leurs yeux, n'était autre que l'épouse de Popocatepelt.

Mais une tradition d'un ordre plus élevé représentait le volcan Popocatepelt comme le séjour des méchants chefs, qui, par les tortures qu'ils subissaient dans leur prison de feu, occasionnaient les effroyables mugissements et les convulsions épouvantables qui accompagnaient chaque éruption.

Telle était la fable classique des indigènes. Aussi, pour toutes les richesses des mines d'or et d'argent de leur pays, les Indiens n'auraient jamais tenté l'ascension de la redoutable *montagne qui fume.*

Le grand volcan, c'est ainsi que l'on désignait le Popocatepelt, s'élevait à la hauteur prodigieuse de dix-sept mille huit cent deux pieds au-dessus du niveau de la mer, c'est-à-dire à plus de deux mille pieds au-dessus du Monarque des Montagnes, la plus haute sommité de notre Europe.

De nos jours, 1870-1876, le Popocatepelt a rarement donné signe de son origine volcanique, la *montagne qui fume* a presque perdu ses droits à cette appellation. Mais, à l'époque de la conquête de l'Amérique par les Espagnols, 1495, ce volcan était très-souvent en activité, et il déploya ses fureurs dans le temps où précisément les Espagnols se trouvaient épars au milieu des contrées sises au pied des Andes, ce qui fut considéré comme un sinistre présage pour les peuples de l'Anahuac.

La cime du Popocatepelt, façonnée en cône régulier par les dépôts des éruptions successives, affectait la forme ordinaire des montagnes volcaniques, lorsqu'elle n'est point altérée par l'affaissement intérieur du cratère. S'élevant dans la région des nuages, avec son immense manteau de neiges éternelles, on l'apercevait fort au loin de tous les points des vastes plaines de Puébla et de Mexico. C'était le premier objet que saluait le soleil du matin, le dernier sur lequel s'arrêtaient les rayons du couchant; cette cime dominant toute la chaîne, se couronnait alors d'une éblouissante auréole diamantée, dont l'éclat contrastait d'une manière admirable avec l'affreux chaos de laves et de scories qui l'enveloppaient, et l'épais et sombre rideau de pins funéraires qui entouraient sa large base.

Le mystère même, et les terreurs qui planaient sur le Popocatepelt inspirèrent à quelques cavaliers espagnols le désir de tenter l'ascension de la montagne. Fernand Cortez, en homme habile, les encouragea dans ce dessein, afin de manifester aux Indiens que rien n'était au-dessus de l'audace indomptable de ses compagnons.

En conséquence, Diégo Ortaz, un de ses capitaines, accompagné de neuf Espagnols et de plusieurs naturels enhardis par leur exemple, entreprit l'ascension, qui présenta plus de difficultés qu'on ne l'avait supposé.

La région inférieure de la montagne était couverte par une épaisse forêt qui semblait souvent' impénétrable. Cette futaie s'éclairait cependant à mesure que l'on avançait, dégénérant peu à peu en une végétation rabougrie et de plus en plus rare, qui disparut entièrement lorsqu'on fut parvenu à une élévation d'un peu plus de treize mille pieds. Les Indiens, qui avaient tenu bon jusque-là, effrayés par les bruits souterrains du volcan, alors en travail, abandonnèrent tout-à-coup leurs compagnons.

La route escarpée que ceux-ci avaient alors à gravir n'offrait qu'une surface noire de sable volcanique vitrifié, et de lave, dont les fragments brisés, affectant mille formes capricieuses, opposaient de continuels obstacles à leurs efforts.

Un énorme rocher, le *Pico del Fraile*, — le Pic du Moine, — qui avait cent cinquante pieds de hauteur verticale, et qu'on voyait distinctement du bas de la montagne, les contraignit de faire un long détour.

Ils arrivèrent bientôt aux limites des neiges éternelles, où l'on avait grande peine à prendre pied sur la glace perfide, et où un faux pas pouvait précipiter les audacieux voyageurs dans les abîmes béant autour d'eux. Pour surcroît d'embarras, la respiration devint si pénible dans ces hautes régions, que chaque mouvement était accompagné de douleurs aiguës dans la tête et dans les membres. Ils continuèrent néanmoins d'avancer jusqu'aux approches du cratère. Mais là, d'épais tourbillons de fumée, une pluie de cendres brûlantes et d'étincelles, vomis du sein du volcan et chassés sur la croupe de la montagne, faillirent les suffoquer, en même temps qu'ils les aveuglaient. C'était plus que leurs corps, tout endurcis qu'ils étaient, ne pouvaient supporter, et ils se trouvèrent, fort à regret, obligés de renoncer à leur périlleuse entreprise, au moment où ils touchaient au but.

Comme trophée de leur expédition, les *Conquistadores* rapportèrent quelques gros glaçons, produits fort curieux puisqu'ils provenaient de ces régions tropicales; et leur succès, sans avoir été complet, n'en suffit pas moins pour frapper de stupeur les naturels, en leur faisant voir que les obstacles les plus formidables, les périls les plus mystérieux, n'étaient qu'un jeu pour les Espagnols.

Ce trait peint bien l'esprit aventureux des cavaliers de cette époque, qui, non contents des dangers qui s'offraient naturellement à eux, semblaient les rechercher pour le plaisir de les affronter. Une relation de l'ascension du Popocatepelt fut transmise à l'empereur Charles-Quint, et la famille de Diégo Ortaz fut autorisée à porter, en mémoire de cet exploit, une montagne enflammée dans ses armes.

Au détour d'un angle de la sierra, — *la montagne qui fume,* — les Espagnols découvrirent une perspective qui leur fit bientôt oublier toutes leurs fatigues.

C'était la vallée de Mexico, *Tenochtitlan,* ainsi que l'appellent les indigènes. On y voyait un mélange d'eaux, de bois, de plaines cultivées, de cités merveilleusement décorées de temples et de monuments de toute sorte, ainsi qu'une succession de collines couvertes d'ombrages, qui se déroulaient à leurs yeux comme un riche et tout-à-fait incomparable panorama.

Les objets éloignés eux-mêmes, dans l'atmosphère raréfiée de ces hautes régions, offrent une fraîcheur de teintes et une netteté de couleurs et de contours qui semblent anéantir les distances. Il en est ainsi, du reste, dans les perspectives montagneuses.

A leurs pieds s'étendaient au loin de vastes forêts de chênes, de cèdres et de sycomores; puis, au-delà, des champs dorés de maïs et de hauts aloès, entremêlés de vergers et de jardins fleuris. Car les fleurs, dont on faisait une si grande consommation dans les fêtes religieuses, chez les Mexicains, étaient encore plus abondantes dans cette vallée populeuse que dans les autres contrées de l'Anahuac.

Au centre de cet immense bassin, miroitaient des lacs, qui occupaient à cette époque une portion considérable de sa surface. Leurs bords étaient parsemés de nombreuses villes et d'habitations. Enfin, au milieu du panorama, la belle cité de Mexico, avec ses tours blanches et ses temples au *théocalli* on forme de pyramides, rappelait nos villes d'Amsterdam et de Venise, reposant, comme elles, au sein des eaux.

Au-dessus de tous les monuments de cette admirable *Venise des Aztèques*, se dressait le mont royal de Chapoltepec, résidence des Incas, les monarques mexicains, couronné de ces mêmes massifs de gigantesques cyprès, qui, encore aujourd'hui, projettent leurs larges ombres sur la plaine.

Dans le lointain, au-delà des eaux bleues du lac, on apercevait, comme un point brillant, Tezcuco, la seconde capitale de l'empire; et, plus loin encore, la sombre ceinture de porphyres qui servait de cadre au riche tableau de la vallée.

Telle était la magnifique perspective qui frappa les yeux des Conquistadores espagnols.

Et, aujourd'hui encore, que ces régions sont si tristement changées, aujourd'hui que ces forêts majestueuses ont été abattues, et que la terre, sans abri contre les ardeurs d'un soleil tropical, est en beaucoup d'endroits frappée de stérilité; aujourd'hui que les eaux se sont retirées, laissant autour d'elles une large plage aride et blanchie par les efflorescences salines, tandis que les villes et les hameaux qui animaient autrefois leurs bords sont tombés en ruines; aujourd'hui que la désolation a jeté ses crêpes funèbres sur ce riant paysage, eh bien! l'explorateur ne peut les contempler sans un sentiment d'admiration, de ravissement et d'enthousiasme.

— Quand on sort de Mexico par la porte de San-Antonio, me racontait un soir l'ami Varnier, cet intrépide capitaine que vous savez, ce hardi champion de toute investigation qui intéresse la science, on voit tout d'abord se profiler sur l'horizon la silhouette fantastique des deux hautes montagnes qui convient le touriste à les visiter, la montagne qui fume et la Femme blanche, Popocatepelt et Iztaccihualt. En les comparant aux montagnes qui les entourent, elles semblent des géants qui sont entourés de taupinières couvertes d'un blanc linceul.

On passe d'abord à Ixtapalapan, jadis ville opulente, aujourd'hui pauvre village.

Au temps de la conquête par les Espagnols, Ixtapalapan avait de merveilleux jardins entourant plus de quinze mille maisons luxueuses, demeures des fortunés Aztèques. Ces jardins étaient sillonnés par un canal navigable, et partagés en compartiments garnis d'élégants treillages, sur lesquels s'épanouissaient les plantes et les fleurs les plus admirables.

On traverse ensuite une vaste plaine, où des nuages de poussière âcre et le rayonnement des efflorescences salines fatiguent poumons et regards. Hommes et montures sont accablés de chaleur.

Enfin on atteint un premier groupe de montagnes, dont les lignes sombres s'estompent sur l'éther du firmament. La complète nudité de leurs rampes, sans ombrages et sans eau, dénote éloquemment leur origine volcanique.

A cinq cents mètres du versant occidental de ces sommités, on est fort étonné de voir que les ruines d'un vieux manoir, que l'on aperçoit encore debout, ne sont pas le moins du monde des ruines, mais une agglomération de roches déchiquetées. Ce sont d'énormes blocs de basalte brun rougeâtre, plantés là sur un sol qui n'est pas leur sol natal.

En effet, ces blocs de basalte, qui ont couvert leurs alentours de leurs débris désagrégés, sont des blocs erratiques de volcans, comme les glaciers ont les leurs.

Vous avez souvenance des blocs erratiques des glaciers, dont nous nous sommes entretenus pages 110 et suivantes de ce volume, ami lecteur. Or, les volcans qui lancent leurs basaltes ou leurs granits, et leur donnent une telle impulsion que basaltes et granits vont tomber à des distances prodigieuses, inexplicables, loin du lieu de leur projection, en font à leur tour des *blocs erratiques ignés*.

Le fait est que l'on ne saurait expliquer comment, à un kilomètre de la partie la plus rapprochée des montagnes, de pareilles masses sont venues s'implanter.

Les zones parallèles de leurs stries, de nuances diverses, sont perpendiculaires au terrain qui les a reçues. Il est évident qu'elles ont été créées, à leur berceau, par des fusions volcaniques, et on reconnaît qu'elles ont été violemment arrachées par une force inconnue, pour être transportées au loin dans une position diamétralement opposée. Aussi peut-on supposer que le voisinage de quelque cratère primitif a produit leur expulsion. Enlevés par cette force véhémente d'éruption, ces blocs sont tombés dans le grand lac qui couvrait autrefois la plaine de Ténochtitlan, et ont dû traverser les eaux, comme des projectiles, pour s'enfoncer dans l'épais limon de ses profondeurs.

Ces trois blocs, dont l'un est pourfendu de haut en bas comme par la hache d'un Roland, ne peuvent être des dykes, attendu qu'ils ne sont pas sortis sur place du sein de la terre, mais ont été lancés nécessairement par une congestion volcanique quelconque. Aussi quelle explosion tonnante a dû produire l'éructation formidable qui a projeté là ces projectiles d'un calibre que n'atteignent pas encore les canons Krupp.

Quoi qu'il en soit, ce phénomène éruptif est d'un charmant effet

19

dans le paysage et démontre, une fois de plus, que bien nombreux encore sont les mystères de la nature.

Je ne puis vous décrire toutes les pénibles difficultés de l'ascension du Popocatepelt, comme le fait à mon oreille le récit de l'ami Varnier. C'est tout un drame, et un drame de plusieurs jours. Les chevaux, épuisés de fatigue, finissent par refuser d'avancer, et les voyageurs, exténués, sont obligés de se coucher sur la dure et d'attendre qu'un long repos et un peu de fraîcheur leur aient rendu leurs forces. Et cependant il faut avoir avec soi toute une armée de péons, c'est-à-dire de mercenaires qui se partagent la besogne imposée à toute la caravane, soins des animaux, plantation des abris en toile, cuisine, etc.

Puis, quand le jour succède à la nuit, glaciale sur les divers étages des montagnes les plus rapprochés du ciel, tout chacun de se munir de bâtons ferrés, de patins, de lunettes, de voiles, de monter à cheval, et de porter curieusement les yeux sur le colosse que l'on gravit, en silence, et dont la cime commence à recevoir les premiers rayons roses du soleil levant.

Bref, la colonne d'explorateurs scande des roches à pic, escalade des talus vertigineux, gravit les montées les plus abruptes. Elle s'avance pas à pas à travers des solitudes sauvages où toute trace de végétation a disparu, où l'on foule des semis de fragments de granits, et où l'on voit sur la pierre de larges taches formées par des lichens fauves et bruns.

Ici, à l'heure du repos et du repas, les voyageurs s'arrêtent en extase, en face de la vallée de Puébla, et on jouit de l'aspect de villes, de villages, de vallons et de collines, en proportions réduites par la perspective, comme sur une carte en relief.

Là, au-dessous de la limite des neiges, on contemple des roches gigantesques qui semblent teintes de cinabre, rangées en un vaste hémicycle, et où, avec un peu d'imagination, on peut retrouver un amphithéâtre digne des sorcières de Macbeth.

Bientôt la caravane atteint la zone des glaces et des glaciers, qui précède celle des neiges. Alors, à grands coups de haches, les péons, les naturels de la plaine, tracent un sentier dont les échelons doivent garantir contre les chutes et les glissades.

Cependant, peu à peu se fait sentir, de manière à affecter l'odorat, une première exhalaison de soufre. D'autres, plus âcres, saisissent ensuite la gorge, et la respiration, déjà mise à la gêne par la raréfaction de l'air, se change en suffocation.

Le cratère du volcan ne peut donc être bien éloigné!

Cette pensée donne de l'animation à la bande essoufflée. Le courage rentre dans la poitrine des plus hésitants.

Voici que l'on franchit les neiges. Quels éblouissements! Et comme les yeux en sont affectés, même chez les plus déterminés!

En effet, apparaît une immense balustrade de neige. Ce bourrelet gigantesque, c'est la lèvre du cratère...

Il s'agit d'en trouver les parties les plus accessibles. Or, cette lèvre est dentelée et présente enfin une brèche. En la gravissant, non sans efforts, on arrive à se placer sur la crête, et l'on domine alors une formidable précinction de rochers perpendiculaires, dont la base disparaît dans de ténébreuses profondeurs.

Rien d'affreux à voir comme ce gouffre inimaginable, gigantesque, béant, creusé par les feux dans des assises cyclopéennes de roches aux formes fantastiques surplombant le cratère, et d'où montent des rumeurs effrayantes, mystérieuses, qui dénotent le travail des entrailles du géant. Ces roches composent une sorte de rempart vertical, fouillé à jour ici et là, partout étrangement historié par les éruptions successives, d'un côté, tandis que, de l'autre, le sommet de cette haute muraille de granit, au-dehors, monte et s'incline en forme de collet de manteau colossal, dont les larges plis dissimulent et voilent le volcan.

Ces régions indescriptibles sont habitées, cependant. Voici que l'un des voyageurs y avise une sorte de gros rat dont le pelage est rougeâtre, comme les feux près desquels il a choisi sa demeure, ainsi que le lièvre et les perdrix sont blancs dans les alentours de notre Mont-Blanc.

Partout des fumerolles lumineuses s'échappent des moindres fissures des rochers; partout d'intolérables émanations de soufre remplacent l'air pur et gonflent les poitrines.

On est en face de la brèche que l'on nomme Siliceo, du Pic-Mayor, du Bruz, etc.

Afin de descendre dans les noires profondeurs du volcan, un câble est disposé et plonge dans l'abîme. Cette vue seule du cabestan qui le fait mouvoir, quand les explorateurs se suspendent à ses nœuds, consterne les indigènes. Mais il est urgent d'agir, et nos voyageurs descendent hardiment dans le gouffre qui les reçoit sur ses parties solides.

En ce moment, le soleil, qui dorait tout-à-l'heure les sommets du Popocatepelt, s'est éteint petit à petit. Les vallées inférieures sont déjà plongées dans l'obscurité. La nuit envahit le cratère à son tour. C'est l'instant le plus favorable pour observer le théâtre du plus merveilleux des phénomènes.

La neige, oui, la neige, occupe le centre du volcan, confondue avec d'étranges résidus de lave pulvérisée, des débris de toute sorte, des parcelles de soufre, etc.

Dans le vaste pourtour du talus circulaire s'échappent des flancs du monstre des jets de flammes qui lancent bruyamment, en murmurant, en grondant, en sifflant, en roulant comme des tonnerres, des colonnes de lueurs rouges à la base, puis jaunes, puis blanches.

C'est ce que l'on nomme *respiraderos*, en espagnol, c'est-à-dire souffle, respiration, vomitoires des feux intérieurs résultant de la combustion, de la conflagration, de l'incendie du feu central du globe.

En 1856, deux de ces respiraderos projetaient de l'eau bouillante. Actuellement ces Geysers du Popocatepelt sont plus nombreux.

Quelle vision pour les explorateurs! Neiges, glaces, eaux brûlantes et feux de fournaise colossale, dans une même enceinte! Est-il plus magnifique phénomène? C'est à ne pas y croire, et cela est, cependant.

La paroi du cratère est circulaire, ai-je dit, et compose un immense cylindre creux. La roche dont il est fait compte des assises horizontales fort épaisses. Très-tourmentée partout, cette roche est rouge ici, là d'un noir fuligineux.

Sur quelques points, cette même roche se montre par feuilles minces, déchiquetées, dentelées, tranchantes comme un rasoir, et leur fil seul est apparent. C'est surtout par les interstices de ces feuilles que s'exhalent des fumerolles de toutes couleurs. Des agglomérations de leurs débris sont entassées à des hauteurs énormes, soixante mètres sur certains points.

De la partie de la lèvre du cratère appelée Malacale, les respiraderos les plus proches vomissent des colonnes de fumée qui ont toute l'apparence des panaches qui sortent des cheminées de nos locomotives.

Pendant que nos curieux voyageurs observent et étudient de la sorte les différentes physionomies du volcan, la nuit s'est faite noire et complète depuis longtemps.

Le froid est devenu intense, et cependant la soif des explorateurs est inextinguible. Ils cherchent à la calmer en absorbant quantité de glaçons; car toute boisson alcoolique, et même le vin, sont fort dangereux sous la température de la montagne. Au-dehors du gouffre, les péons qui veillent ne s'en refusent pas, néanmoins.

Quant à dormir, impossible! Des profondeurs du gouffre s'élèvent des bruits d'autant plus sinistres que le calme règne, et le silence qui plane est absolu. On entend, dans le sein de la terre, comme des affaissements et des chutes de montagnes s'engouffrant dans les feux de l'abîme, lequel mugit, rugit, pleure, sanglote, se lamente et répond par de sourdes mais formidables explosions d'artillerie infernale.

Grâce à Dieu, voici la clarté blafarde de l'ambre qui blanchit à l'horizon. On distingue bientôt la splendide vallée de Puébla qui sort peu à peu de son linceul de ténèbres. Le pic d'Orizaba s'illumine dans le lointain. Puis le disque enflammé du soleil sort des nuages empourprés du levant et projette ses rayons sur le Popocatepelt Aussitôt, des hauteurs du volcan les feux du jour descendent aux étages inférieurs de la montagne, chassant devant eux les ombres des vallées. Les paysages s'éclairent, et le spectacle de la belle nature de ces régions devient sublime.

Les magnificences de ses œuvres proclament bien haut la grandeur et la puissance du Maître des mondes...

Et dire qu'il est des hommes ayant l'audace et l'ineptie de s'écrier :
— Non, il n'y a pas de Dieu!
Puis ils ajoutent triomphalement :
— Le monde est éternel! L'univers a toujours existé tel que vous le voyez, et il existera toujours! Tout se renouvelle dans la nature, mais rien ne périt! Jouissez donc de la vie, jusqu'à votre mort! Usez de la liberté qui vous est donnée! Faites sur la terre ce que bon vous semble! Vous n'aurez pas à craindre qu'un Dieu méchant vous punisse et tire vengeance de ce que les jaloux de vos plaisirs et de vos joies prétendent être mal! Ce Dieu n'existe pas!

Eh bien! moi, je dirai à mon tour :
— Qu'ils soient maudits, ces misérables saltimbanques qui, pour justifier leurs crimes, affirment qu'il n'y a pas de Dieu!

Dans les pages de ce livre, vous avez vu s'il y a un Dieu, lecteur! Son nom est aussi bien gravé sur chacun des soleils des CIEUX, qu'il est écrit sur chaque brin d'herbe de la TERRE et sur le moindre coquillage des EAUX.

Je vous ai servi de guide pour chercher et trouver dans ses œuvres le grand Architecte de l'univers.

À vous donc à savoir si vous ne voyez pas Dieu partout!

Quant à supposer que l'univers est éternel, qu'il est impérissable... erreur, erreur grossière!

Il vous a été donné de juger, dans cet ouvrage, que l'univers a eu un commencement. Son origine se lit dans chacune des pages de la nature. Donc il aura une fin.

Il aura une fin, car les astres disparaissent, les montagnes s'écroulent, les volcans s'éteignent, les Océans et les mers se retirent.

Ainsi, la fin du monde aura son heure...

Voulez-vous quelques renseignements sur les savants qui ont le

plus contribué à répandre la lumière sur les nombreux phénomènes
de la nature, ami lecteur?

Je vous citerai tout spécialement Louis Agassiz.

Sur la rive occidentale du lac Morat, en Suisse, non loin du fameux
champ de bataille où le duc de Bourgogne, Charles-le-Téméraire, per-
dit sa gloire, on rencontre le petit village de Motier.

Ce fut là que, parmi les splendeurs d'une région pittoresque
naquit, en 1807, cette personnalité brillante de la science. Célèbre en
Europe par son immense savoir et ses nombreuses découvertes, autant que par ses vues neuves et hardies, inspirées par la pénétration
de l'esprit, Louis Agassiz, fils d'un modeste instituteur, est devenu,
en Amérique, à la fois illustre et populaire.

Quel est l'inspirateur suprême de l'amour de l'étude et des précieuses qualités du jeune Agassiz?

Uniquement le spectacle de la belle nature.

Enfant, les insectes l'ont charmé : adolescent, il se passionne pour
les plantes et compose un herbier des Alpes.

Homme, le voici qui étudie la médecine, l'anatomie comparée, la
zoologie, etc., à Zurich, à Heidelberg, à Munich.

Deux savants, Spix et Martius, ont entrepris une Histoire naturelle, mais la mort ne leur permet pas de faire la description des poissons. Agassiz se charge de ce travail et le succès couronne son œuvre, surtout dans les espèces éteintes ou fossiles recueillies dans les
terrains de sédiment déposés par les vastes mers qui ont jadis couvert le globe.

Il est appelé à la chaire d'Histoire naturelle, à Neuchâtel. Là,
tout d'abord il fonde la *Société des Sciences naturelles*, qui met en
joie les habitants de cette ville, parmi lesquels un souffle nouveau se
fait sentir.

Puis, il s'occupe de la période tertiaire — voir, dans ce volume,
la page 72, — et de la période glaciaire, dont il révèle l'existence au
monde étonné. Voir, également dans ce volume, à la page 105.

Depuis longtemps, le phénomène des glaciers préoccupait les observateurs. Horace de Saussure pensait que les glaciers fondent à la
base par l'action de la chaleur centrale, et que, perdant ainsi leur
adhérence au sol, ils glissent sur les parties déclives de leur lit et
tendent à disparaître, car la Suisse tout entière, par exemple, a été
couverte de glaciers, et maintenant il n'en est plus ainsi.

D'autre part, les glaciers ont tous une moraine, c'est-à-dire une
bordure de blocs arrondis. Poussées en avant, ou abandonnées par
les glaciers, selon qu'ils progressent ou se retirent, les moraines
fournissent la preuve des changements survenus.

Enfin, les blocs erratiques, masses de granit ou d'autres roches primitives éparses sur les flancs des montagnes, témoins de nombreux bouleversements, démontrent à leur tour ce qui a existé en des temps éloignés.

A l'examen de ces phénomènes, le jeune professeur de Neuchâtel entrevoit, au moins sur de nombreuses parties du globe, un état antérieur bien différent de celui que nous voyons de nos jours.

Aussi, en 1837, les savants de l'Europe sont-ils conviés par lui à une conférence qu'il préside. Alors il rappelle les observations récentes faites sur les anciennes moraines et sur les blocs erratiques. Il insiste surtout à l'endroit des surfaces polies d'une manière uniforme qu'on voit sur toute la pente méridionale du Jura. Il montre ces surfaces suivant les ondulations du sol; les coquilles que contiennent les roches, tranchées comme dans les plaques de marbre que la main de l'ouvrier a polies; les stries fines et nettes de la pierre, comparables aux lignes que trace sur le verre la pointe du diamant.

— Pour ceux qui ont étudié dans les Alpes le fond des anciens glaciers, s'écrie-t-il, il demeure évident que la glace seule a poli et strié ces roches de dureté inégale.

Et alors, il proclame hardiment que, en un temps, les glaces couvraient tout le massif des Alpes et qu'il y eut, en Europe notamment, un grand froid, lorsque vivaient encore les mammouths...

Ainsi la période glaciaire est dénouée pour la première fois.

Car, jusqu'alors, les géologues avaient attribué ces phénomènes à l'action des eaux.

Inde iræ! ce qui veut dire que, sur une telle affirmation de Louis Agassiz, les savants s'emportent et repoussent des assertions qui bouleversent les idées reçues.

Léopold de Buch laisse même échapper des exclamations, en invoquant les mânes de Saussure, auteur du système opposé.

Mais Agassiz n'a plus qu'une pensée : Fournir des preuves !

Aussitôt les explorations sont organisées. Il ne suffit pas d'étudier les roches polies du Jura, du canton de Vaud, de Soleure, d'Argovie, de Chamonix, de l'Oberland bernois.

On ira visiter les glaciers du Mont-Rose.

La savante caravane passe la Gemmi, d'où elle est émerveillée de l'aspect magique des chaînes du Mont-Rose.

Tout d'abord on est arrêté. Une ancienne moraine accrochée au flanc de la montagne attire l'attention des investigateurs. Elle témoigne que le glacier d'Aschinen, aujourd'hui éloigné d'une lieue, remplissait, à une autre époque, toute la vallée supérieure de Kandersteg. Donc les glaciers diminuent!

La troupe atteint Stalden et s'engage dans l'étroite vallée de Saint-Nicolas. Vers la sortie, les cimes neigeuses dominent la vallée, et les glaciers semblent suspendus, tant ils sont escarpés. En considérant leur extrême inclinaison, les naturalistes jugent qu'ils ne pourraient tenir en place, s'ils n'adhéraient fortement au sol. Donc, la chaleur du feu central n'est point cause de leur fonte!

On arrive à Zermatt. Là se déploient, en face, les magnificences de la chaîne du Mont-Rose.

Un cri se fait entendre. Les savants accourent.

Agassiz leur fait voir des surfaces caractéristiques, aussi polies que le plus beau marbre. L'un des témoins secoue la tête. Interrogé, le guide répond naïvement que la glace, et la glace seule, use la roche de cette façon.

Le retour des explorateurs s'effectue par une pente rapide. On se hâte d'atteindre à la paroi du glacier qui repose sur une roche : les mêmes traces doivent s'y présenter. Il faut alors pénétrer sous la glace et enlever la fange qui couvre le rocher. Mise à nu, la roche apparaît admirablement polie et striée...

— Est-il évident, demande Agassiz, que ce sont les glaces, et non l'eau, qui use ainsi la pierre?

— On ne peut plus douter, c'est désormais chose démontrée, répond le plus incrédule des savants.

Donc...

Je m'arrête, cher lecteur. Je ne puis vous conduire plus loin à la suite d'Agassiz, devenu le plus savant des savants.

Aussi est-il appelé dans le Nouveau-Monde, où il est convié à devenir professeur de l'université de Cambridge.

Comme les autres savants de notre Europe, Buffon, Cuvier, de Humboldt, Saussure, de Charpentier, Venetz, Elie de Beamont, de Buch, Vouga, Desor, Studer, Le Verrier, etc., que leurs longues études ont rendus fameux, Agassiz, par ses découvertes, a puissamment contribué aux progrès de savoir.

Cette fois, adieu, lecteur, oh! bien adieu!

FIN.

TABLE.

TABLE.

LES EAUX.

LES SECRETS DE L'UNIVERS.

FIN DE LA TABLE.

Limoges. — Imp. EUGÈNE ARDANT et Cⁱᵉ.

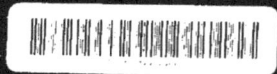